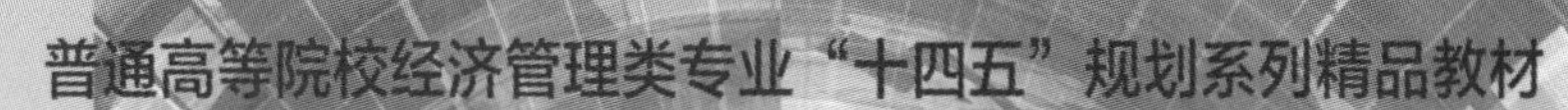

工业工程应用案例分析

李丽清 编著

华中科技大学出版社
http://www.hustp.com
中国·武汉

内 容 提 要

本书共收录了11篇案例，主要介绍工业工程基础理论及其方法的具体应用。工业工程的理论及其方法是管理与技术相结合的实践性很强的工程分析技术，旨在综合分析现行的技术手段、工作内容，运用系统的分析方法，剔除工作流程中不合理、不经济、不必要的工作和内容，并寻求更加合理、经济、便捷的工作方法，以提高生产系统的生产效率。案例分析主要包括方法研究、作业测定、单元化制造设计与布局、系统建模与仿真、六西格玛管理模式应用、系统设施布置设计(SLP)、生产计划与控制的分析与改善等具体内容。本书内容侧重于结合实际企业情况，找到企业中存在的关键问题，通过应用工业工程理论方法进行具体分析，用较少投资或者不增加投资对生产系统进行不断改进和优化，达到提高生产效率、降低生产成本和提高产品质量的目的。

每篇案例都是企业在工业工程方面的实际应用，对在读学生和从事工业工程应用研究的人员及企业的管理者在提高企业生产效率、降低成本、提高产品质量等方面都有较好的参考价值。

图书在版编目(CIP)数据

工业工程应用案例分析/李丽清编著. —武汉：华中科技大学出版社，2021.1
ISBN 978-7-5680-6850-5

Ⅰ.①工… Ⅱ.①李… Ⅲ.①工业工程 Ⅳ.①TB

中国版本图书馆CIP数据核字(2021)第015458号

工业工程应用案例分析
Gongye Gongcheng Yingyong Anli Fenxi

李丽清 编著

策划编辑：陈培斌
责任编辑：余晓亮
封面设计：刘 婷
责任校对：刘 竣
责任监印：周治超
出版发行：华中科技大学出版社(中国·武汉) 电话：(027)81321913
武汉市东湖新技术开发区华工科技园 邮编：430223
录 排：武汉楚海文化传播有限公司
印 刷：武汉科源印刷设计有限公司
开 本：787mm×1092mm 1/16
印 张：14 插页：1
字 数：341千字
印 次：2021年1月第1版第1次印刷
定 价：45.00元

前 言

工业工程(Industrial Engineering,IE),是对人员、物料、信息、设备和能源组成的集成系统的设计、改善和实施的工程技术,它综合运用数学、物理学,以及社会科学的知识和技能,结合工程分析和设计的原理与方法,对系统所取得的成果进行确定、预测和评价,是我国新形势下企业优化资源利用,提高生产力、竞争力和管理创新的实用工具。随着科技水平的不断提高,工业工程也在不断发展,并逐渐形成一门全新的学科。中国是制造业大国,制造业投资大约占民间投资的60%,我国的制造业基本上还存在着企业资源利用率较低、产品质量不高、生产率低等问题。工业工程的实践证明,工业工程这门学科对于提高生产率、生产系统综合效率及效益,对企业的国内外市场竞争力和创新能力,对赢得各类系统的高质量、可持续发展有巨大作用。但目前,中国工业工程的应用还处于初级阶段,仅在商品经济发达的沿海地区应用范围广、效果好;而在内地,工业工程思想的应用大多处于外力推动的无知识性的行为中,企业在工业工程的应用上有一定的盲目性,因此需要有系统的工业理论与先进技术的支持。对于制造业,虽取得一定成果,但没有把工业工程具体的理论方法深化到企业基础能力提升中去,尚未形成支持企业价值能力提升的内生动力。

工业工程的应用是工业工程专业本科教学活动中很重要的内容,但目前能指导学生具体应用的教材很少,而且企业中各部门应用工业工程的理论知识及方法时,可供指导的教材更少。所以,为了满足学生在实习中的需要以及企业应用工业工程知识的需要,特编写此教材,通过多个实际案例的应用分析,帮助企业人员及学生深入了解企业的实际情况,并解决在实际应用过程中遇到的工程管理和技术管理等问题。

本书主要针对基础工业工程和现代工业工程理论及方法的具体应用做具体的分析,对多年来企业应用工业工程的理论及方法解决企业在生产线平衡、现场优化、设施规划、库存管理、质量管理等方面存在的问题进行系统分析,并提出相应的解决办法。具体内容包括工作研究、作业测定、设备管理、库存管理、质量管理、零缺陷控制以及生产建模与仿真设备管理等理论知识、方法的应用,目的是让在校学生进行生产实习与毕业实习时能较快地了解企业实际情况,并解决企业中遇到的问题;同时也为企业自身深入的研究提供工业工程的理论和方法,以不断提升企业的竞争力。

基于以上的考虑,我们编写了此书,旨在帮助工业工程专业的学生及相关企业的员工较为容易地掌握工业工程理论的具体应用方法,并学会运用工业工程理论和方法去分析问题和解决问题。本书的主要特点是：①在内容上吸收国内外优秀案例的成果，力求简明易懂，内容具有系统性和实用性，注重对工业工程理论和方法的分析，并结合大量的实际应用案例分析工业工程的理论方法的特点及应用条件；②强调理论及方法的具体应用，旨在提高学生及工业工程人员运用理论及方法分析问题、解决问题的能力；③本书的适用对象为工业工程专业学生及学习应用工业工程的企业员工。

本书由李丽清编著，其负责全书的设计、修改、总纂和定稿工作。特别指出，本书案例7由柳州工程机械厂文化提供，案例4由柳州市两化融合促进中心陈琨提供，其他案例均为广西科技大学工业工程专业吴颖、劳华文、韦祖典、于永波、李振鸿、覃有来、钟其雄、邹奔虎、黄华、莫志山等同学在企业实习或工作时取得的工业工程理论知识具体应用成果。本书在编写的过程中参考了大量文献资料，在此谨向文献作者及相关企业单位表示感谢。

本书按照教育部高等学校教学指导委员会的教学基本要求和工业工程专业不断发展的需要而编写，对编者来说既是一种尝试，又是一种挑战。由于时间仓促、水平有限，书中难免有疏漏或不妥之处，敬请同行专家和读者批评指正，以便今后进一步修改与完善。

目录

Contents

案例1

基于IE技术的A公司无线充电装配线改善研究

引言

近年来,中国汽车产业取得了长足的发展,汽车及相关产业的竞争也越来越激烈,因此,不断改进生产、降低成本就显得尤为重要。而车载无线充电产品技术的壁垒越来越低,因此唯一具有优势的就只能是产品的质量和成本。无论是具有先发优势的企业还是声誉颇高的大企业,产品的质量和成本都是交易天平上的最大筹码。也就是说,谁能迅速保证稳定的产品质量,降低产品成本,谁就能在市场上占据有利地位。

在这个背景之下,本案例将以A公司的无线充电装配线为例,基于IE技术对产品装配线进行改善研究,以求在保证产品质量的前提下,提高产品的生产效率,降低产品的成本,提高产品的市场竞争力,使公司在竞争中立于不败之地。

一、A公司无线充电装配线的现状分析

A公司成立于2001年,注册资金1.6亿元。公司业务和产品日益丰富。一方面传统加工业务、自主机芯产品不断精耕细作,充当经济引擎;同时汽车电子、微型投影、FA自动化业务蒸蒸日上、成果丰硕,发展前景广阔。公司主要致力于汽车显示器(HUD)、汽车无线充电、车载滑动机构、机芯、微型投影、自动化装备的研发、生产和销售,与国内外多家知名汽车品牌企业以及顶级的汽车零部件企业有合作项目。

(一)无线充电(CWC)装配线现状描述

汽车电子事业中,A公司要求无线充电项目可以在2018年做到盈亏平衡。目前来说,无线充电的订单较少,依旧没有办法发挥规模效应,所以想做到盈亏平衡,就必须努力降低成本。本案例认为,可以从IE的角度去分析CWC装配线,争取把生产成本减到最小,提高无线充电的竞争力。目前无线充电项目主要面临生产效率低下的难题。

由于市场开发的不断深入,产品订单越来越多,66 s的生产节拍远远没达到市场的要求。目前公司的订单需求量为每天600台,每天的正常上班时间是8 h,即28 800 s;生产节拍应为48 s,才能满足需求,目前装配线需要加班3 h才能完成客户的需求。

因此,为了适应产品需求量的增加,必须对装配线进行改善研究,提高装配线生产效率,解决生产能力问题。

1. CWC装配线工艺程序分析

图1-1是CWC装配线的工艺程序图。无线装配线共有16项操作、7项检验。

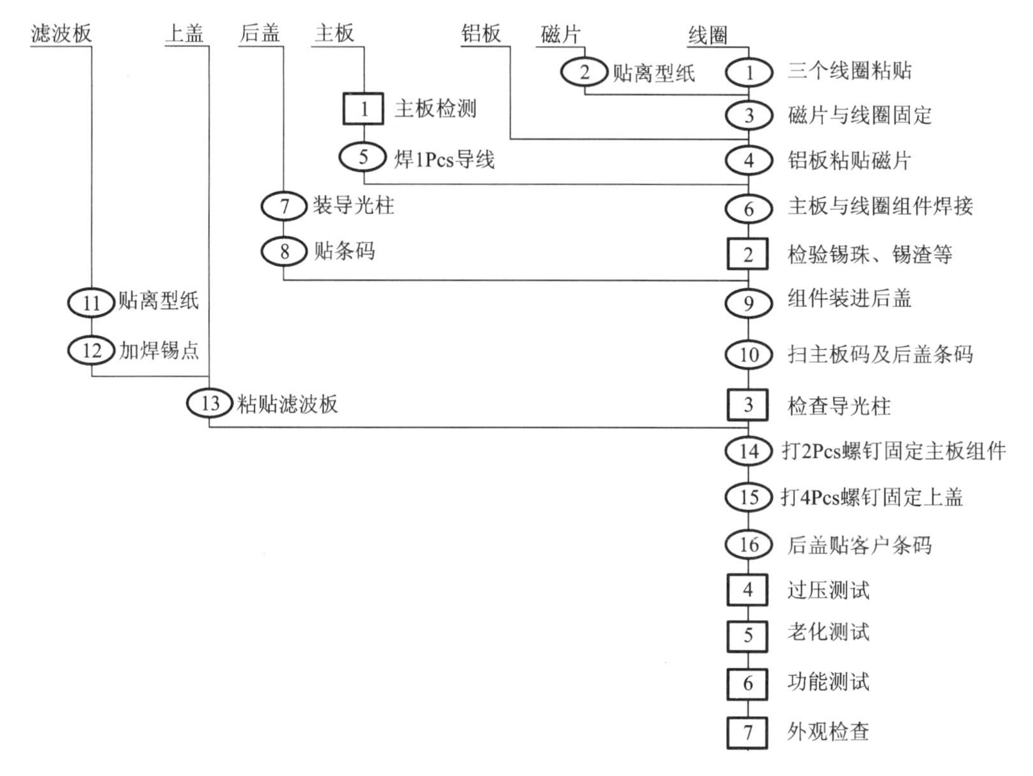

图 1-1　CWC 装配线的工艺程序

2. 装配线工时测定

用秒表时间研究的方法对装配线的工时进行测定。

1)划分操作单元

在观测前须对操作者的作业流程中每一道工序划分操作单元,装配线共有九大工序,本案例以过压测试工序为例进行分析。过压测试作业分为 10 个单元,分别是取产品、贴客户条码、放产品到设备、插线、扫码、产品测试、拔线、外观检查、贴 QC 标签和放到周转车,如表 1-1 所示。

表 1-1　过压测试工序秒表时间研究分析(s)

	观测工序名称:过压测试					观测组:10 组				
单元编号和描述	第 1 单元	第 2 单元	第 3 单元	第 4 单元	第 5 单元	第 6 单元	第 7 单元	第 8 单元	第 9 单元	第 10 单元
	取产品	贴客户条码	放产品到设备	插线	扫码	产品测试	拔线	外观检查	贴 QC 标签	放到周转车
No. 1 组	1	5.5	1.6	0.9	1.9	60	1.4	11.7	7.8	1.4
No. 2 组	0.9	5.1	1.6	1.1	1.8	60	1.6	11.9	7.6	1.5
No. 3 组	1.3	5.5	1.4	1.2	1.6	60	1.8	9.8	7.3	1.4
No. 4 组	1.2	5.5	1.5	1.1	1.6	60	1.7	9.7	7.3	1.3
No. 5 组	1.1	5.9	1.2	1	1.7	60	1.5	10.1	7.1	1.2
No. 6 组	1.2	5.7	1.3	1.3	1.4	60	1.4	10.5	7.7	1.1
No. 7 组	1.2	5.1	1.3	1	1.5	60	1.6	10.7	7.7	1.5

续表

单元编号和描述	观测工序名称：过压测试						观测组：10组			
	第1单元	第2单元	第3单元	第4单元	第5单元	第6单元	第7单元	第8单元	第9单元	第10单元
	取产品	贴客户条码	放产品到设备	插线	扫码	产品测试	拔线	外观检查	贴QC标签	放到周转车
No.8组	0.8	5.7	1.5	1.3	1.5	60	1.6	11.1	7.2	1.6
No.9组	1	5.5	1.4	0.9	1.6	60	1.3	9.9	7.4	1.3
No.10组	0.9	5.6	1.3	1.2	1.7	60	1.5	10.8	7.5	1.4
合计时间	10.6	55.1	14.1	11	16.3	600	15.4	106.2	74.6	13.7
时间平方合计	11.48	304.17	20.05	12.3	26.77	36000	23.92	1133.24	557.02	18.97
观测次数	35	3	14	26	12	0	14	8	1	17
标准差σ	0.16	0.24	0.13	0.14	0.14	0.00	0.14	0.73	0.22	0.14
控制上限UCL	1.53	6.23	1.80	1.52	2.06	60.00	1.97	12.82	8.13	1.80
样本最大值	1.30	5.90	1.60	1.30	1.90	60.00	1.80	11.90	7.80	1.60
样本最小值	0.80	5.10	1.20	0.90	1.40	60.00	1.30	9.70	7.10	1.10
控制下限LCL	0.59	4.79	1.02	0.68	1.20	60.00	1.11	8.42	6.79	0.94
平均观测时间	1.06	5.51	1.41	1.10	1.63	60.00	1.54	10.62	7.46	1.37
评比系数	1	1	1	1	1	1	1	1	1	1
正常时间	1.06	5.51	1.41	1.10	1.63	60.00	1.54	10.62	7.46	1.37
宽放率	0.1	0.1	0.1	0.1	0.1	0.1	0.1	0.1	0.1	0.1
单元标准时间	1.17	6.06	1.55	1.21	1.79	60.00	1.69	11.68	8.21	1.51
总标准时间	66.25									

2）试测10组数据

划分操作单元之后，对产品工序进行了10次试测，第一单元试测数据为1 s、0.9 s、1.3 s、1.2 s、1.1 s、1.2 s、1.2 s、0.8 s、1 s、0.9 s。过压测试工序试测的10组数据如表1-1所示，其余九大工序的数据表见本案例附表。

3）确定观测次数

采用误差界限法确定观测次数。可靠度取95%，误差为±5%。

观测次数：

$$N=\left(\frac{40\sqrt{n\sum_{i=1}^{n}X_i^2-\left(\sum_{i=1}^{n}X_i\right)^2}}{\sum_{i=1}^{n}X_i}\right)^2 \tag{1-1}$$

式中　X_i——试观测的值；

n——试观测的次数；

N——应观测的次数。

计算出每个操作单元所需要的观测次数。在此以过压测试工序第 1 单元为例，进行简单分析。观测数据的和 $\sum_{i=1}^{n} X_i$ 为 10.6，平方和 $\sum_{i=1}^{n} X_i^2$ 为 11.48，代入式(1-1)，即 $N = \left[\frac{40\sqrt{10 \times 11.48 - (10.6)^2}}{10.6}\right]^2 \approx 35$(次)，求得应观测的次数 N 为 35 次。

同理，九大工序的所有操作单元均可运用式(1-1)计算出应观测的次数。过压测试工序的各个操作单元的需观测次数如表 1-1 所示。

4)剔除异常值

异常值就是由人为因素导致的一些超出正常范围的观测数据。最常用剔除异常值的方法是采用"X-σ 控制图"法。该法将偏离平均值 3σ 以外的数值认为是异常值(X 为均值，σ 为标准差)，因此也常称三倍标准差法。

根据表 1-1 中的时间，以过压测试工序第 1 单元为例进行简单的分析。首先求得样本均值 $\overline{X}=1.06$，然后将样本均值 $\overline{X}$ 代入方差公式，求得样本标准差为 $\sigma=0.16$。

下面以过压测试工序第 1 单元为例，进行分析。首先求得样本均值 $\overline{X}=1.06$，然后将样本均值 $\overline{X}$ 代入方差公式，求得样本标准差 $\sigma=0.16$，则：

控制上限 $UCL=\overline{X}+3\sigma=1.06+3\times 0.16=1.52$；

控制下限 $LCL=\overline{X}-3\sigma=1.06-3\times 0.16=0.58$。

根据"X-σ 控制图"法，$\overline{X}\pm 3\sigma$ 范围内的观测值可认定为正常值，超出此范围则可认定为异常值。显然，本次观测的所有数据均属于有效数据。

同理，九大工序的所有操作单元均可运用上述方法计算出控制区间，剔除异常值后，再补测相关数据，重新进行数据有效验证即可。九大工序的数据表见本案例附表。

5)计算观测时间

在测出足够多的有效数据之后，以操作单元为单位，通过算平均值的方法计算出每一单元的平均观测时间，装配线所有操作单元的观测时间如表 1-2 所示。

表 1-2　装配线所有操作单元的观测时间(s)

	主板测试		线圈组件组装		焊接		粘贴胶纸及条码		外壳安装		过压测试		老化测试		功能测试		外观检查及包装	
第 1 单元	取主板	1.18	取放磁片	1.47	取放主板	2.84	取上盖	1.91	取底壳组件	1.09	取产品	1.06	确认产品	5.00	确认加锡	12.49	箱盖章贴条码	2.4
第 2 单元	扫码	1.40	贴双面胶	6.98	焊接导线	7.74	取滤波板	1.2	确认导光柱	6.43	贴客户条码	5.51	放入高温箱	2.20	连接插头	1.96	取纸箱	5.54
第 3 单元	放置治具	1.27	拿放中间线圈	1.58	取放线圈组件	9.02	撕离型纸	1.89	放底壳组件	1.42	放产品到设备	1.41	插线	1.39	扫描条码	2.06	扫外箱条码	3.05
第 4 单元	按开关	0.79	贴双面胶	3.67	扣盖	1.58	粘贴	3.45	按启动按钮	0.93	插线	1.1	启动	0.60	放产品到设备	1.39	放入珍珠棉内箱	5.26
第 5 单元	机器测试	30.00	撕离型纸	4.57	整线	5.61	投至下工位	0.85	打 2Pcs 螺钉	4.5	扫码	1.63	扫产品码	1.35	按启动按钮	1.31	取成品	1.17
第 6 单元	打点	1.31	取放左右线圈	3.74	取放治具	2.48	取底盖	1.03	放线圈入底壳	1.99	产品测试	60	老化确认	0.11	功能测试	30	外观检查	10.5

续表

	主板测试		线圈组件组装		焊接		粘贴胶纸及条码		外壳安装		过压测试		老化测试		功能测试		外观检查及包装	
第7单元	放置	1.81	取磁片	0.92	按启动按钮	0.51	粘条形码	10.3	取滤波板	1.09	拔线	1.54	老化测试	25.00	拔插头、取产品	1.49	摇机	1.27
第8单元			撕离型纸	3.51	开盖、取主板	1.99	装导光柱	3.68	焊接滤波板	6.4	外观检查	10.62	拔线	0.75	检查易碎贴	0.97	条码粘贴确认	7.78
第9单元			磁片贴线圈	2.52	检查	2.79	检查锡珠	4.71	盖上盖	2.82	贴QC标签	7.46	拿放至周转车	2.36	放入周转车	1.18	扫条码	1.44
第10单元			磁片贴双面胶	2.98	投主板至下工位	1.53	装板卡组件	2.08	按启动按钮	1.03	放到周转车	1.37	推车到周转区	0.28			装入包装袋	5.75
第11单元			撕离型纸	5.81	取放滤波板	1.94	扫两个码	2.52	打4Pcs螺钉	9							放入珍珠棉箱	1.65
第12单元			铝板贴磁片	4.49	加锡	2.23	投至下工位	1.34	检查	5.49							满箱转移到卡板	0.8
第13单元			放在压紧设备	3.42	贴离型纸	3.85			投至下工位	1.1								
第14单元			按启动按钮	0.79	投滤波板	1.69												

6)计算标准作业时间

标准作业时间计算公式如式(1-2)所列。

$$标准作业时间=观测时间\times评定系数\times(1+宽放率) \tag{1-2}$$

由式(1-2)评定的是一种诊断或者评价的技术，目的是把观测时间调整到正常工人的正常速度的基准上。当然，作业评定建立在主观意识之上，因此这类方法要求评定人员具有充足的经验。为了尽可能地减少主观性，评定系数全部取1；宽放率本案例采取A公司的经验值，对所有操作单元给予10%的宽放率，从而尽可能地减少主观性。

7)确定操作单元工时

计算得到装配线各工序操作单元的标准作业时间，如表1-3所示。

表1-3 装配线各工序操作单元的工时汇总表(s)

	主板测试		线圈组件组装		焊接		粘贴胶纸及条码		外壳安装		过压测试		老化测试		功能测试		外观检查及包装	
第1单元	取主板	1.30	取放磁片	1.62	取放主板	3.12	取上盖	2.10	取底壳组件	1.20	取产品	1.17	确认产品	5.50	确认加锡	13.74	箱盖章、贴条码	2.64
第2单元	扫码	1.54	贴双面胶	7.68	焊接导线	8.51	取滤波板	1.32	确认导光柱	7.07	贴客户条码	6.06	放入高温箱	2.42	连接插头	2.16	取纸箱	6.09
第3单元	放置治具	1.40	拿放中间线圈	1.74	取放线圈组件	9.92	撕离型纸	2.08	放底壳组件	1.56	放产品到设备	1.55	插线	1.53	扫描条码	2.27	扫外箱条码	3.36

续表

	主板测试		线圈组件组装		焊接		粘贴胶纸及条码		外壳安装		过压测试		老化测试		功能测试		外观检查及包装	
第4单元	按开关	0.87	贴双面胶	4.04	扣盖	1.74	粘贴	3.80	按启动按钮	1.02	插线	1.21	启动	0.66	放产品到设备	1.53	放入珍珠棉内箱	5.79
第5单元	机器测试	30.00	撕离型纸	5.03	整线	6.17	投至下工位	0.94	打2Pcs螺钉	4.95	扫码	1.79	扫产品码	1.49	按启动按钮	1.44	取成品	1.29
第6单元	打点	1.44	取放左右线圈	4.11	取放治具	2.73	取底盖	1.13	放线圈入底壳	2.19	产品测试	60.00	老化确认	0.12	功能测试	30.00	外观检查	11.57
第7单元	放置	1.99	取磁片	1.01	按启动按钮	0.56	粘条形码	11.33	取滤波板	1.20	拔线	1.69	老化测试	27.50	拔插头、取产品	1.64	摇机	1.40
第8单元			撕离型纸	3.86	开盖、取主板	2.19	装导光柱	4.05	焊接滤波板	7.04	外观检查	11.68	拔线	0.83	检查易碎贴	1.07	条码粘贴确认	8.56
第9单元			磁片贴线圈	2.77	检查	3.07	检查锡珠	5.18	盖上盖	3.10	贴QC标签	8.21	拿放至周转车	2.60	放入周转车	1.30	扫条码	1.58
第10单元			磁片贴双面胶	3.28	投主板至下工位	1.68	装板卡组件	2.29	按启动按钮	1.13	放到周转车	1.51	推车到周转区	0.30			装入包装袋	6.33
第11单元			撕离型纸	6.39	取放滤波板	2.13	扫两个码	2.77	打4Pcs螺钉	9.90							放入珍珠棉箱	1.82
第12单元			铝板贴磁片	4.94	加锡	2.45	投至下工位	1.47	检查	6.04							满箱转移到卡板	0.88
第13单元			放在压紧设备	3.76	贴离型纸	4.24			投至下工位	1.21								
第14单元			按启动按钮	0.87	投滤波板	1.86												

8)确定工位的工时

在得到各个操作单元的标准作业时间后，计算出九大工序的工时，但是要解决人机作业工位的时间计算问题。

首先计算只有人工操作工位的标准作业时间，计算方法就是把该工位里所有的操作单元的工时累加起来，得到的总和就是该工序的标准作业时间。经计算，其中第一工序“主板测试”的工时为38.54 s，第二工序“线圈组件组装”的工时为51.10 s，第四工序“粘贴胶纸及条码”的工时为38.46 s，第九工序“外观检查及包装”的工时为51.31 s。

在人机操作工位上，第三工序“焊接”比较特殊，因为手工作业时间为50.37 s，但是焊接设备的焊接时间为35 s，也就是说，手工作业时间比焊接时间长，因此可以不考虑焊接时间，直接累计该工位作业员的手工作业时间即可，最终得到第三工序“焊接”的工时为50.37 s。

在第五工序“外壳安装”里，设备作业是打螺钉，两次打螺钉的时间分别是4.5 s、9 s。根据作业员的作业顺序，在第一次打2Pcs螺钉的4.5 s内，作业是取滤波板，时间为1.2 s。在第二次打4Pcs螺钉的时候，作业是取底盖组件并确认导光柱，时间合计为8.27 s。在两次人机并行作业时间里，人的作业时间均没有设备的作业时间长，因此并行作业时间里，只把焊接设备的时间加入该工位的标准作业时间里，最后得到的工时是38.15 s。

在第六工序“过压测试”中，首先说明一点，就是该工位的作业指导书上写着标准作业时间是60 s，但实际上这是不可能的，因为过压测试设备的测试时间已经达到60 s，除了测试之外还有放产品到设备、插线、拔线等一系列辅助测试的必要作业，因此装配线节拍制订为60 s是有误的。产生这个问题的原因是测试设备刚刚更换不久，但是作业指导书还没有及时进行更改。根据作业者的作业，在产品测试的60s内，作业者完成了外观检查、贴QC标签、放产品到周转车、取待测试产品、贴客户条码五个操作单元的作业，这五个操作单元的工时之和为28.63 s，时间比测试时间少，故这五个时间不算进该工位的工时内，因此得到第六工序“过压测试”的工时为66.25 s。过压测试的工时计算过程见表1-1。

同理，得到第七工序“老化测试”以及第八工序“功能测试”的工时分别为15.44 s和39.03 s。

经过上述分析，得出九大工序的工时如表1-4所示(其中第一工序跟第七工序的作业员为同一个人，因此两道工序的人数各表示为0.5人)。

表1-4　CWC装配线全部工序的工时

工序号	工序名	改善前	
		标准作业时间(s)	人数
1	主板测试	38.54	0.5
2	线圈组件组装	51.10	1
3	焊接	50.37	1
4	粘贴胶纸及条码	38.46	1
5	外壳安装	38.15	1
6	过压测试	66.25	1
7	老化测试	15.44	0.5
8	功能测试	39.03	1
9	外观检查及包装	51.31	1

3. 现行CWC装配线评价

根据秒表时间研究的结果，得到了九道工序的工时。由于主板测试工序与老化测试工序的作业者是同一个人，所以在计算装配线平衡的时候，把工序一和工序七合称成为主板与老化测试工序，该工序的标准作业时间为50.69 s。

由表1-4可以看到，装配线的瓶颈在过压测试工位，装配线的节拍为66.25 s。目前，该装配线每天上班11 h，日产量为600台，也就是每生产一台车载无线充电器所需要的平均时间为66 s。由装配线的产量计算的结果与秒表时间研究的节拍66.25 s基本一致，这就侧面印证了秒表时间研究的准确性。

根据上述对8个工序的工时测定结果，做出CWC装配线各工序工时分布图，如图1-2所示。

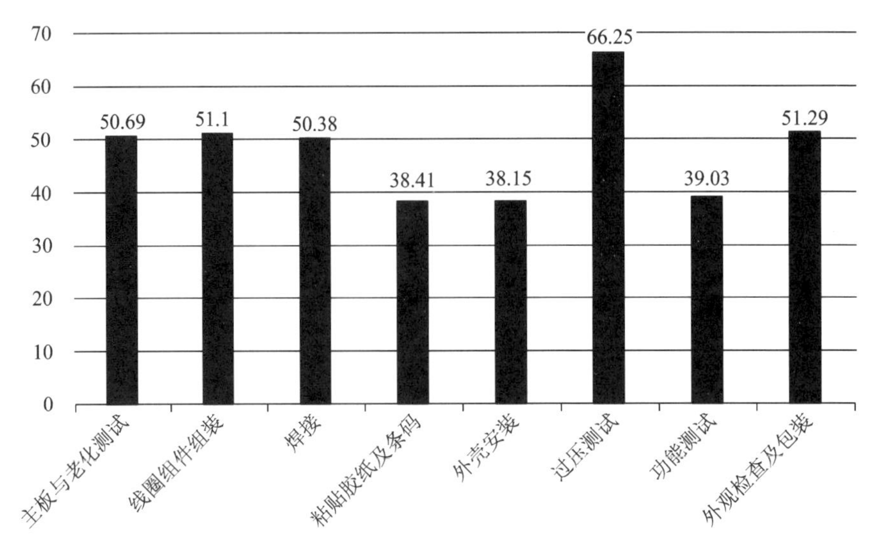

图 1-2　CWC 装配线各工序工时分布(s)

根据现有的数据，可以对CWC装配线的平衡状况进行评价，评价的指标为平衡率以及平滑指数。由图1-2可知，目前CWC装配线的瓶颈工位是过压测试工位，时间为66.25 s，也就是CWC装配线的节拍为66.25 s。

①生产线平衡率的计算：

$$\eta = \frac{\sum t_i}{\max(t_i)N} \tag{1-3}$$

式中　t_i——工序 i 的工作时间；

N——生产线上的工序数。

目前CWC装配线的平衡率 $\eta \approx 72.7\%$。

②平滑指数的计算：

$$\mathrm{SI} = \sqrt{\frac{\sum_{i=1}^{M}(C - T_i)^2}{M}} \tag{1-4}$$

式中　SI——工位间作业时间平滑指数；

C——生产节拍；

M——生产线上工作位总数。

目前CWC装配线的平滑指数 SI≈20.16。

(二)CWC装配线存在的问题

本章对CWC装配线进行现状分析后，发现客户对A公司CWC产品要求的节拍是48 s，目前该装配线的瓶颈工位的作业时间为66 s，从而使CWC装配线陷入人工成本过高、生产效率过低的困境。由图1-2可以看出，除了瓶颈工位“过压测试”之外，还有4个工位的工时也超过了48 s,分别是“主板与老化测试”“线圈组件组装”“焊接”“外观检查及包装”。因此接下来就要在保持装配线平衡的前提下,把五大问题工位的标准作业时间缩短到48 s以下。下面对五大问题工位进行梳理。

1. 滤波板安装作业分配不合理

滤波板安装作业分为贴滤波板以及焊1Pcs导线两道工序,但是这简单的两道工序被分到了三个不同工位,造成了三个操作者之间传递作业的浪费,另外也容易造成停工等待的风险。

2. 产品检查作业重复现象严重

产品检查是电子产品生产必不可少的环节,往往也是花费时间的主要环节。由于CWC装配线对于产品检查的要求不够规范,导致不同工序对同一项目重复检查的现象层出不穷。工序工时较短的作业者为了平衡装配线的工时,也就养成了不断检查产品的习惯。

3. 过压测试工序等待时间过长

过压测试工序的工时高达66.25 s,远高于需求节拍,该工位属于CWC装配线的瓶颈工位。观察该工序作业员的操作发现,其等待时间约占工序总工时的一半,存在着很大的浪费。

4. 线圈组件组装工序作业不合理

线圈组件组装工序的工时为51.1 s,大于需求节拍48 s。该工序的零配件较多,作业烦琐,操作单元高达14个。零部件摆放不尽合理,拿取零部件时间较长;单手作业、交叉作业现象较多。员工为了减小劳动强度,不惜用休息时间进行作业,此问题亟待解决。

二、运用IE技术的改善研究

依据前面的分析,可知装配线的平衡率为72.7%,平滑指数为20.16,这样的平衡指标显然存在着较大的改善空间。另外,为了满足客户订单要求的48 s的生产节拍,需要认真研究如何调整改善装配的生产现状,从而适应市场需求。本节通过方法研究对现存的四个问题进行分析,并探讨出具体的改善方案。

(一)滤波板安装流程程序分析与改善

图1-3所示为滤波板安装的流程程序,依据现行方法,此作业流程,经过三个工序的作业,分析作业内容发现两个问题:第一,为什么焊接导线作业分到两个工序,能不能全部放到“底壳安装”工位;第二,粘贴离型纸以及撕离型纸为何要分开到两个工位,能不能全部放在一个工位。采用5W1H提问技术对该流程的两个问题进行分析,找出改善方案。

目前滤波板粘贴的作业被分成两组,一组是焊接工位的滤波板粘贴离型纸,另一组是撕离型纸,粘贴滤波板到上盖。考虑到焊接工序的工时较长,现对焊接工序的滤波板粘贴离型纸作业进行提问,如表1-5所示。

工作部门：生产部 工作名称：滤波板安装 开始：取滤波板 结束：盖上盖	统计表			
		现行方法	改良方法	节省
	操作次数：○	7	6	1
	运送次数：⇨	5	5	0
	检验次数：□	1	1	0
	等待次数：D	0	0	0
	储存次数：▽	0	0	0
	运送距离(cm)	90	90	0
	共需时间(s)	30.16	29.16	1

现行方法													改良方法								
	概况								改善要点					情况							
步骤	操作○	运送⇨	检验□	等待D	储存▽	工作说明	距离(cm)	需时(s)	删除	合并	重排	简化	步骤	操作○	运送⇨	检验□	等待D	储存▽	工作说明	距离(cm)	需时(s)
1		●				取滤波板	15	2.13				√	1		●				取滤波板	15	2.13
2	●					加贴离型纸		3.24			√		2	●					加锡		2.45
3	●					翻转滤波板		1	√				3		●				投至贴码工序	30	1.86
4	●					加锡		2.45					4		●				取滤波板	15	1.32
5		●				投至贴码工序	30	1.86					5	●					加贴离型纸		3.24
6		●				取滤波板	15	1.32					6	●					撕离型纸		2.08
7	●					撕离型纸		2.08					7	●					粘贴至上盖		3.8
8	●					粘贴至上盖		3.8					8		●				投至螺钉工序	15	0.94
9		●				投至螺钉工序	15	0.94					9		●				取滤波板组件	15	1.2
10		●				取滤波板组件	15	1.2					10	●					滤波板焊导线		5.04
11	●					滤波板焊导线		5.04					11			●			检验焊接效果		2
12			●			检验焊接效果		2					12	●					盖上盖		3.1
13	●					盖上盖		3.1													
合计	7	5	1	0	0		90	30.2						6	5	1				90	29.2

图 1-3 滤波板安装的流程程序

表 1-5 滤波板粘贴离型纸作业 5W1H 提问

5W1H	问	答
What	该项作业完成了什么？是否必要？	把离型纸粘贴到滤波板上，该项操作是把滤波板粘贴到上盖所必需的
Why	为什么是必需的？	滤波板与上盖固定的方法中，粘贴是最经济、最合理的方法
	有没有其他更好的办法？	可能有，但是还没发现
Where	在什么地方进行粘贴？	在焊接工序
	为什么在此处粘贴？	因为此处有滤波板加锡作业，所以顺便安排该工序完成粘贴离型纸作业
	有没有其他更合适之处？	如果放在后面的“粘贴胶纸及条码”工序，就可以缩短“焊接”工序的工时
When	什么时候粘贴？	焊接工序把主板与线圈组件传递到下一工序之后
	为什么要此时粘贴？	加焊锡点之后，马上粘贴离型纸，以便保证下一主序的作业省去不必要的等待
	有无其他更合适的时间？	如果在“粘贴胶纸及条码”工序，就可以缩短“焊接”工序的工时

续表

5W1H	问	答
Who	由谁进行粘贴?	由焊接工序操作者粘贴
	为何由焊接工序粘贴?	加锡作业过后的顺带作业
	有没有其他更适合的人?	如果在“粘贴胶纸及条码”工序，就可以缩短“焊接”工序的工时
How	如何进行粘贴操作?	取滤波板及离型纸，撕离型纸粘贴到滤波板背面
	为什么要这样粘贴?	人工粘贴可以更好地保护滤波板
	有无其他更合适的办法?	暂时没发现

经过以上5W1H提问技术的分析后，发现滤波板粘贴离型纸作业可以转移到“粘贴胶纸及条码”工序，这样的转移对产品的质量并无影响，但是可以缩短“焊接”工序的工时，因此是可以实行的。

同理，通过5W1H提问技术的分析，可以知道焊接可能存在着锡珠、锡渣，而对待这个问题，公司非常谨慎，客户也要求非常严格。因此，为了保证产品的质量，将继续按照现行的作业来实施。

通过上述分析，显然，焊接作业保持不变，结合ECRS改善手法对滤波板进行改善研究。对于加贴离型纸作业，将其重排到“粘贴胶纸及条码”工序，以缩短“焊接”工序的作业时间，提升平衡率。对于翻转滤波板作业，它可以在“粘贴胶纸及条码”工序作业者实施“取滤波板”作业的过程中就实现翻转，因此此项作业时间可以删除。最终的滤波板安装的流程程序如图1-3所示。

经过本次改善，滤波板安装过程节省1 s的作业时间，“焊接”工序的工时缩短4.24 s，则为46.14 s。“粘贴胶纸及条码”工序的工时增加3.24 s，则为41.65 s。“底壳安装”工序的工时保持不变，依旧是38.15 s，改善后三个工序的工时均小于目标节拍48 s。

（二）产品检验流程程序分析及改善

本小节将对装配线的所有检验步骤进行分析，研究其合理性以及必要性，争取可以把“老化测试”工序和“外观检查及包装”工序的一些检验作业进行重排、合并，甚至简化，从而达到缩短这两个工序标准作业时间的目标，表1-6清楚地显示各工序的检验项目。

表1-6　工序检验项目的一览表

项　　目	工　　序							
	焊接	粘贴胶纸及条码	底壳安装	过压测试	老化测试	功能测试	外观检查及包装	检验次数
主板与线圈	√						√	2
主板锡珠		√					√	2
导光柱			√	√			√	3
上盖底壳			√	√	√		√	4

续表

项　　目	工　　序							
	焊接	粘贴胶纸及条码	底壳安装	过压测试	老化测试	功能测试	外观检查及包装	检验次数
滤波板导线			√				√	2
螺钉			√					1
产品性能				√	√	√		3
主板加锡点						√		1
QC 标签						√		1
条码							√	1

从表 1-6 中可以看出螺钉固定效果检验由“底壳安装”工序完成；主板加锡点以及 QC 标签粘贴检验均由“功能测试”工序完成；老化之后的条码粘贴效果检查由“外观检查及包装”工序负责。以上这些检验项目的检验次数全部都是 1 次。

另外，主板与线圈的焊接效果检验由“焊接”及“外观检查及包装”工序完成；主板与线圈焊接之后的锡珠锡渣检验由“粘贴胶纸及条码” 及“外观检查及包装”工序完成；滤波板导线焊接效果检验由“底壳安装”及“外观检查及包装”工序完成。这些检验项目均与焊接效果有关，鉴于 A 公司以及客户对焊接效果的重视程度，本案例认为两次检验是合理的。

产品性能检验分为三个工序，这三个工序分别负责老化前、老化中、老化后的检验，这样严格的检验显然也是为了保证产品的质量，因此本案例认为也是合理的。但是导光柱在“粘贴胶纸及条码”工序被装上后，在“底壳安装”“过压测试”“外观检查及包装”三个工序检查三次。而上盖底壳这两个部件不仅被上述三个工序检验了，而且在“老化测试”也检验了一次，检验次数高达 4 次。

综合以上检验项目一览表以及本案例的改善研究目标，采用 5W1H 提问技术对该流程进行分析，发现了两处可以优化改善的措施：第一，取消“老化测试”工序的产品确认作业；第二，把“外观检查及包装”工位的外观检查作业重排到“功能测试”工序，同时把“功能测试”工序的确认加锡作业重排到“主板检测”工序上。根据 5W1H 的分析结果，采用 ECRS 四大原则进行改善，如图 1-4 所示。

本次改善分析结果如下：

(1)取消“老化测试”的产品确认作业，取而代之的是严格的 5S 管理(一种现场管理方法)，保证产品在作业现场的有序检测。这样可以缩短“老化测试”工序的作业时间 5.5 s，在主板与老化测试工序的工时缩短到 45.19 s，达到本案例改善研究目标。

(2)“外观检查及包装”工序的外观总检作业重排到“功能测试”工序，这样的调整可以让功能测试工序的等待时间从 27.63 s 缩短到 16.03 s，同时不影响“功能检测”工序的工时，达到提高效率的目标。另外，把“外观检查及包装”工序的作业时间缩短到 39.69 s，达到本案例的改善目标。

工作部门：生产部
工作名称：产品检验
开始：主板与线圈焊接
结束：扫条码

统计表			
	现行方法	改良方法	节省
操作次数：○	7	6	1
运送次数：⇨	0	0	0
检验次数：□	14	13	1
等待次数：D	0	0	0
储存次数：▽	0	0	0
运送距离(cm)	0	0	0
共需时间(s)	3859.76	3853.18	6.58

现行方法

步骤	操作○	运送⇨	检验□	等待D	储存▽	工作说明	距离(cm)	需时(s)	删除	合并	重排	简化
1	●					主板与线圈焊接		35				
2			●			焊接效果检查		3.07				
3			●			检查锡珠		5.18				
4	●					装导光柱		4.05				
5			●			确认导光柱及外观		7.07				
6	●					滤波板焊导线		5.04				
7			●			检验焊接效果		2				
8	●					打螺钉		9				
9			●			检查打螺钉效果		6.04				
10			●			过压测试		60				
11			●			外观检查		11.7				
12	●					贴QC标签		8.21				
13			●			确认产品		5.5	√			
14			●			老化测试		3600				
15			●			确认加锡		13.7				
16	●					功能测试		60				
17			●			检查QC标签		1.07		√		
18			●			包装外观总检		11.6			√	
19			●			摇机		1.4				
20			●			条码粘贴确认		8.56				
21	●					扫条码		1.58				
合计	7	0	14	0	0		0	3860				

改良方法

步骤	操作○	运送⇨	检验□	等待D	储存▽	工作说明	距离(cm)	需时(s)
1	●					主板与线圈焊接		35
2			●			焊接效果检查		3.07
3			●			检查锡珠		5.18
4	●					装导光柱		4.05
5			●			确认导光柱及外观		7.07
6	●					滤波板焊导线		5.04
7			●			检验焊接效果		2
8	●					打螺钉		9
9			●			检查打螺钉效果		6.04
10			●			过压测试		60
11			●			外观检查		11.7
12	●					贴QC标签		8.21
13			●			老化测试		3600
14			●			确认加锡		13.7
15			●			功能测试		60
16			●			外观总检(QC)		11.6
17			●			摇机		1.4
18			●			条码粘贴确认		8.56
19	●					扫条码		1.58
合计	6	0	13				0	3853

图1-4 产品检验的流程程序

(3)“功能测试”工位的检查QC标签作业与包装外观总检作业合并到一起，统称为外观总检作业。

(三)过压测试工序的人机操作分析及改善

现行状态下，“过压测试”工序的工时高达66.25 s，属于CWC装配线的瓶颈工序，考虑到需求节拍为48 s，而检测设备的检测时间已经达到了60 s，因此进行闲余能量分析，更能快速得到解决方案。对“过压测试”工序人机在一个作业周程内的作业内容和步骤进行全面的观察和记录，再测定各作业阶段所需要的工时，并在人机操作分析图中进行记录，如图1-5所示。周程为66.24 s，其中操作者的工作时间是34.87 s，空闲时间是31.37 s，机动时间是60 s，装卸产品时间是6.24 s。

操作人员的空闲时间几乎占了周程时间的一半，因此考虑增加设备来提高工序生产效率。确定机器数的计算公式如下：

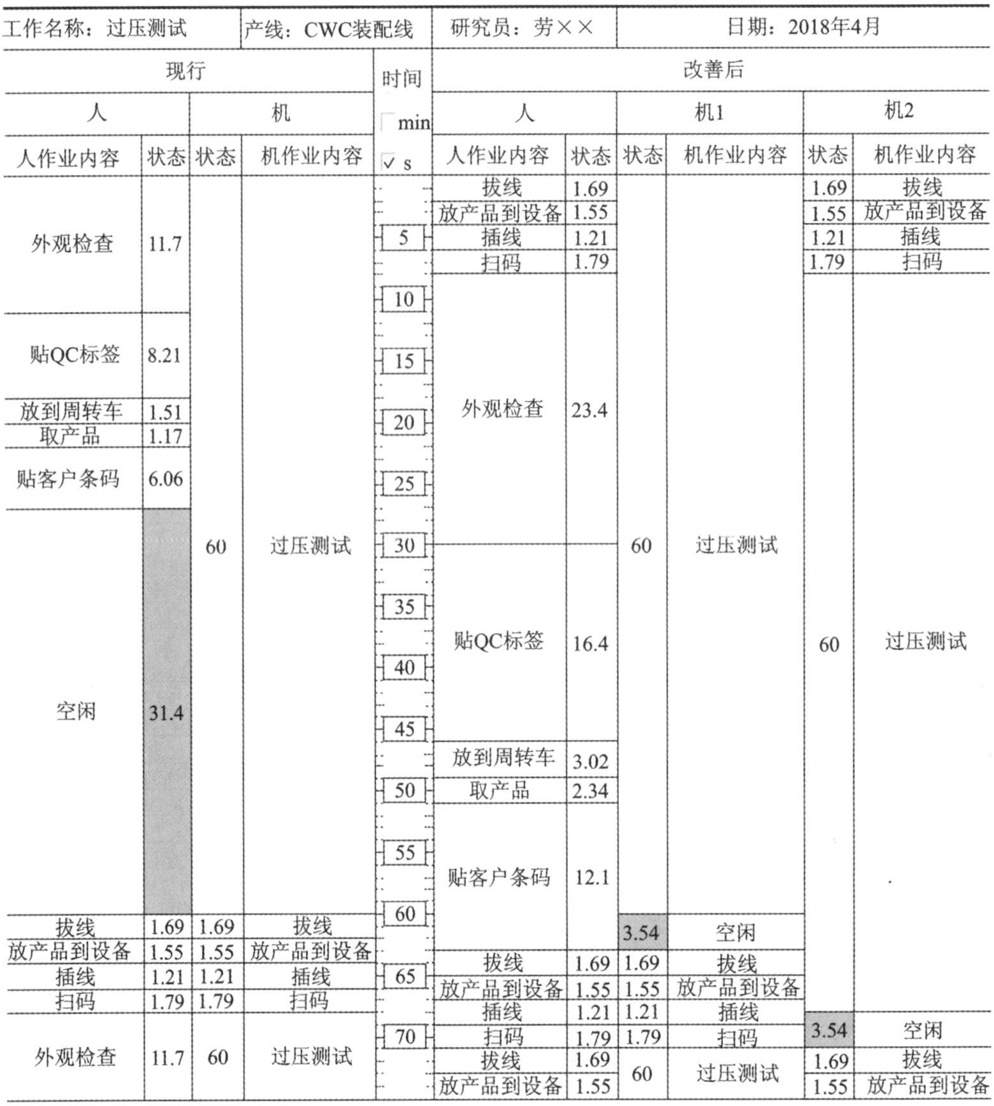

工作名称：过压测试	产线：CWC装配线	研究员：劳××	日期：2018年4月

时间：□min ☑s（5、10、15、20、25、30、35、40、45、50、55、60、65、70）

现行

人作业内容	状态	状态	机作业内容
外观检查	11.7	60	过压测试
贴QC标签	8.21		
放到周转车	1.51		
取产品	1.17		
贴客户条码	6.06		
空闲	31.4		
拔线	1.69	1.69	拔线
放产品到设备	1.55	1.55	放产品到设备
插线	1.21	1.21	插线
扫码	1.79	1.79	扫码
外观检查	11.7	60	过压测试

改善后

人作业内容	状态	机1状态	机1作业内容	机2状态	机2作业内容
拔线	1.69	60	过压测试	1.69	拔线
放产品到设备	1.55			1.55	放产品到设备
插线	1.21			1.21	插线
扫码	1.79			1.79	扫码
外观检查	23.4			60	过压测试
贴QC标签	16.4				
放到周转车	3.02				
取产品	2.34				
贴客户条码	12.1	3.54	空闲		
拔线	1.69	1.69	拔线		
放产品到设备	1.55	1.55	放产品到设备		
插线	1.21	1.21	插线		
扫码	1.79	1.79	扫码	3.54	空闲
拔线	1.69	60	过压测试	1.69	拔线
放产品到设备	1.55			1.55	放产品到设备

统计

		周程	工作时间	空闲时间	利用率
人	现行	66.24	34.87	31.37	52.64%
	改善后	69.78	69.78	0.00	100.00%
机	现行	66.24	66.24	0.00	100.00%
	改善机1	69.78	66.24	3.54	94.93%
	改善机2	69.78	66.24	3.54	94.93%

□:表示人或机作业状态　■:表示人或机空闲状态

图 1-5　过压测试工序人机操作分析

$$N=\frac{T+M}{T} \tag{1-5}$$

式中　N——一个操作者操作的机器台数；

T——一个操作者操作一部机器所需时间；

M——机器完成该项工作的机动时间。

根据现行人机操作的实际情况，将相关数据代入式(1-5)，得到该操作人员实际可操作设备台数 N 为2.72台。由于 $2 \leqslant N < 3$，此时一位操作者可能操作2台机器，但是还应该考虑以下几点：

(1)必须保证人身和设备的安全。过压测试装备只属于测试类装备，只对产品本身质量进行检测，并没有人身伤害能力。另外，机器有紧急暂停按钮和自动报警系统，可以极大限度地保证操作人员的安全。

(2)操作者必须有一定的休息时间。该工序现行的工时为66.25 s。若采用一人操作两台设备的方案，标准作业时间应该远小于48 s，也就是说，操作人员要有一定的休息时间。

(3)必须有效益。一台设备的投入确实不小，但是考虑到CWC市场的不断壮大，这样的投入是值得的，同时，提高效率之后，带来的效益绝对远大于一台测试设备的投入。另外，公司只有一台过压测试设备，多增加一台设备也可以改善由设备故障造成的生产滞后的情况。

因此，该工序可增加一台测试设备，提高该工位的作业效率。

改进方案如图1-5所示。通过改进，在周程时间增加了3.54 s的前提下，多操作一台测试设备。人的空闲时间由原来的31.4 s缩短到0 s，操作者的效率由原来的52.64%提高到100%。设备的利用率虽然下降到94.93%，但是该工序的工时由原来的66.24 s缩短到了34.87s。

(四)线圈组件组装工序的双手操作分析及改善

线圈组件组装工序的现行工时为51.1 s，比需求节拍多3.1 s。考虑到该工序的作业内容较为整体，并且临近工序现行的工时均超过目标节拍48 s，无法通过作业内容转移的方式缩短工时。通过现场观察发现，工位操作人员存在单手作业的现象，而且物料摆放的距离过远，造成了不小的浪费。因此，用双手操作分析对作业进行改善研究，依据动作经济原则对该工序的作业动作进行分析，以求缩短至少3.1 s的作业时间，从而达到研究目标。线圈组件组装工序现行的操作分析如图1-6所示。

由图1-6可以看到，由于纸篓的位置在左边，作业员又是右手撕纸，因此出现交叉手作业或者废纸从右手传递到左手的无效作业的情况。另外，物料离操作人员的距离较远，容易造成人员疲劳，也增加了作业时间。操作人员在进行多种作业的时候，右手一直处于等待的状态，存在着极大的时间浪费。

通过操作分析，采取以下改善措施：

①按照人体注重右手作业的习惯，把纸篓安放在工作台右下方，并在工作台上设置丢纸口，丢纸口直接用滑道与纸篓连接，便于丢纸，这样就避免了右手撕纸、左手投纸的作业时间浪费。

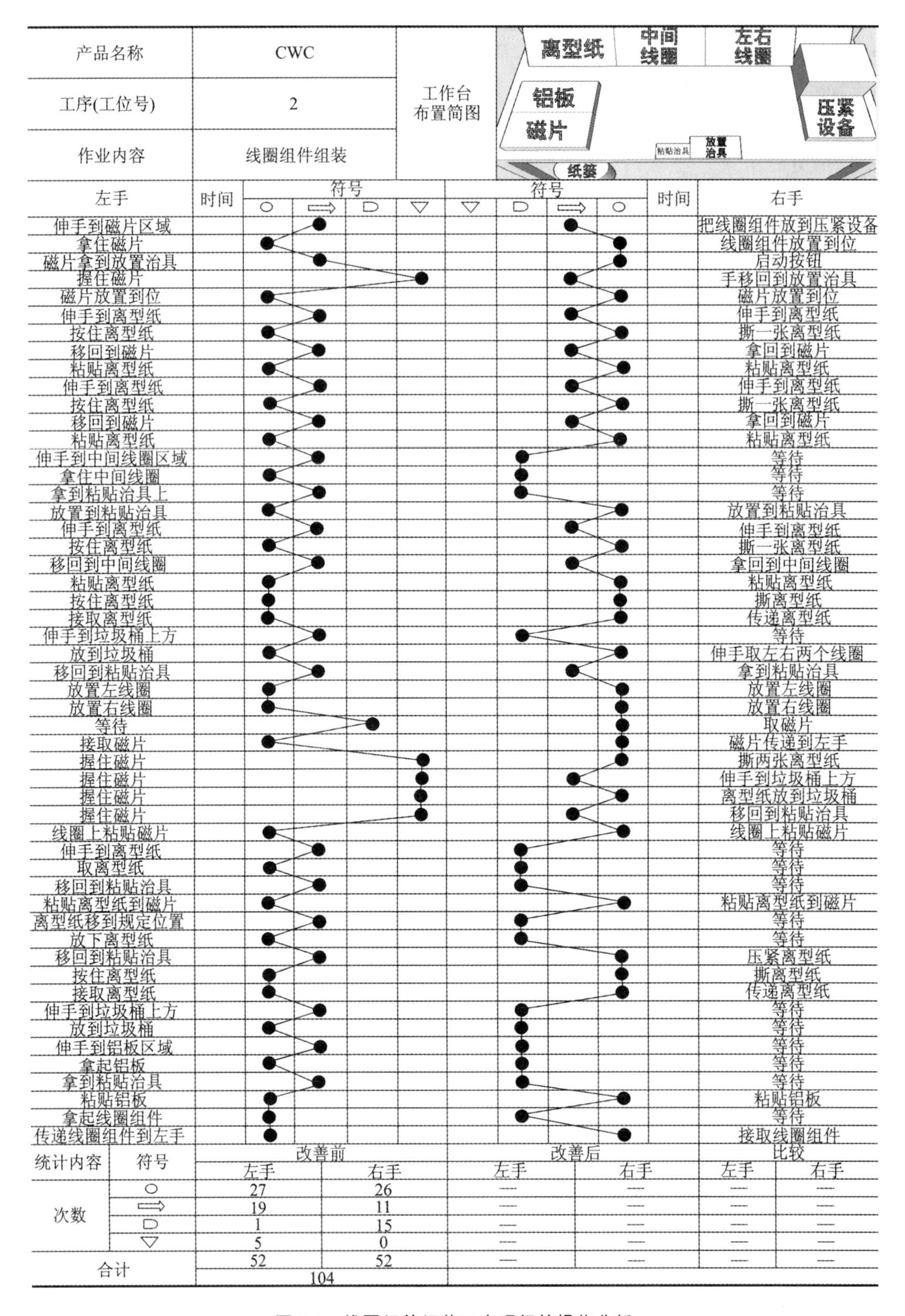

产品名称	CWC	工作台布置简图
工序(工位号)	2	
作业内容	线圈组件组装	

左手	时间	○	⇨	D	▽	▽	D	⇨	○	时间	右手
伸手到磁片区域			●					●			把线圈组件放到压紧设备
拿住磁片		●							●		线圈组件放置到位
磁片拿到放置治具			●						●		启动按钮
握住磁片					●			●			手移回到放置治具
磁片放置到位		●							●		磁片放置到位
伸手到离型纸			●					●			伸手到离型纸
按住离型纸		●							●		撕一张离型纸
移回到磁片			●					●			拿回到磁片
粘贴离型纸		●							●		粘贴离型纸
伸手到离型纸			●					●			伸手到离型纸
按住离型纸		●							●		撕一张离型纸
移回到磁片			●					●			拿回到磁片
粘贴离型纸		●							●		粘贴离型纸
伸手到中间线圈区域			●				●				等待
拿住中间线圈		●					●				等待
拿到粘贴治具上			●				●				等待
放置到粘贴治具		●							●		放置到粘贴治具
伸手到离型纸			●					●			伸手到离型纸
按住离型纸		●							●		撕一张离型纸
移回到中间线圈			●					●			拿回到中间线圈
粘贴离型纸		●							●		粘贴离型纸
按住离型纸		●							●		撕离型纸
接取离型纸		●							●		传递离型纸
伸手到垃圾桶上方			●				●				等待
放到垃圾桶		●							●		伸手取左右两个线圈
移回到粘贴治具			●					●			拿到粘贴治具
放置左线圈		●							●		放置左线圈
放置右线圈		●							●		放置右线圈
等待				●					●		取磁片
接取磁片		●							●		磁片传递到左手
握住磁片					●				●		撕两张离型纸
握住磁片					●			●			伸手到垃圾桶上方
握住磁片					●				●		离型纸放到垃圾桶
握住磁片					●			●			移回到粘贴治具
线圈上粘贴磁片		●							●		线圈上粘贴磁片
伸手到离型纸			●				●				等待
取离型纸		●					●				等待
移回到粘贴治具			●				●				等待
粘贴离型纸到磁片		●							●		粘贴离型纸到磁片
离型纸移到规定位置			●				●				等待
放下离型纸		●					●				等待
移回到粘贴治具			●						●		压紧离型纸
按住离型纸		●							●		撕离型纸
接取离型纸		●							●		传递离型纸
伸手到垃圾桶上方			●				●				等待
放到垃圾桶		●					●				等待
伸手到铝板区域			●				●				等待
拿起铝板		●					●				等待
拿到粘贴治具			●				●				等待
粘贴铝板		●							●		粘贴铝板
拿起线圈组件		●					●				等待
传递线圈组件到左手		●							●		接取线圈组件

统计内容	符号	改善前		改善后		比较	
		左手	右手	左手	右手	左手	右手
次数	○	27	26	—	—	—	—
	⇨	19	11	—	—	—	—
	D	1	15	—	—	—	—
	▽	5	0	—	—	—	—
合计		52	52	—	—	—	—
		104					

图 1-6　线圈组件组装工序现行的操作分析

②改进线圈组件装配工作的布置，如图1-7所示的工作台布置简图。左右线圈与离型纸的存放区域调换，粘贴治具与放置治具调换，铝板与磁片存放区域逆时针旋转90°。

产品名称	CWC	工作台布置简图	离型纸；中间线圈；左右线圈；铝板；磁片；中间线圈暂存区；左右线圈暂存区；离型纸暂存区；压紧设备；放置治具；粘贴治具；投纸口；纸篓
工序(工位号)	2		
作业内容	线圈组件组装		

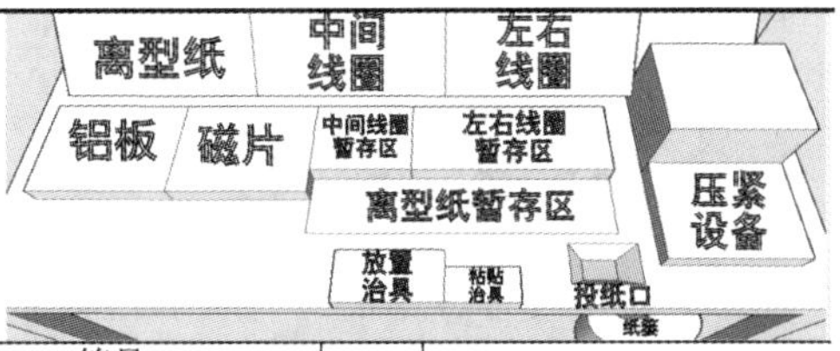

左手	时间	○	⇨	D	▽	▽	D	⇨	○	时间	右手
伸手到磁片存放区域			●					●			把线圈组件拿到压紧设备
拿住磁片		●							●		放下线圈组件
磁片拿到放置治具			●						●		线圈组件放置到位
磁片放置到位		●							●		启动按钮
伸手到离型纸			●					●			伸手到离型纸
按住离型纸		●							●		撕一张离型纸
移回到磁片			●					●			拿回到磁片
粘贴离型纸		●							●		粘贴离型纸
伸手到离型纸			●					●			伸手到离型纸
按住离型纸		●							●		撕一张离型纸
移回到磁片			●					●			拿回到磁片
粘贴离型纸		●							●		粘贴离型纸
伸手到中间线圈区域			●					●			伸手到左右线圈区域
拿住中间线圈		●							●		拿两个线圈
拿到粘贴治具上			●					●			拿到粘贴治具区域
放置到粘贴治具		●							●		放下线圈
伸手到离型纸			●					●			伸手到离型纸
按住离型纸		●							●		撕一张离型纸
移回到中间线圈			●					●			拿回到中间线圈
粘贴离型纸		●							●		粘贴离型纸
按住离型纸		●							●		撕离型纸
等待				●					●		投到丢纸口
取左右线圈		●							●		取左右线圈
安放左右线圈		●							●		安放左右线圈
取磁片		●					●				等待
握住磁片					●				●		撕两张离型纸
握住磁片					●				●		投到丢纸口
线圈上粘贴磁片		●							●		线圈上粘贴磁片
伸手到大离型纸			●					●			伸手到大离型纸
按住大离型纸		●							●		撕大离型纸
移回到粘贴治具			●					●			移回到粘贴治具
粘贴离型纸到磁片		●							●		粘贴离型纸到磁片
按住离型纸		●							●		撕离型纸
伸手到铝板区域			●						●		投到丢纸口
拿起铝板		●					●				等待
拿到粘贴治具			●				●				等待
粘贴铝板		●							●		粘贴铝板
等待				●					●		拿起线圈组件

统计内容	符号	改善前		改善后		比较	
		左手	右手	左手	右手	左手	右手
次数	○	27	26	20	24	-7	-2
	⇨	19	11	14	11	-5	0
	D	1	15	2	3	1	-12
	▽	5	0	2	0	-3	0
合计		52	52	38	38	-14	-14
		104		76		-28	

图1-7　线圈组件组装工位改善后的操作分析

③操作员的椅子换成可旋转的凳子，便于身体的转动。

④工作台设置零配件暂存区，在每个班开始前把零部件补充到暂存区，这样可以有效缩短取物料的距离。

⑤操作人员在取线圈的时候，左手取中间线圈，右手取左右线圈，减小时间浪费。

线圈组件组装工位改善后的操作分析如图1-7所示，可以看出，改善后，左右手大部分时间内实现了同时工作，只需76个操作就可以完成1件线圈组件的装配。左右手的作业负荷也更加平衡了。与此同时，在改进工作台布置之后，零配件离作业员更近，投纸更加省时省力。

三、改善效果分析

为了评价改善方案的可行性，保证方案实施的效果，特对改善方案进行效果分析，力求保证改善的成功率。本次改善主要对各工序的作业进行了调整甚至删除，目的是提高装配线的生产效率，减小成本。于是对装配线平衡指标进行比较，可以较好地体现出本次改善的效果。装配线平衡的指标分为平衡率和平滑指数，而这两项指标都建立在工序的工时之上，因此需要对装配线各工序进行作业测定。

（一）装配线作业测定

由于本次改善方案没有实施，采用MOD法对改善的方案进行作业测定。

首先对“线圈组件组装”工序的左右手作业进行分解记录，再按MOD法做出动作分析式，根据1MOD＝0.129 s的算法汇总得到正常时间，加上宽放时间就得到该工序的标准作业时间，线圈组件组装MOD法分析如表1-7所示。

表1-7　线圈组件组装MOD法分析

MOD法分析表							
工序名称			线圈组件组装		作业条件		单人作业工位
地点			无尘车间CWC装配线		分析条件		录像
序号	左手动作	分析式	右手动作	分析式	符号标记	次数	MOD
1	取磁片	M3G1	线圈组件放到压紧设备	M5P5	M5P5		10
2	磁片放置到位	M3P5	启动按钮	M2G0	M3P5		10
3	撕一张离型纸	M4A4	撕一张离型纸	M3G1	M4A4	2	8
4	粘贴离型纸	M4P5	粘贴离型纸	M3P5	M4P5M2P5	2	16
5	取中间线圈	M4G1	取左右线圈	M4G1	M4G1		5
6	放到粘贴治具上	M4P5	放到粘贴治具旁边	M4P5	M4P5M2P5		16
7	撕一张离型纸	M4A4	撕一张离型纸	M3G1	M4A4		8
8	粘贴到中间线圈	M4P5	粘贴到中间线圈	M3P5	M4P5M2P5		16
9	撕中间线圈的离型纸	M2A4	撕中间线圈的离型纸	M2G1	M2A4		6
10	等待	BD	投到丢纸口	M3P0	M3P0		3
11	取左右线圈	M4G1	取左右线圈	M4G1	M4G1		5
12	安放左右线圈	M4P5	安放左右线圈	M4P5	M4P5M2P5		16
13	取磁片	M2G3	等待	BD	M2G3		5
14	握住磁片	H	撕一张离型纸	M3G3	M3G3	2	6
15	握住磁片	H	投到丢纸口	M3P0	M3P0		3
16	线圈上粘贴磁片	M3P5	线圈上粘贴磁片	M3P5	M3P5M2P5		14

续表

序号	左手动作	分析式	右手动作	分析式	符号标记	次数	MOD
17	取大离型纸	M4A4	取大离型纸	M3G1	M4A4		8
18	粘贴离型纸到磁片	M4P5	粘贴离型纸到磁片	M3P5	M4P5M2P5		16
19	撕磁片的离型纸	M2A4	撕磁片的离型纸	M2G1	M2A4		6
20	取铝板	M4G1	投到丢纸口	M3P0	M4G1		4
21	铝板粘贴到磁片	M4P5	铝板粘贴到磁片	M3P5	M4P5M2P5		16
22	等待	BD	取线圈组件	M2G3	M2G3		5
合计	MOD总数:232		正常时间:29.93 s		宽放率:20%		标准时间:35.92 s

同理,通过MOD分析法对其他7个工序进行分析后,可得到CWC装配线全部工序的标准作业时间,如表1-8所示。

表1-8 改善后无线充电装配线全部工序的标准作业时间

工序号	工序名	改善前	
		标准作业时间(s)	人数
1	主板与老化测试	45.19	1
2	线圈组件组装	35.92	1
3	焊接	46.14	1
4	粘贴胶纸及条码	41.65	1
5	外壳安装	38.15	1
6	过压测试	34.89	1
7	功能测试	39.03	1
8	外观检查及包装	39.69	1

(二)装配线产能及平衡率指标对比分析

根据表1-8,可以画出标准作业时间分布图,如图1-8所示。

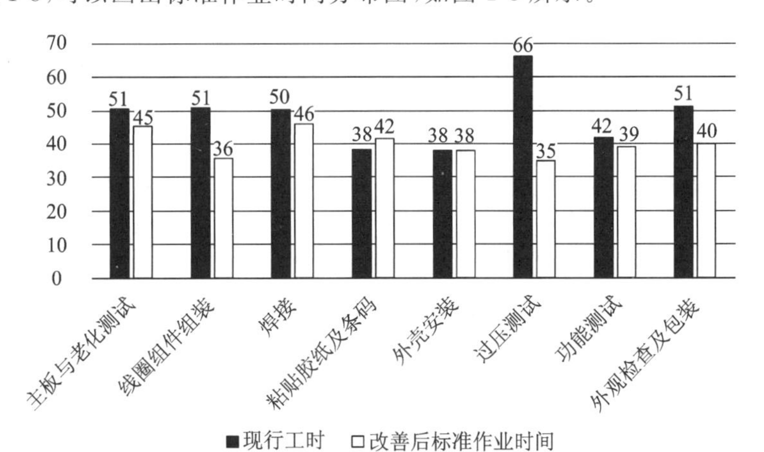

图1-8 CWC装配线现行工时与改善后标准作业时间对比(s)

根据现有的数据,可以对改善后CWC装配线的平衡状况进行评价,评价的指标为平衡率以及平滑指数。由图1-8可知,改善后CWC装配线的瓶颈工序将是焊接工序,时间为 46.14 s，也就是是 CWC 装配线的节拍为 46.14 s。

根据生产线平衡率的计算公式[式(1-3)]可知，目前 CWC 装配线的平衡率 $\eta \approx$ 86.87%。

根据平滑指数的计算公式[式(1-4)]可知，目前 CWC 装配线的平滑指数 SI≈7.14。

CWC 装配线现行状况与改善后的平衡性指标对比见表 1-9。

表 1-9 CWC 装配线现行状况与改善后的平衡性指标对比

	节拍	平衡率	平滑指数
现行装配线	66.25 s	72.7%	20.16
改善后装配线	46.14 s	86.87%	7.14

由表 1-9 可以看到，新方案将会把装配线的节拍由原来的 66.25 s，降低到 46.14 s，这就使得装配线符合客户要求 48 s 的节拍。也就是说，该装配线在不降低产品质量的情况下，完整实施新的方案之后，实现了提高生产率的目标，可以通过 8 小时的正常上班时间完成订单任务，无须加班，这样也就省去了一系列的加班费用。

与此同时，装配线平衡率由现行的 72.7%提高到 86.87%，同时平滑指数由现行的 20.16 降低到 7.14。两个装配线平衡指标的变化反映了改善后的装配线更加合理科学，减小了因各工位的不平衡所造成的时间浪费。

案例小结

国内企业系统性地应用工业工程的技术已经有 30 多年，IE 技术为中国企业的发展做出了卓越的贡献，为中国企业赶超国际先进企业提供了充足的管理技术支持。注重效率和成本，永远是 IE 所追求的目标，也是企业在激烈的市场竞争中获得优势的法宝之一。

本案例针对 A 公司 CWC 装配线存在的问题，首先利用秒表时间研究对装配线各工位进行工时测定，然后找到生产率低的根源，找出工时超出需求节拍的工序，接着针对不同工序存在的问题，分别采用流程程序分析、人机操作分析和双手操作分析来缩短相应工序的作业时间，然后再通过 MOD 法对工序进行作业测定，验证改善后的效果，从而达到缩短节拍、提高生产率、减小成本、平衡装配线的目的。

本案例的改善方案预计将把 CWC 装配线的节拍缩短到 46.4 s，如果能成功实施该方案并取得成功的话，装配线的产能将达到 620 台。未来可以根据客户订单的增长，在工艺变化不大的前提下，可以优先考虑“老化与主板测试”工序和“焊接”工序的改进，这将大大提升生产效率。

思考题

1. 查阅资料，结合您的经历，谈谈国内企业在应用 IE 的过程中有哪些困难。对于克服这些困难，您有什么好的建议？

2. 在对企业的生产系统进行分析的时候，是否可以通过仿真系统进行仿真之后再分析，其分析之后的结果与本案例的分析可能有哪些不同？

附表

九大工序工时测定表

	观测工序名称:主板测试					观测组:10组	
单元编号和描述	第1单元	第2单元	第3单元	第4单元	第5单元	第6单元	第7单元
	取主板	扫码	放置治具	按开关	机器测试	打点	放置
No.1组	1.2	1.7	1.6	0.8	30	1.2	2.3
No.2组	1.1	1.5	1.2	0.9	30	1.3	1.9
No.3组	1.3	1.2	1.2	1.1	30	1.2	2.4
No.4组	1.1	1.5	1.3	0.7	30	1.2	2.2
No.5组	1.2	1	1.2	0.5	30	1.2	2.1
No.6组	1.1	1.6	1.2	0.7	30	1.6	1.8
No.7组	1.2	1.1	1.1	0.8	30	1.4	1.3
No.8组	1.2	1.3	1.2	0.7	30	1.4	1
No.9组	1.2	1.5	1.3	0.9	30	1.3	1.7
No.10组	1.2	1.6	1.4	0.8	30	1.3	1.4
合计时间	11.8	14	12.7	7.9	300	13.1	18.1
时间平方合计	13.96	20.1	16.31	6.47	9000	17.31	34.69
观测次数	4	41	18	59	0	14	94
标准差σ	0.06	0.22	0.13	0.15	0.00	0.12	0.44
控制上限UCL	1.36	2.07	1.67	1.24	30.00	1.68	3.13
样本最大值	1.30	1.70	1.60	1.10	30.00	1.60	2.40
样本最小值	1.10	1.00	1.10	0.50	30.00	1.20	1.00
控制下限LCL	1.00	0.73	0.87	0.34	30.00	0.94	0.49
平均观测时间	1.18	1.40	1.27	0.79	30.00	1.31	1.81
评比系数	1	1	1	1	1	1	1
正常时间	1.18	1.40	1.27	0.79	30.00	1.31	1.81
宽放率	0.1	0.1	0.1	0.1	0	0.1	0.1
单元标准时间	1.30	1.54	1.40	0.87	30.00	1.44	1.99
总标准时间	35.25						

注:时间单位均为s。

续表

	观测工序名称:线圈组件组装												观测组:10 组	
单元编号和描述	第 1 单元 取放磁片	第 2 单元 贴双面胶	第 3 单元 拿放中间线圈	第 4 单元 贴双面胶	第 5 单元 撕离型纸	第 6 单元 取放左右线圈	第 7 单元 取磁片	第 8 单元 撕离型纸	第 9 单元 磁片贴线圈	第 10 单元 磁片贴双面胶	第 11 单元 撕离型纸	第 12 单元 铝板贴磁片	第 13 单元 放在压紧设备	第 14 单元 按启动按钮
No.1组	1.5	6.9	1.4	3.9	4.4	3.4	0.9	3	2.9	3.1	5.1	4.6	3.4	0.9
No.2组	1.4	7.2	1.8	3.6	4.5	3.6	0.7	3.8	2.4	2.6	5.6	4.5	3.3	0.8
No.3组	1.5	6.7	1.5	3.8	4.4	3.6	0.9	3.4	2.7	2.8	5.8	4.2	3	0.9
No.4组	1.6	6.9	1.5	3.2	4.7	3.7	1	3.5	2.3	2.6	5.3	5.2	3.7	0.7
No.5组	1.3	6.8	1.8	3.9	5.5	3.6	0.9	3.7	3	2.7	5.7	4.7	3.5	0.8
No.6组	1.2	6.7	1.6	3.7	5	3.8	0.9	3.5	2.6	3.3	5.7	4.3	3.8	0.7
No.7组	1.5	7.3	1.4	3.7	4.7	3.9	0.9	3.7	2.8	3.1	6.1	4.5	3.3	0.7
No.8组	1.2	6.9	1.5	3.7	4	4.1	1	3.4	2	3	6.3	4.2	3.1	0.9
No.9组	1.8	7.1	1.7	3.6	4.6	3.7	1.1	3.5	2.3	3.4	6.3	4.4	3.6	0.7
No.10组	1.7	7.3	1.6	3.6	3.9	4	0.9	3.6	2.2	3.2	6.2	4.3	3.5	0.8
合计时间	14.7	69.8	15.8	36.7	45.7	37.4	9.2	35.1	25.2	29.8	58.1	44.9	34.2	7.9
时间平方合计	21.97	487.68	25.16	135.05	210.77	140.28	8.56	123.65	64.48	89.56	339.11	202.41	117.54	6.31
观测次数	27	2	13	4	15	5	18	6	25	14	7	6	8	18
标准差 σ	0.19	0.22	0.14	0.19	0.44	0.20	0.10	0.21	0.31	0.27	0.39	0.28	0.24	0.08
控制上限 UCL	2.04	7.63	2.00	4.24	5.88	4.34	1.21	4.15	3.46	3.80	6.99	5.34	4.14	1.04
样本最大值	1.80	7.30	1.80	3.90	5.50	4.10	1.10	3.80	3.00	3.40	6.30	5.20	3.80	0.90
样本最小值	1.20	6.70	1.40	3.20	3.90	3.40	0.70	3.00	2.00	2.60	5.10	4.20	3.00	0.70
控制下限 LCL	0.90	6.33	1.16	3.10	3.26	3.14	0.63	2.87	1.58	2.16	4.63	3.64	2.70	0.54
平均观测时间	1.47	6.98	1.58	3.67	4.57	3.74	0.92	3.51	2.52	2.98	5.81	4.49	3.42	0.79
评比系数	1	1	1	1	1	1	1	1	1	1	1	1	1	1
正常时间	1.47	6.98	1.58	3.67	4.57	3.74	0.92	3.51	2.52	2.98	5.81	4.49	3.42	0.79
宽放率	0.1	0.1	0.1	0.1	0.1	0.1	0.1	0.1	0.1	0.1	0.1	0.1	0.1	0.1
单元标准时间	1.62	7.68	1.74	4.04	5.03	4.11	1.01	3.86	2.77	3.28	6.39	4.94	3.76	0.87
总标准时间	51.10													

续表

	观测工序名称:焊接												观测组:10组	
单元编号和描述	第1单元	第2单元	第3单元	第4单元	第5单元	第6单元	第7单元	第8单元	第9单元	第10单元	第11单元	第12单元	第13单元	第14单元
	取放主板	焊接导线	取放线圈组件	扣盖	整线	取放治具	按启动按钮	开盖、取主板	检查	投主板至下工位	取放滤波板	加锡	贴离型纸	投滤波板
No.1组	2.7	7.9	8.5	1.7	5.5	2.5	0.5	1.4	2.6	1.7	2.4	2.3	4	1.4
No.2组	2.8	7.7	9.1	1.5	5.3	2.4	0.6	2	2.8	1.2	2.2	2.2	3.8	1.6
No.3组	2.8	7.9	8.9	1.6	5.7	2.1	0.5	2.2	2.8	1.8	2.2	2.1	3.6	1.7
No.4组	2.6	7.8	9.1	1.6	5.6	2.2	0.5	1.9	2.6	1.8	2	2.2	4.1	1.8
No.5组	2.8	7.8	8.9	1.4	5.4	2.3	0.4	2	3	1.3	2	2.2	3.9	1.8
No.6组	3	7.3	9.2	1.6	5.8	2.3	0.5	2.1	3.1	1.7	1.5	2.3	3.6	1.5
No.7组	2.9	7.7	8.8	1.6	5.5	2.6	0.6	2.1	3	1.4	1.9	2.2	3.7	1.9
No.8组	2.8	8	9.4	1.7	5.8	3	0.4	2.3	2.7	1.3	1.5	2.5	4	1.9
No.9组	3.1	7.4	9.2	1.7	5.8	2.8	0.6	2	2.5	1.6	1.9	2.2	4.1	1.5
No.10组	2.9	7.9	9.1	1.4	5.7	2.6	0.5	1.9	2.8	1.5	1.8	2.1	3.7	1.8
合计时间	28.4	77.4	90.2	15.8	56.1	24.8	5.1	19.9	27.9	15.3	19.4	22.3	38.5	16.9
时间平方合计	80.84	599.54	814.18	25.08	315.01	62.2	2.65	40.13	78.19	23.85	38.4	49.85	148.57	28.85
观测次数	4	1	1	7	1	18	30	21	7	30	32	4	4	16
标准差σ	0.14	0.22	0.24	0.11	0.17	0.26	0.07	0.23	0.19	0.21	0.28	0.11	0.19	0.17
控制上限UCL	3.25	8.39	9.74	1.90	6.12	3.27	0.72	2.68	3.35	2.16	2.77	2.56	4.41	2.20
样本最大值	3.10	8.00	9.40	1.70	5.80	3.00	0.60	2.30	3.10	1.80	2.40	2.50	4.10	1.90
样本最小值	2.60	7.30	8.50	1.40	5.30	2.10	0.40	1.40	2.50	1.20	1.50	2.10	3.60	1.40
控制下限LCL	2.43	7.09	8.30	1.26	5.10	1.69	0.30	1.30	2.23	0.90	1.11	1.90	3.29	1.18
平均观测时间	2.84	7.74	9.02	1.58	5.61	2.48	0.51	1.99	2.79	1.53	1.94	2.23	3.85	1.69
评比系数	1	1	1	1	1	1	1	1	1	1	1	1	1	1
正常时间	2.84	7.74	9.02	1.58	5.61	2.48	0.51	1.99	2.79	1.53	1.94	2.23	3.85	1.69
宽放率	0.1	0.1	0.1	0.1	0.1	0.1	0.1	0.1	0.1	0.1	0.1	0.1	0.1	0.1
单元标准时间	3.12	8.51	9.92	1.74	6.17	2.73	0.56	2.19	3.07	1.68	2.13	2.45	4.24	1.86
总标准时间	50.38													

续表

	观测工序名称:粘贴胶纸及条码										观测组:10组	
单元编号和描述	第1单元	第2单元	第3单元	第4单元	第5单元	第6单元	第7单元	第8单元	第9单元	第10单元	第11单元	第12单元
	取上盖	取滤波板	撕离型纸	粘贴	投至下工位	取底盖	粘条形码	装导光柱	检查锡珠	装板卡组件	扫两个码	投至下工位
No.1组	2.2	1.4	1.6	3.6	0.8	1.1	10	4	4.7	1.8	2.2	1.5
No.2组	2	1.7	2.1	3.4	0.8	1	10.4	3.4	5	2.1	2.4	1.1
No.3组	1.9	1.1	1.9	3.4	0.8	1	10.1	3.5	4.8	2.1	2.4	1.2
No.4组	2.1	1	2	3.5	0.9	0.7	10.5	3.9	4.3	2.1	2.3	1.4
No.5组	2.3	0.9	1.9	3.5	1	0.8	10.7	3.8	4.2	2.4	2.2	1.3
No.6组	1.5	1.3	2.2	3.4	1	1.1	10.7	3.6	4.2	1.9	2.9	1.4
No.7组	1.6	0.9	1.6	2.9	0.7	1.2	9.9	4.2	5.2	2	2.9	1.3
No.8组	1.7	1.2	2.4	3.9	0.8	1.3	10	3.3	4.3	2.6	2.8	1.2
No.9组	2	1.2	1.7	3	0.9	1.2	10.5	3.8	5.3	1.9	2.5	1.4
No.10组	1.8	1.3	1.5	3.9	0.8	0.9	9.8	3.3	5.1	1.9	2.6	1.6
合计时间	19.1	12	18.9	34.5	8.5	10.3	102.6	36.8	47.1	20.8	25.2	13.4
时间平方合计	37.09	14.94	36.49	119.97	7.31	10.93	1053.7	136.28	223.53	43.82	64.16	18.16
观测次数	27	60	34	13	19	48	2	10	12	21	17	18
标准差 σ	0.25	0.23	0.28	0.31	0.09	0.18	0.32	0.29	0.41	0.24	0.26	0.14
控制上限UCL	2.65	1.90	2.72	4.37	1.13	1.57	11.22	4.56	5.94	2.79	3.29	1.77
样本最大值	2.30	1.70	2.40	3.90	1.00	1.30	10.70	4.20	5.30	2.60	2.90	1.60
样本最小值	1.50	0.90	1.50	2.90	0.70	0.70	9.80	3.30	4.20	1.80	2.20	1.10
控制下限LCL	1.17	0.50	1.06	2.53	0.57	0.49	9.30	2.80	3.48	1.37	1.75	0.91
平均观测时间	1.91	1.20	1.89	3.45	0.85	1.03	10.26	3.68	4.71	2.08	2.52	1.34
评比系数	1	1	1	1	1	1	1	1	1	1	1	1
正常时间	1.91	1.20	1.89	3.45	0.85	1.03	10.26	3.68	4.71	2.08	2.52	1.34
宽放率	0.1	0.1	0.1	0.1	0.1	0.1	0.1	0.1	0.1	0.1	0.1	0.1
单元标准时间	2.10	1.32	2.08	3.80	0.94	1.13	11.29	4.05	5.18	2.29	2.77	1.47
总标准时间	38.41											

续表

	观测工序名称:外壳安装										观测组:10组		
单元编号和描述	第1单元 取底壳组件	第2单元 确认导光柱	第3单元 放底壳组件	第4单元 按启动按钮	第5单元 打2Pcs螺钉	第6单元 放线圈入底壳	第7单元 取滤波板	第8单元 焊接滤波板	第9单元 盖上盖	第10单元 按启动按钮	第11单元 打4Pcs螺钉	第12单元 检查	第13单元 投至下工位
No.1组	1.5	6.4	1.5	0.9	4.5	1.9	1.5	6	3.2	1	9	5.6	1.1
No.2组	1	6.5	1.2	1	4.5	2.3	1	6.2	3	0.9	9	5.7	1.2
No.3组	1.1	6.5	1.3	0.8	4.5	2	1.1	6.1	3	0.9	9	5.7	1
No.4组	1	6.5	1.7	0.9	4.5	2	1	6.9	2.5	0.9	9	5.3	1.1
No.5组	0.9	6.6	1.4	0.8	4.5	2	0.9	6.6	2.6	1.3	9	5.5	1
No.6组	1.2	6.1	1.3	0.9	4.5	1.8	1.2	6.8	2.8	1.2	9	5.1	1.3
No.7组	1.1	6.7	1.6	1	4.5	2.1	1.1	6	2.9	1.1	9	5.4	0.9
No.8组	0.8	6.8	1.4	0.9	4.5	2	0.8	6.6	3.1	1.1	9	5.6	1.1
No.9组	1.3	6	1.5	1.1	4.5	1.9	1.3	6.5	2.6	0.9	9	5.8	1.1
No.10组	1	6.2	1.3	1	4.5	1.9	1	6.3	2.5	1	9	5.4	1.2
合计时间	10.9	64.3	14.2	9.3	45	19.9	10.9	64	28.2	10.3	90	49.4	11
时间平方合计	12.25	414.05	20.38	8.73	202.5	39.77	12.25	410.56	80.12	10.79	810	271.52	12.22
观测次数	50	2	17	15	0	7	50	4	12	27	0	180	16
标准差σ	0.19	0.25	0.15	0.09	0.00	0.13	0.19	0.31	0.24	0.13	0.00	0.20	0.11
控制上限UCL	1.67	7.17	1.86	1.20	4.50	2.38	1.67	7.33	3.55	1.43	9.00	6.10	1.43
样本最大值	1.50	6.80	1.70	1.10	4.50	2.30	1.50	6.90	3.20	1.30	9.00	5.80	1.30
样本最小值	0.80	6.00	1.20	0.80	4.50	1.80	0.80	6.00	2.50	0.90	9.00	5.10	0.90
控制下限LCL	0.51	5.69	0.98	0.66	4.50	1.60	0.51	5.47	2.09	0.63	9.00	4.88	0.77
平均观测时间	1.09	6.43	1.42	0.93	4.50	1.99	1.09	6.40	2.82	1.03	9.00	5.49	1.10
评比系数	1	1	1	1	1	1	1	1	1	1	1	1	1
正常时间	1.09	6.43	1.42	0.93	4.50	1.99	1.09	6.40	2.82	1.03	9.00	5.49	1.10
宽放率	0.1	0.1	0.1	0.1	0.1	0.1	0.1	0.1	0.1	0.1	0.1	0.1	0.1
单元标准时间	1.20	7.07	1.56	1.02	4.95	2.19	1.20	7.04	3.10	1.13	9.90	6.04	1.21
总标准时间	38.15												

续表

	观测工序名称:过压测试								观测组:10 组	
单元编号和描述	第1单元	第2单元	第3单元	第4单元	第5单元	第6单元	第7单元	第8单元	第9单元	第10单元
	取产品	贴客户条码	放产品到设备	插线	扫码	产品测试	拔线	外观检查	贴 QC 标签	放到周转车
No.1 组	1	5.5	1.6	0.9	1.9	60	1.4	11.7	7.8	1.4
No.2 组	0.9	5.1	1.6	1.1	1.8	60	1.6	11.9	7.6	1.5
No.3 组	1.3	5.5	1.4	1.2	1.6	60	1.8	9.8	7.3	1.4
No.4 组	1.2	5.5	1.5	1.1	1.6	60	1.7	9.7	7.3	1.3
No.5 组	1.1	5.9	1.2	1	1.7	60	1.5	10.1	7.1	1.2
No.6 组	1.2	5.7	1.3	1.3	1.4	60	1.4	10.5	7.7	1.1
No.7 组	1.2	5.1	1.3	1	1.5	60	1.6	10.7	7.7	1.5
No.8 组	0.8	5.7	1.5	1.3	1.5	60	1.6	11.1	7.2	1.6
No.9 组	1	5.5	1.4	0.9	1.6	60	1.3	9.9	7.4	1.3
No.10 组	0.9	5.6	1.3	1.2	1.7	60	1.5	10.8	7.5	1.4
合计时间	10.6	55.1	14.1	11	16.3	600	15.4	106.2	74.6	13.7
时间平方合计	11.48	304.17	20.05	12.3	26.77	36000	23.92	1133.24	557.02	18.97
观测次数	35	3	14	26	12	0	14	8	1	17
标准差 σ	0.16	0.24	0.13	0.14	0.14	0.00	0.14	0.73	0.22	0.14
控制上限 UCL	1.53	6.23	1.80	1.52	2.06	60.00	1.97	12.82	8.13	1.80
样本最大值	1.30	5.90	1.60	1.30	1.90	60.00	1.80	11.90	7.80	1.60
样本最小值	0.80	5.10	1.20	0.90	1.40	60.00	1.30	9.70	7.10	1.10
控制下限 LCL	0.59	4.79	1.02	0.68	1.20	60.00	1.11	8.42	6.79	0.94
平均观测时间	1.06	5.51	1.41	1.10	1.63	60.00	1.54	10.62	7.46	1.37
评比系数	1	1	1	1	1	1	1	1	1	1
正常时间	1.06	5.51	1.41	1.10	1.63	60.00	1.54	10.62	7.46	1.37
宽放率	0.1	0.1	0.1	0.1	0.1	0.1	0.1	0.1	0.1	0.1
单元标准时间	1.17	6.06	1.55	1.21	1.79	60.00	1.69	11.68	8.21	1.51
总标准时间	66.25									

续表

	观测工序名称:老化测试								观测组:10 组	
单元编号和描述	第 1 单元	第 2 单元	第 3 单元	第 4 单元	第 5 单元	第 6 单元	第 7 单元	第 8 单元	第 9 单元	第 10 单元
	确认产品	放入高温箱	插线	启动	扫产品码	老化确认	老化测试	拔线	拿放至周转车	推车到周转区
No. 1 组	5	1.9	1.4	0.58	1.4	0.11	25	0.8	2.3	0.28
No. 2 组	5	2.1	1.6	0.62	1.3	0.11	25	0.8	2.48	0.27
No. 3 组	5	2.4	1.3	0.58	1.4	0.11	25	0.8	2.48	0.28
No. 4 组	5	2.6	1.5	0.62	1.3	0.11	25	0.78	2.43	0.27
No. 5 组	5	2.2	1.2	0.58	1.4	0.11	25	0.63	2.33	0.28
No. 6 组	5	2	1.3	0.62	1.3	0.11	25	0.74	2.3	0.27
No. 7 组	5	2.1	1.6	0.58	1.4	0.11	25	0.8	2.41	0.28
No. 8 组	5	2.3	1.3	0.62	1.3	0.11	25	0.78	2.23	0.27
No. 9 组	5	2.2	1.5	0.58	1.4	0.11	25	0.63	2.28	0.28
No. 10 组	5	2.2	1.2	0.62	1.3	0.11	25	0.74	2.37	0.27
合计时间	50	22	13.9	6	13.5	1.1	250	7.5	23.61	2.75
时间平方合计	250	48.76	19.53	3.604	18.25	0.121	6250	5.6658	55.8109	0.7565
观测次数	0	12	17	2	2	0	0	12	2	1
标准差 σ	0.00	0.19	0.14	0.02	0.05	0.00	0.00	0.06	0.08	0.01
控制上限 UCL	5.00	2.77	1.82	0.66	1.50	0.11	25.00	0.94	2.61	0.29
样本最大值	5.00	2.60	1.60	0.62	1.40	0.11	25.00	0.80	2.48	0.28
样本最小值	5.00	1.90	1.20	0.58	1.30	0.11	25.00	0.63	2.23	0.27
控制下限 LCL	5.00	1.63	0.96	0.54	1.20	0.11	25.00	0.56	2.11	0.26
平均观测时间	5.00	2.20	1.39	0.60	1.35	0.11	25.00	0.75	2.36	0.28
评比系数	1	1	1	1	1	1	1	1	1	1
正常时间	5.00	2.20	1.39	0.60	1.35	0.11	25.00	0.75	2.36	0.28
宽放率	0.1	0.1	0.1	0.1	0.1	0.1	0.1	0.1	0.1	0.1
单元标准时间	5.50	2.42	1.53	0.66	1.49	0.12	27.50	0.83	2.60	0.30
总标准时间	15.44									

续表

	观测工序名称:功能测试							观测组:10组	
单元编号和描述	第1单元	第2单元	第3单元	第4单元	第5单元	第6单元	第7单元	第8单元	第9单元
	确认加锡	连接插头	扫描条码	产品放到设备	按启动按钮	功能测试	拔插头、取产品	检查QC标签	放入周转车
No.1组	12.7	1.8	1.8	1.3	1.5	30	1.4	1.1	1.2
No.2组	12.7	2.1	2.3	1.4	1.3	30	1.7	1	1.3
No.3组	13	1.7	1.8	1.3	1.1	30	1.4	1	1.1
No.4组	12.6	2	2.3	1.5	1.6	30	1.5	1.1	1.3
No.5组	12.4	2	1.9	1.3	1.2	30	1.6	1	1.1
No.6组	12.8	2	2.3	1.5	1.5	30	1.6	0.9	1.2
No.7组	11.8	2.1	1.9	1.4	1.3	30	1.6	1.2	1.2
No.8组	12	2.2	2.1	1.6	1.2	30	1.2	0.7	1.1
No.9组	12.5	1.8	2	1.3	1.4	30	1.4	0.9	1
No.10组	12.4	1.9	2.2	1.3	1	30	1.5	0.8	1.3
合计时间	124.9	19.6	20.6	13.9	13.1	300	14.9	9.7	11.8
时间平方合计	1561.19	38.64	42.82	19.43	17.49	9000	22.39	9.61	14.02
观测次数	1	9	14	9	31	0	14	34	11
标准差σ	0.34	0.15	0.20	0.10	0.18	0.00	0.14	0.14	0.10
控制上限UCL	13.52	2.41	2.65	1.70	1.85	30.00	1.90	1.40	1.47
样本最大值	13.00	2.20	2.30	1.60	1.60	30.00	1.70	1.20	1.30
样本最小值	11.80	1.70	1.80	1.30	1.00	30.00	1.20	0.70	1.00
控制下限LCL	11.46	1.51	1.47	1.08	0.77	30.00	1.08	0.54	0.89
平均观测时间	12.49	1.96	2.06	1.39	1.31	30.00	1.49	0.97	1.18
评比系数	1	1	1	1	1	1	1	1	1
正常时间	12.49	1.96	2.06	1.39	1.31	30.00	1.49	0.97	1.18
宽放率	0.1	0.1	0.1	0.1	0.1	0	0.1	0.1	0.1
单元标准时间	13.74	2.16	2.27	1.53	1.44	30.00	1.64	1.07	1.30
总标准时间	39.03								

续表

	观测工序名称:外观检查及包装									观测组:10组		
单元编号和描述	第1单元	第2单元	第3单元	第4单元	第5单元	第6单元	第7单元	第8单元	第9单元	第10单元	第11单元	第12单元
	箱盖章、贴条码	取纸箱	扫外箱条码	放入珍珠棉内箱	取成品	外观检查	摇机	条码粘贴确认	扫条码	装入包装袋	放入珍珠棉箱	满箱转移到卡板
No.1组	2.4	5.8	3.2	5.3	1.2	10.2	1.3	8	1.7	5.5	1.8	0.8
No.2组	2.4	5.5	2.9	5.1	1.1	10.4	1.4	8.1	1.5	5.5	1.7	0.8
No.3组	2.4	5.3	3	5.4	0.9	10.6	1.2	7.8	1.4	5.9	1.5	0.8
No.4组	2.4	5.6	3.1	5.3	1	10	1.4	7.7	1.3	5.8	1.3	0.8
No.5组	2.4	5.4	3.1	5.3	1	10.9	1.4	7.7	1.4	5.7	1.7	0.8
No.6组	2.4	5.5	3.2	5	1.4	10.1	1.4	7.9	1.3	5.9	2	0.8
No.7组	2.4	5.8	2.9	5.4	1.3	10.9	1.3	7.6	1.6	6.2	1.5	0.8
No.8组	2.4	5.6	3	5.3	1.3	11.1	1.1	7.5	1.3	5.9	1.8	0.8
No.9组	2.4	5.3	3	5.2	1.2	10.4	1	7.4	1.5	5.5	1.6	0.8
No.10组	2.4	5.6	3.1	5.3	1.3	10.6	1.2	8.1	1.4	5.6	1.6	0.8
合计时间	24	55.4	30.5	52.6	11.7	105.2	12.7	77.8	14.4	57.5	16.5	8
时间平方合计	57.6	307.2	93.13	276.82	13.93	1107.92	16.31	605.82	20.9	331.11	27.57	6.4
观测次数	0	1	2	1	28	2	18	1	13	2	20	0
标准差σ	0.00	0.17	0.10	0.12	0.16	0.35	0.13	0.23	0.13	0.22	0.19	0.00
控制上限UCL	2.40	6.05	3.36	5.62	1.64	11.57	1.67	8.47	1.82	6.41	2.21	0.80
样本最大值	2.40	5.80	3.20	5.40	1.40	11.10	1.40	8.10	1.70	6.20	2.00	0.80
样本最小值	2.40	5.30	2.90	5.00	0.90	10.00	1.00	7.40	1.30	5.50	1.30	0.80
控制下限LCL	2.40	5.03	2.74	4.90	0.70	9.47	0.87	7.09	1.06	5.09	1.09	0.80
平均观测时间	2.40	5.54	3.05	5.26	1.17	10.52	1.27	7.78	1.44	5.75	1.65	0.80
评比系数	1	1	1	1	1	1	1	1	1	1	1	1
正常时间	2.40	5.54	3.05	5.26	1.17	10.52	1.27	7.78	1.44	5.75	1.65	0.80
宽放率	0.1	0.1	0.1	0.1	0.1	0.1	0.1	0.1	0.1	0.1	0.1	0.1
单元标准时间	2.64	6.09	3.36	5.79	1.29	11.57	1.40	8.56	1.58	6.33	1.82	0.88
总标准时间	51.29											

案例2 基于方法研究的生产线改善与优化

引言

随着企业之间的竞争日趋激烈，各个行业的利润在面对人工成本不断上升和市场份额难以提高的背景下越来越低，如何在激烈的市场竞争中，保持产品的竞争力，在成本和质量方面优于他人，逐渐成为各个企业关注的热点问题。近些年，国内各个制造企业不断追求低成本、低消耗、高效率的目标，在生产系统中引入了先进的设计和管理技术，尤其是工业工程技术。很多企业应用了工业工程的理论和方法来改进生产过程存在的不合理、不必要、不均衡的现象，用较少投资或者不增加投资对生产系统进行不断改进和优化，以达到提高生产效率、降低生产成本和提高产品质量的目的。

一、驱虫液生产线的现状和分析

（一）驱虫液生产线现状

1. 产品介绍

公司生产的驱虫液由驱虫药液和外零件组成，在特定温度下配备电子恒温加热器使驱虫药液的有用成分均匀挥散于空间，在此过程中药液传递分成两个过程：①流动过程，药液通过芯棒流动到芯棒的顶端，如图 2-1 中所示的 AB 区—CD 区；②挥发过程，芯棒顶端的药液经过加热器加热后，蒸发为气体，即图 2-1 中所示 CD 区—芯棒外。目前公司主打的 A、B 两大品牌中设置有 cc、bb、无香和清香等药效不同的驱虫液，以满足不同消费群体的需求。

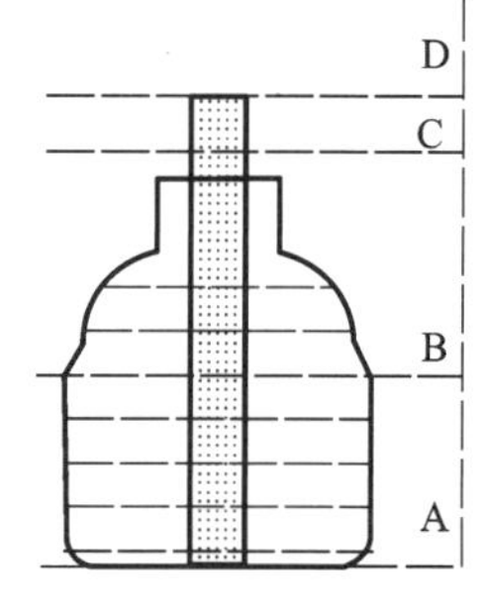

图 2-1　驱虫液工作原理示意

生产驱虫液的详细物料清单（BOM）见表 2-1。

表 2-1　生产驱虫液的物料清单（BOM）

序号	物料名称	说明
A	浓缩液	
B	酸异丙酯	
C	正构十四碳烷烃	
D	抗氧剂	
E	香精	清香型添加剂
F	增效醚	

续表

序号	物料名称	说明
G	芯棒	
H	瓶子	cc:蓝瓶
		bb:绿瓶
I	内塞	
J	外盖	
K	油墨	喷码

不同品种与规格的驱虫液的药液配制和投料工序如下。

①bbA 清香型:C→B→A→D→F→E。

②bbB 无香型:C→B→A→F→D。

③ccA 清香型:C→B→A→D→F→E。

④ccB 无香型:C→F→B→A→D。

2. 工艺程序

工艺程序是以驱虫液由投入到产出的全过程为研究对象,对整个过程的加工、检查工序进行全面分析。该产品详细的生产工艺程序如图 2-2 所示,工艺旁边的数值表示作业时间。

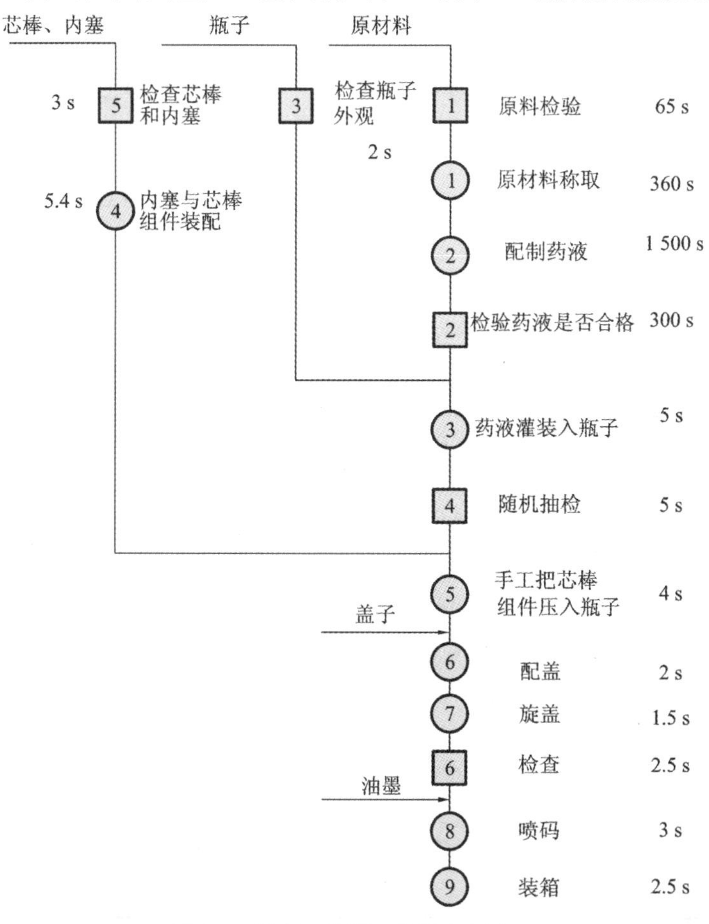

图 2-2 驱虫液装配工艺程序(现行)

3. 生产线布局

驱虫液生产线位于综合车间，场地占地面积约 200 m^2，整条生产线主要分成灌装区、压装芯棒区、配盖区、旋盖区、喷码区、装箱区、穿芯棒区等 7 个作业区。具体的生产布局如图 2-3 所示。生产线上总共配置 10 人，其中每个区间作业的人员配置见表 2-2。驱虫液 bb 的灌装瓶重为(40±0.4)g，cc 的灌装瓶重为(41±0.4)g。每种规格的日产量平均在 10000～11000 瓶，上下浮动约为 1000 瓶。

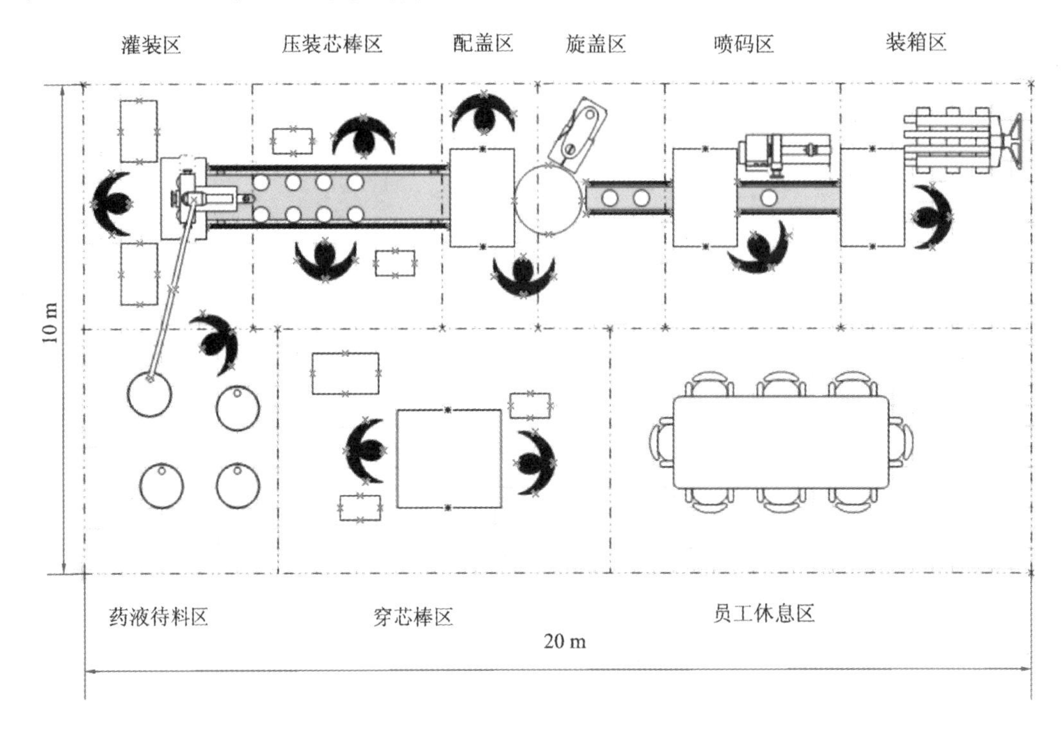

图 2-3　驱虫液生产线布局

表 2-2　各作业区人员配置

序号	工序名称	配置人员(人)
1	穿芯棒	2
2	灌装	2
3	压装芯棒	2
4	配盖	1
5	旋盖	1
6	喷码	1
7	装箱	1
合计		10

工人在灌装作业台通过手工把检验合格的瓶子准确放入灌装口正下方，灌装机经过原先设置好的程序，把配置好的药液灌装入瓶子，其中每次灌装的数量为 4 瓶。灌装完成后，通过推杆把药液瓶送上传送带，传送带两边的工人负责把从穿芯棒区送来的芯棒组件压入瓶口。在配盖区设置有一个缓冲台，一个工人负责把前面装有芯棒组件的半成品配上瓶盖，另一个工人负责放入旋盖机正下方的托盘，机器受到感应自动夹紧瓶子，旋盖机把瓶盖旋紧后自动把成品推上传送带。经过喷码区有一个待检台，由工人检查驱虫液灌装质量是否有漏液、断芯棒、药水有沉淀物等不合格现象，检验合格后放上传送带，驱虫液经过喷码机器感应区，机器会自动在驱虫液瓶身喷上药液生产日期和品种规格号。成品进入装箱区后，由工人按照每箱 60 瓶的要求装入箱子，配好批号单之后用小推车运到半成品临时存放区等待包装。

整条生产线占用面积为 200 m^2，而生产线内空间利用率只有 85%，各工作台及作业区之间的 15%面积仍有待利用的空间。线上工人反复在设备和物料筐之间拿取在制品，重复动作多且单调乏味，自动化程度较低，导致工人的工作效率低下。

4. 物流线路

按照目前的布局，绘制的生产物料线路如图 2-4 所示，箭头表示材料的流动方向，工人从材料库中搬运所需的原材料到生产线和配料间，距离共为 180 m。加工完成的驱虫液运至半成品区储存，搬运距离为 18 m，耗时 78 s。

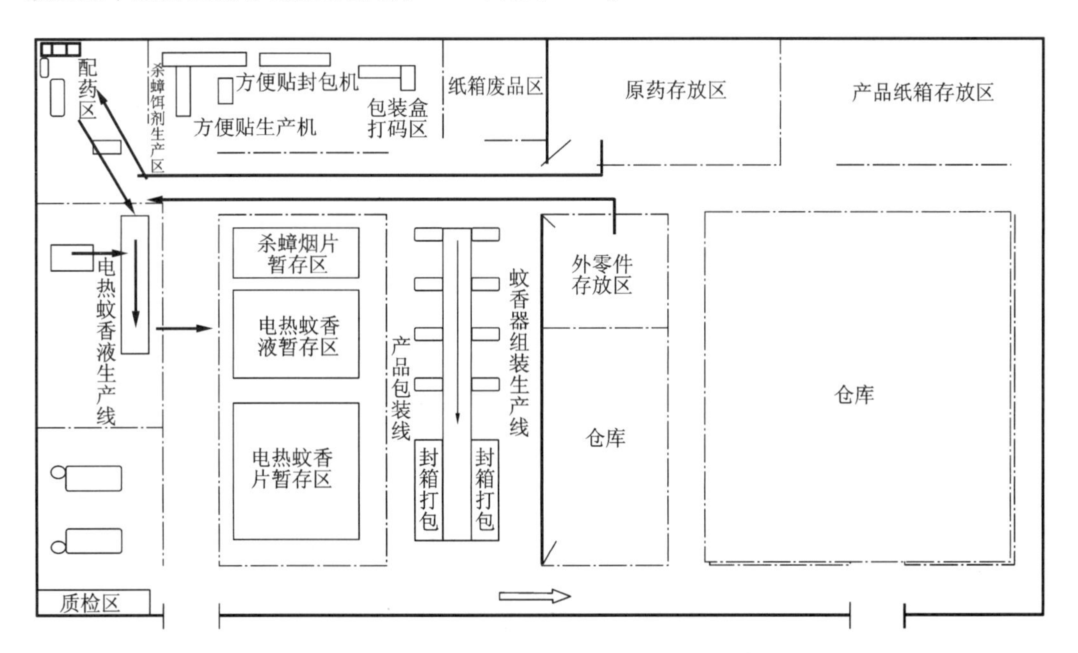

图 2-4　生产物料线路

整个生产过程用流程程序分析法把驱虫液加工过程划分为加工、检查、等待、搬运、储存的五种状态。其目的是找到加工过程中存在等待、搬运、储存等隐藏成本的浪费，从而对生产流程进行改善与优化。详细的驱虫液加工流程程序如图 2-5 所示。

工作名称：驱虫液生产 开始：原料准备 结束：驱虫液储存 研究者：韦×× 日期：2014.1.16 方法：现行	统计			
	项别	次数	时间(s)	距离(m)
	加工○	8	1879	
	检查□	5	374.5	
	搬运⇨	11	291	133.1
	等待D	4	438	
	储存▽	1	1800	

工作说明	距离(m)	时间(s)	工序系列				
			加工	检查	搬运	等待	储存
(1)原材料检验		65		■			
(2)称取合适原材料		360	●				
(3)运至配药间	100	105			➡		
(4)配制相应药液		1500	●				
(5)检验药液		300		■			
(6)搬到药液待料间	10	43			➡		
(7)药液等待灌装		412				D	
(8)检查瓶子外观		2		■			
(9)瓶子送到灌装口	0.2	3			➡		
(10)药液灌装		5	●				
(11)送至电子称	0.2	2			➡		
(12)随机抽检重量		5		■			
(13)搬到下一工序	2	28			➡		
(14)组件压入瓶口		4	●				
(15)搬到下一工序	1	14			➡		
(16)等待配盖		10				D	
(17)盖子放在瓶口		3	●				
(18)等待旋盖		8				D	
(19)搬到旋盖位置	0.5	2			➡		
(20)自动上紧盖子		1.5	●				
(21)搬到下一工序	0.5	7			➡		
(22)等待检查		8				D	
(23)检查		2.5		■			
(24)搬到下一工序	0.2	2			➡		
(25)喷码		3	●				
(26)搬到下一工序	0.5	7			➡		
(27)装箱		2.5	●				
(28)搬到半成品区	18	78			➡		
(29)储存		1800					▼

图 2-5 驱虫液加工流程程序(现行)

在生产过程中物料的运送往往不顺畅，在图 2-4 中，外零件距离生产线为 80m，需要通过小推车搬运，而小推车有时不够用，工人需要等待，这将影响到生产材料的供给。

（二）生产线存在的问题分析

1. 工艺程序有待优化

根据工艺程序图（图 2-2）统计数据分析，发现驱虫液整个生产过程共有 9 次加工、6 次检查。通过现场观察和记录，前期配药流程都是按照相关文件的规定，不存在问题；主要是在灌装生产过程中，部分主要工序的问题清单详见表 2-3。

表 2-3　主要工序问题清单

工序内容	问题表现
穿芯棒	(1)借助穿孔模板，采用手工模式组装配件，反复拿取物料动作频繁，造成工作单调乏味，生产积极性不高，产量较低； (2)自动化程度低，工人数量多，成本高
灌装	(1)工人需要准确地把瓶子放到位，避免不必要的时间浪费； (2)灌装口设计较少，药液灌装速度较慢，机器利用率低； (3)操作动作反复，单调乏味
压装芯棒	(1)物料筐的位置设计过低，工人拿取芯棒组件需要摆动较大幅度； (2)瓶子前后没有物体夹紧，工人需要用一只手辅助完成压塞动作
配盖	(1)采用传统手工配盖，放入旋盖托盘，动作摆动幅度较大，易引起疲劳； (2)缺乏专用工装设计辅助上料，效率低
旋盖	旋盖机的推杆反应不灵敏，旋紧的瓶子有时卡住，需要工人手动推送到传送带
喷码	(1)在缓冲台堆积的在制品数量不均，工人的操作忙闲不均； (2)喷码机的油墨比例调试不合适，喷码不清晰，造成返工浪费

通过对主要工序存在的问题和生产的工艺程序分析，运用工作研究的基本工具 5W1H 提问技术和 ECRS 原则针对驱虫液的每项活动做进一步的提问，探讨改进的可能性，具体的分析提问过程如下。

问：原料检验和称取工作为什么分开？

答：工人习惯性做法，喜欢按照先后顺序作业。

问：两者能否合并？

答：能够合并，但需要时间适应。

问：为什么要进行瓶子检查？能否取消？

答：保证质量，不能取消，但可以在灌装时同时进行检查。

问：芯棒和内塞为什么要组装？能否取消检查？

答：方便压装工序，不能取消，但可以减少检查数量，因其是成批运回。

问：压装芯棒工序能否取消？

答：不能。

问：为什么要进行手工配盖？

答:因为没有专门的工装辅助配盖,所以需要工人手工配盖。

问:能够设计自动工装完成配盖吗?

答:可以。

问:配盖和旋盖能够合并吗?

答:可以,但需要设计工装夹具。

问:为什么要进行检查?

答:保证产品质量。

问:装箱和检查能够合并吗?

答:可以。

经过提问技术,发现有些工序可以经过合并和重排,已达到简化工艺程序的目的,具体改善见案例3。

2. 生产节拍不均,作业不平衡

生产线平衡是生产流程设计和作业标准化中最重要的方法,生产线上最大的产能取决于作业速度最慢的工序,即瓶颈工序。对生产线进行平衡率的分析对提升整体生产线效率和降低生产现场的各种浪费有着至关重要的意义。

在整条生产线上,对每道工序采用秒表计时法测量各道工序的作业时间,具体数据见表2-4,对应的线平衡柱形图如图2-6所示。

表2-4 各工序作业时间

工序名称	穿芯棒	灌装	压装芯棒	配盖	旋盖	喷码	装箱
作业时间(s)	5.4	5	4	2	1.5	3	2.5

①生产线平衡率=[(5.4+5+4+2+1.5+3+2.5)/(5.4×7)]×100%=61.9%。

②平衡损失率=1-生产线平衡率=1-61.9%=38.1%。

③平衡线=5.4×61.9%=3.34 s。

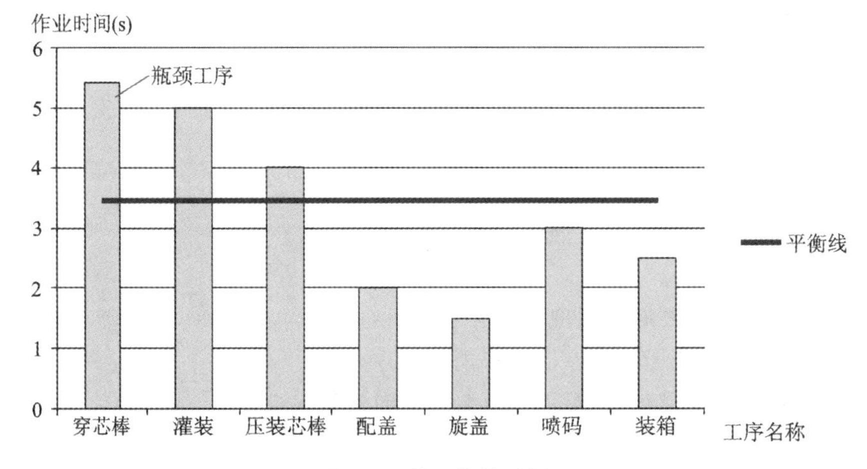

图2-6 线平衡柱形图

从计算的生产线平衡率来看,整条生产线的平衡率只有61.9%,平衡损失率为38.1%,产线的平衡率较差,穿芯棒是生产线的瓶颈工序,制约了整条产线的平衡率。究其原因是工人在穿芯棒时需要经常拿取穿孔模板,造成手臂的疲劳,生产效率降低。此外,因为需要对准内塞孔才能将芯棒准确穿入,长时间的操作,工人的眼睛容易疲劳。为了提高工作积极性,让操作能够持续进行,工人借助聊天,来打发长时间的安静工作状态,这也影响到了穿芯棒的作业时间。为了使各工序的作业时间尽量均衡化,需要调整或合并部分用时较少的工序,使得整条产线的作业负荷平均化,以提高产线平衡率。

3. 生产周期长,在制品数量堆积

根据图 2-5 的加工流程程序图中的数据统计,材料的搬运距离为 133.1 m,加上内塞、瓶子等外材料从仓库运送到生产线的 80 m 距离,总共运送距离达到 133.1+80=213.1 m,耗时约为 380 s。其中,搬运、等待和储存总共需要 291+438+1800=2529 s,占总流程时间的比重为 52.88%。整个生产过程中,搬运、等待和储存造成了不必要的时间浪费,既增加了工人的劳动量,也延长了产品的生产周期。

由于生产布局不合理,整条生产线上在制品数量总共达到 1167 个,而穿芯棒、喷码和配盖作业区堆积的在制品数量累计百分比就占了 70.4%,具体的各工序在制品数量如表 2-5所示,对应的 Pareto 图如图 2-7 所示。

表 2-5　各工序在制品数量

工序名称	穿芯棒	喷码	配盖	装箱	旋盖	压装芯棒	灌装
在制品数量(个)	425	213	184	158	122	40	25

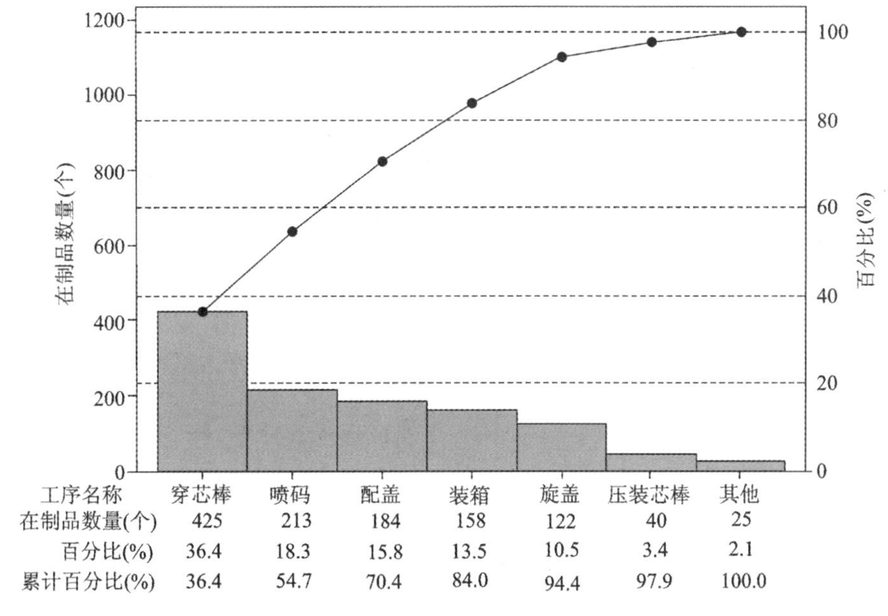

图 2-7　各工序在制品数量 Pareto 图

4. 小结

通过对生产线的详细分析,发现整条生产线由于自动化程度比较低,物料没有实现流动化,设置的缓冲台给物料堆积埋下了隐患。大量的在制品占用了生产空间,阻碍了整条生产线的物料运送,制约了产线的生产能力。为减少在制品数量,缩短产品生产周期,减少产线人数,需要对现行的工艺和产线布局做进一步的改善和优化调整,改善目标初步拟定为:

(1)工艺程序上进行部分合并或重排,减少工艺程序,缩短生产时间。

(2)考虑生产线的重新布局,提高产线的流动性,降低在制品数量。

(3)物料摆放区域重新布局,尽量减少搬运,考虑把部分物料设置在生产线内,充分利用生产线内15%的剩余空间。

(4)设计工装夹具尽量减少工人手工搬运和操作的动作,提高作业平衡。

二、生产线改善与优化方案

通过前面对驱虫液生产现状的具体分析,发现生产布局、工艺流程的不合理,造成了不必要的浪费。产线上人数较多,导致生产成本上升。各工位的作业不平衡,致使在制品数量堆积,占用一定的生产空间。因此,现制订以下改善方案。

(一)工艺流程的优化

通过分析图2-5的现行工艺程序,综合运用5W1H提问技术对工艺程序的必要性进行了一系列的自问自答,发现每一道工序都是必要的,不能取消。但是原料的检验和称取能够同时进行,可以合并这两道工序。内塞与芯棒的检查在装配时也可以同时操作,考虑到装箱需要检查数量,把检查工序合并到装箱也能够缩短作业时间。初步改善后的工艺程序如图2-8所示,工序旁边的数值为作业时间。

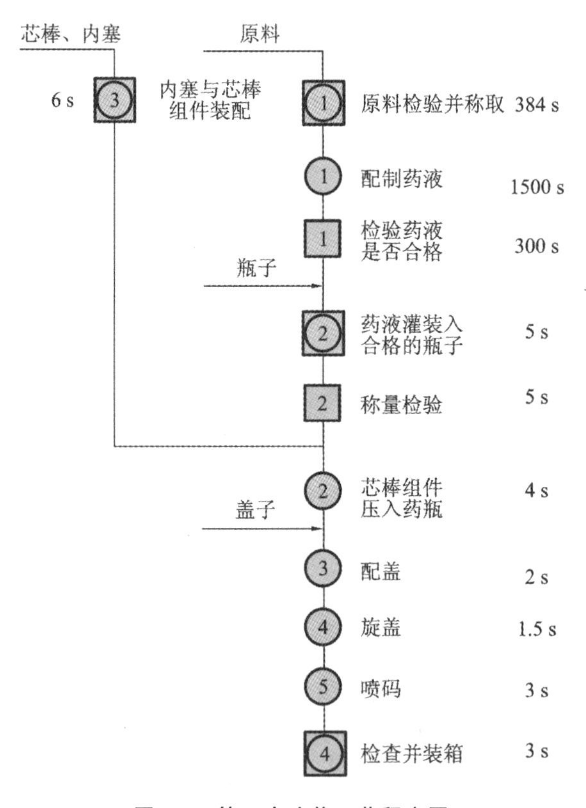

图2-8 第一次改善工艺程序图

在图2-8中，工艺程序共11道，相比之前减少了4道，共节约时间49.6 s。但是生产线上的各工序作业并没有得到很好的均衡化。现对产线作业平衡进行改善，以提高产线平衡率。

（二）作业平衡改善

1. 作业时间长的工序改善

1）穿芯棒工序改善

由表2-4的作业时间数据可知，穿芯棒为瓶颈工序，影响了整条产线的效率。原因是穿芯棒作业由于手工频繁操作，按照尺寸要求（见图2-9）重复对准孔位影响到工人的作业时间。为提高生产效率和降低劳动成本，缩短工序时间，综合考虑市场上的自动化设备，引进自动穿棒机，通过穿棒机的推杆按照尺寸要求把芯棒和内塞精准地组合起来，穿棒速度可以根据实际情况调节，一般设置在每分钟45根。自动穿棒机实物见图2-10。

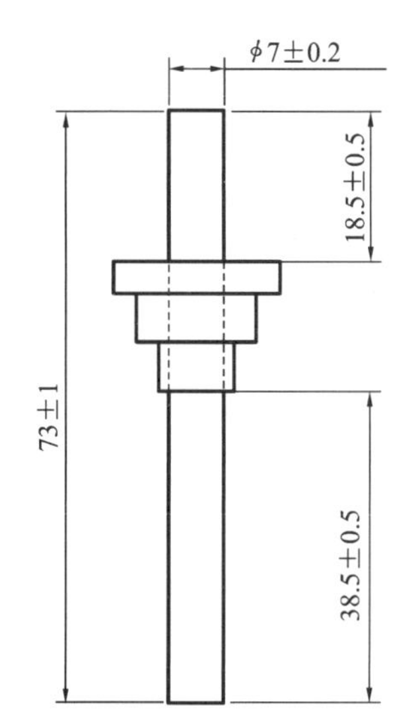

图2-9 组件尺寸要求（mm）

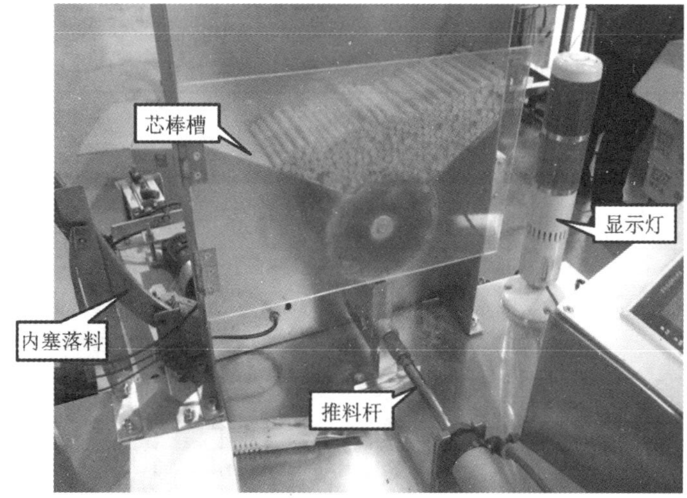

图2-10 自动穿棒机

按照穿棒机每分钟能够完成45根芯棒组件来算，每天工作7.5小时，理论上可以完成7.5×60×45根＝20250根，而手工操作日产量为12000～13000根，产量提高了55.77%～68.75%。

考虑到自动化后该工序用时较少，为平衡产线须增加检查工作。该设备的引进减少了1名工人的数量。

2）灌装工序改善

灌装作业时间长，究其原因在于灌装机需要等待工人检查瓶子并放于灌装位置，灌装口下降到合适高度才进行灌装，灌装好之后需要用推杆把药瓶推至传送带，无形之中延长了灌装的作业时间。为此，在灌装之前把瓶子检查和摆放好，旋转灌装口并排成一行，瓶子在传送带输送下快速到达灌装口，推杆在传感器作用下阻挡住瓶子，实现自动上料，有效缩短灌装时间。

3)压装芯棒工序改善

该工序作业时间长是因为传送带前后没有挡板夹紧,工人有时需要用另外一只手辅助完成装配。为缩短作业时间,把传送带改造成槽型,刚好适合瓶子的大小,工人可以双手同时完成压装芯棒动作,提高装配的效率。对传送带进行改造后,只需要1名工人就可以完成,比之前减少了1名工人。图2-11为传送带改造草图。

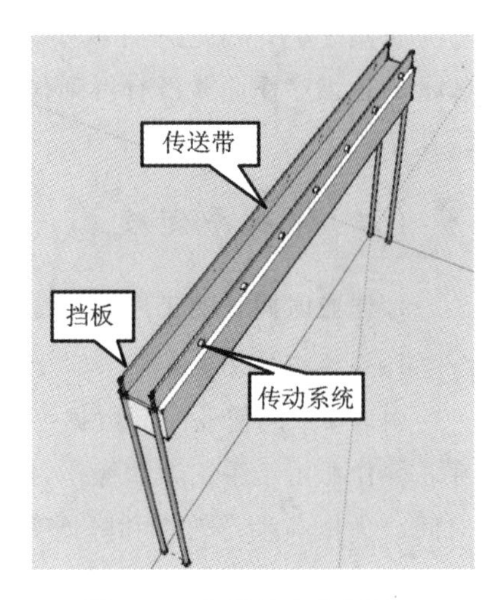

图 2-11 传送带改造草图

2. 减少动作距离

工人多次弯腰把芯棒组件拿上适合工作的地方,动作反复且不增值。把物料筐的位置设计在工人摆动幅度最小的地方,可以借用纸箱做物料筐置于双腿前,缩短工人拿取物料的动作距离。

通过改善工艺程序和作业平衡,用秒表测时法对各工序的作业时间进行了测量。数据如表2-6所示,对应的线平衡如图2-12所示。

表 2-6 第二次改善后各工序作业时间

工序名称	穿芯棒	灌装	压装芯棒	配盖	旋盖	喷码	装箱
作业时间(s)	2.5	3.4	2.5	2	1.5	3	3

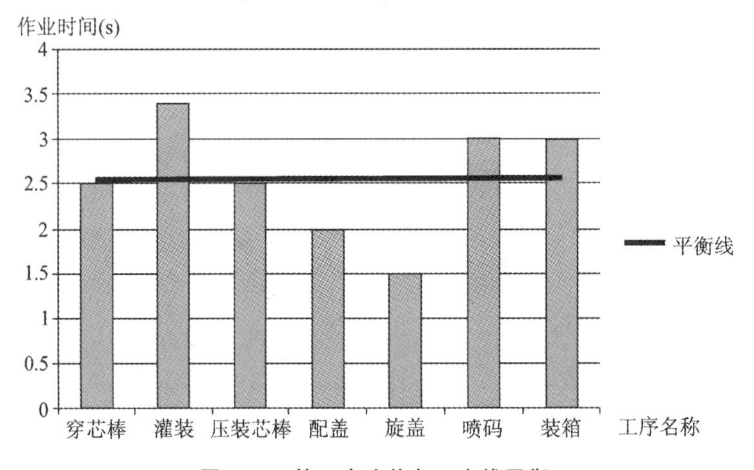

图 2-12 第二次改善各工序线平衡

生产平衡率=[(2.5+3.4+2.5+2+1.5+3+3)/(3.4×7)]×100%=75.2%。

第二次改善后,产线平衡率提高了75.2%-61.9%=13.3%,但还须工人把瓶子放到传送槽,配盖和旋盖仍需要手工操作,为减少劳动成本,提高产线的自动化水平,有必要进一步对工装夹具进行设计。

3. 工装夹具的设计

1)自动送瓶机

原先工人在灌装区手工把瓶子送到灌装位置,考虑到频繁的上料动作,造成不必要的时间浪费,遵循动作经济原则,设计一个送瓶机。通过旋盘转动把瓶子自动送到料槽,瓶子在传送带下按照顺序依次通过灌装区，并把灌装口的位置固定在合适的高度，该装置的设计减少了 1 名工人的操作，图 2-13、图 2-14 分别为自动送瓶机的设计图和 3D 模型图。

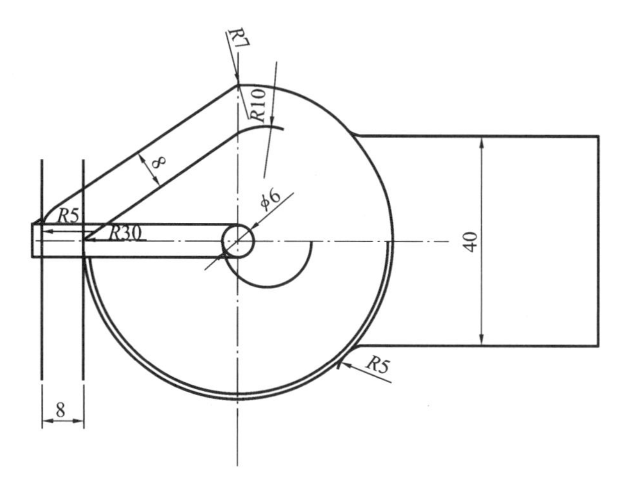

图 2-13　自动送瓶机设计图

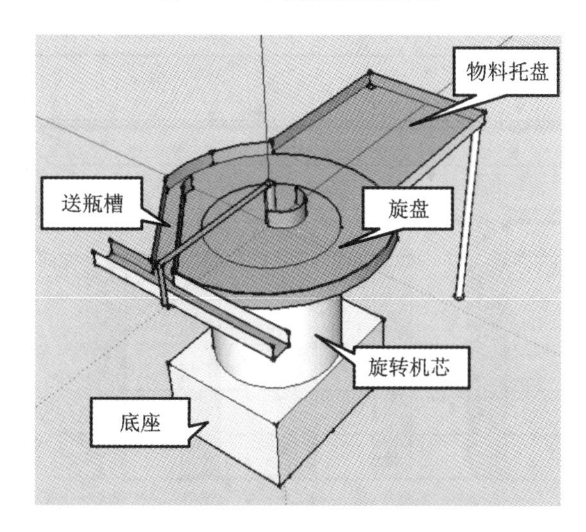

图 2-14　自动送瓶机 3D 模型图

2）自动落盖装置设计

在旋盖区，工人原来采用手工传统配盖，动作摆动幅度较大，容易造成疲劳；而且有时候推杆不灵敏，会卡住药瓶，影响生产效率。遵循动作经济原则，利用重力原理，设计一个自动落盖的装置，在旋转机芯的作用下，瓶盖自动落在瓶口上方，此时旋盖机自动上紧瓶盖。该装置的设计减少了 1 名工人的操作，设计草图见图 2-15。

3）旋盘装置设计

旋盘的设计主要目的是准确地把药瓶自动送到自动落盖装置底下，旋盖机完成上紧瓶盖后，利用旋盘转动把成品自动送出该区域，减少了工人手工把半成品放到旋盖位置的动作，有效解决由于推杆不灵敏发生机械故障的问题，提高了生产效率。该装置的设计减少了 1 名工人手工放置的操作，图 2-16 为旋盘的设计草图。

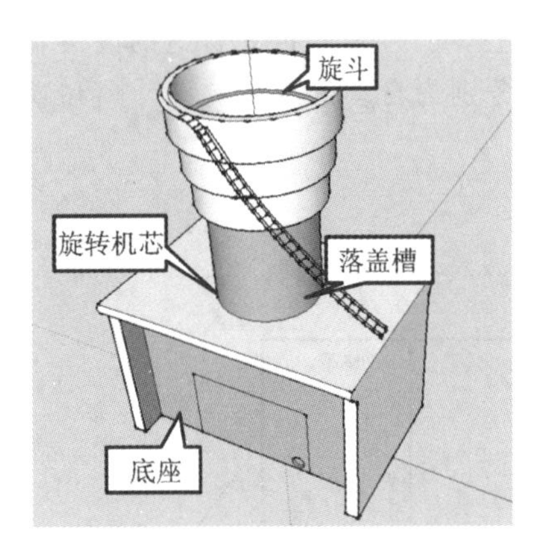

图 2-15　自动落盖装置

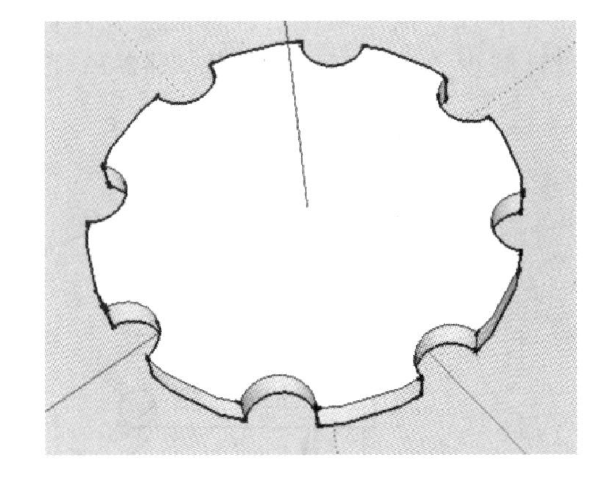

图 2-16　旋盘设计草图

通过对工装夹具的设计，在检验阶段对各工序再一次进行了作业测时，测时结果如表2-7所示，对应的线平衡如图2-17所示。

表 2-7　第三次改善后各工序作业时间

工序名称	穿芯棒	灌装	压装芯棒	旋盖	喷码	装箱
生产节拍(s)	2.5	3.4	2.5	2.8	3	3

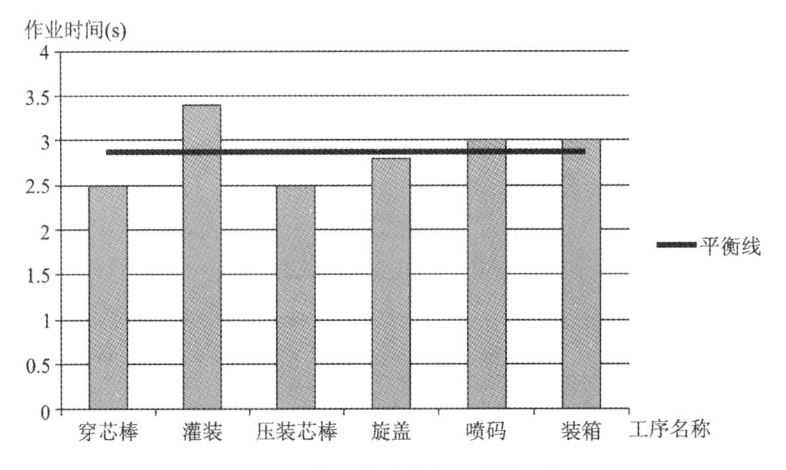

图 2-17　第三次改善各工序线平衡

生产平衡率＝[(2.5＋3.4＋2.5＋2.8＋3＋3)/(3.4×6)]×100％＝84.3％。

平衡率提高了84.3％－75.2％＝9.1％。

经过前面作业平衡改善和工装夹具的设计，最终使得原来的生产工艺程序由15次减少到10次，时间缩短了60.7 s，有效地减少了时间浪费。最终改善后的工艺程序如图2-18所示。

（三）生产线布局优化

原来的生产线布局借助传送带运送物料，但物料从最初的灌装就没有实现物流的顺畅流动，往往需要工人手工操作才能实现物料流动。经过前面对工艺程序的优化、工夹具的设计平衡作业后，把原来生产线上的缓冲工作台撤销掉，整条生产线采用一条刚好适合瓶子大小的传送槽。此外，考虑到外零件的存放位置距离生产线较远，为充分利用场地面

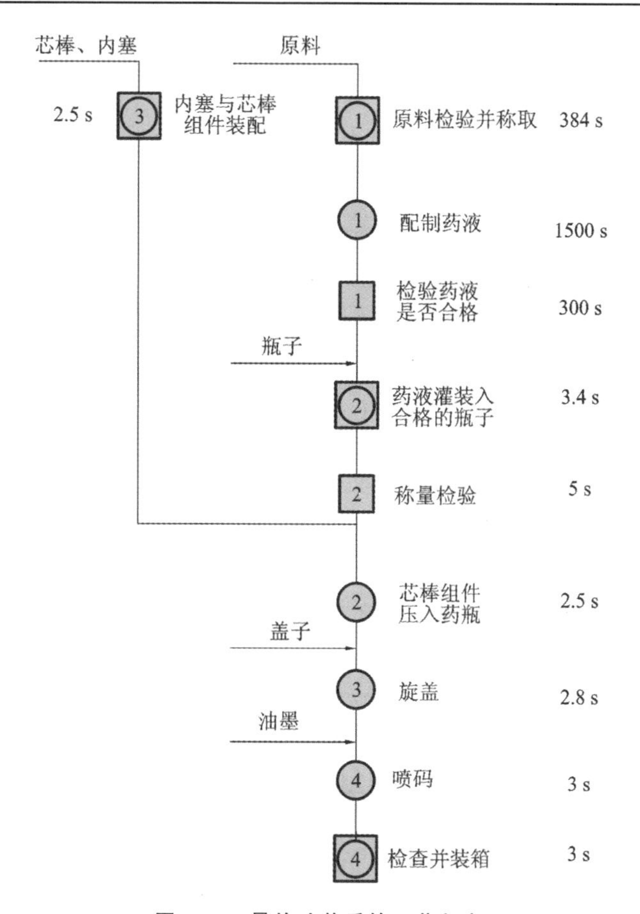

图 2-18 最终改善后的工艺程序

积剩余的15%空间,缩短物料搬运距离和次数,把生产的部分物料(如内塞、瓶子、外盖、芯棒)放置在生产线的附近,具体的改善布局方案如图2-19所示。

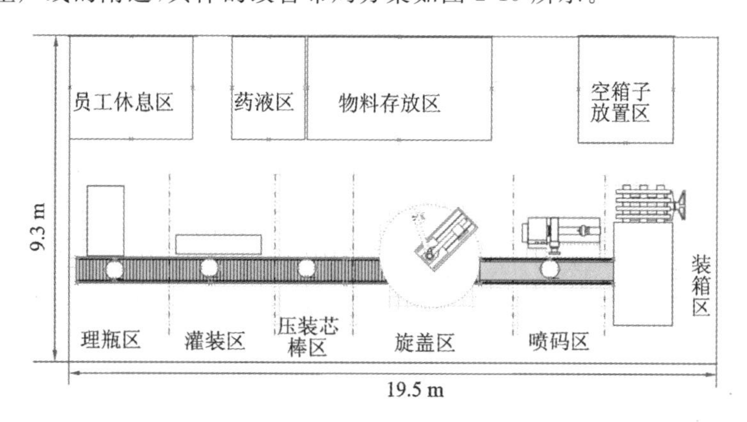

图 2-19 改善后生产布局方案

改善后的生产布局把灌装区位置做了调整,通过生产布局的优化,生产面积由原来的200 m^2 降到181.35 m^2,面积缩小了9.33%,外零件物料减少了75 m的搬运距离。经过生产布局优化后,在理瓶区配置1人,穿棒机配置1人,但工人经常出现等待现象,为了提高人-机作业效率,需要对人-机作业进行研究。

（四）人-机作业改善

在设计送瓶机后，工人只需要在物料托盘摆放好瓶子，适时地把瓶子推入旋盘，就完成了上料。为研究人-机作业的效率，绘制人-机作业分析图，如图 2-20 所示。

作业名称：送瓶　　编号：01
开始动作：倒瓶子　　结束动作：抽检

人		送瓶机	
把瓶子倒入物料托盘	5	5	空闲
整理瓶子，推入旋盘	15	35	送料
空闲	20		
抽检灌装重量	5	5	空闲

统计		周程	工作时间	空闲时间	利用率
	人	45	25	20	25/45=55.6%
	送瓶机	45	35	10	35/45=77.8%

图 2-20　人-机作业图(s)

在人-机作业分析图中可知工人的利用率只有 55.6%，存在比较多的空闲时间。采用 5W1H 和 ECRS 原则进行分析，如表 2-8 所示。

表 2-8　分析提问技术

	第一次提问	第二次提问	第三次提问
问	为何抽检灌装重量在机器停止后操作	有无改进方法	怎么改进
答	一直都是这样	有	在送瓶机送料时检验

通过问答，把抽检工作安排在送瓶机送料的时候，在不增加设备和工具的情况下，工人的效率提高了 6.9%，缩短了制造周期 5 s，改进后的人-机操作如图 2-21 所示。

作业名称：送瓶　　编号：02
开始动作：倒瓶子　　结束动作：空闲

人		送瓶机	
把瓶子倒入物料托盘	5	5	空闲
整理瓶子，推入旋盘	15	35	送料
抽检灌装重量	5		
空闲	15		

统计		周程	工作时间	空闲时间	利用率
	人	40	25	15	25/40=62.5%
	送瓶机	40	35	5	35/40=87.5%

图 2-21　第一次改善后的人-机作业(s)

第一次改善后，工人还有 15 s 的空闲时间，这段时间还可以考虑能否操作穿棒机，以充分利用空闲时间。第二次改善后的人-机作业如图 2-22 所示。

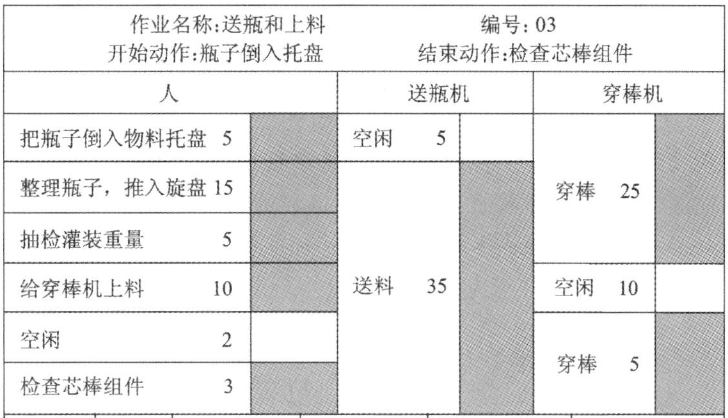

<table>
<tr><td colspan="3">作业名称:送瓶和上料　　编号:03
开始动作:瓶子倒入托盘　　结束动作:检查芯棒组件</td></tr>
<tr><td>人</td><td>送瓶机</td><td>穿棒机</td></tr>
<tr><td>把瓶子倒入物料托盘 5</td><td>空闲 5</td><td rowspan="3">穿棒 25</td></tr>
<tr><td>整理瓶子，推入旋盘 15</td><td rowspan="5">送料 35</td></tr>
<tr><td>抽检灌装重量 5</td></tr>
<tr><td>给穿棒机上料 10</td><td>空闲 10</td></tr>
<tr><td>空闲 2</td><td rowspan="2">穿棒 5</td></tr>
<tr><td>检查芯棒组件 3</td></tr>
</table>

统计		周程	工作时间	空闲时间	利用率
	人	40	38	2	38/40=95%
	送瓶机	40	35	5	35/40=87.5%
	穿棒机	40	30	10	30/40=75%

图 2-22　第二次改善后的人-机作业(s)

通过两次改善，使得人的利用率达到 95%，相对之前的 62.5%，提高了 32.5%，而且减少了 1 人，有效地提高了工作效率。

(五)改善效果与评价

通过前面对工艺流程的优化、生产线重新布局和人机作业改善等措施之后，生产线的自动化程度、人员效率、场地利用率和在制品数量得到了明显改观。具体表现如下。

(1)整条生产线只需要 4 名工人就可以完成。其中压装组件配置 1 人，装箱配置 1 人，负责物料供给并检查配置 1 人，送瓶机和穿棒机配置 1 名工人负责上料，整条生产线上的人员由 10 人减少到 4 人，人数降低了 60%，节约了劳动成本和管理费用约 129600 元/年。人员改善效果对比如表 2-9 所示。在试运行阶段，统计改善后的日产量平均达 17500 瓶，产量比改善前提高了约 75%。

表 2-9　人员改善效果对比

序号	工序	改善前	改善后
1	穿棒	2	1
2	灌装	2	1
3	压装芯棒	2	1
4	配盖	1	0
5	旋盖	1	0
6	喷码	1	0

续表

序号	工序	改善前	改善后
7	装箱	1	1
合计(人)		10	4

(2)缩短生产周期对于提高生产率、节约流动资金、降低产品成本有着十分重要的作用。原来的生产线由于搬运次数过多、等待时间较长,占用了不必要的生产时间,改善后的驱虫液加工流程如图 2-23 所示。

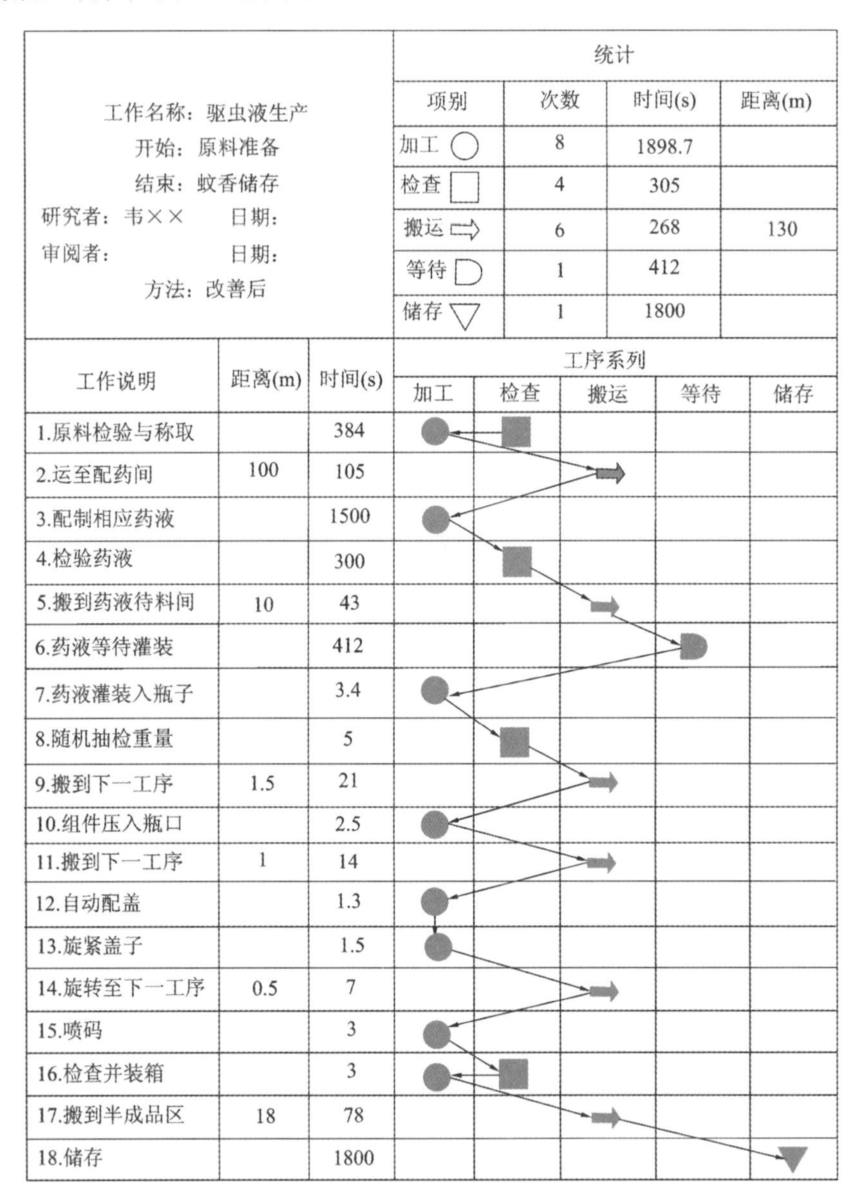

图 2-23　改善后驱虫液加工流程

通过改善之后,驱虫液的流程改善效果对比数据如表 2-10 所示。

表 2-10　改善效果对比

	加工	检查	搬运	等待	储存
改善前(次)	8	5	11	4	1
改善后(次)	8	4	6	1	1
改善效果	0	20%	45.5%	75%	0

(3)经过前期的改善与优化后，在制品数量由原来的1167个降低到499个，降低了57.24%。各工序在制品数量如表2-11所示，对应的改善效果见图2-24。

表 2-11　改善后各工序在制品数量表

工序名称	穿芯棒	喷码	旋盖	装箱	压装芯棒	灌装
在制品数量(个)	286	53	36	76	28	20

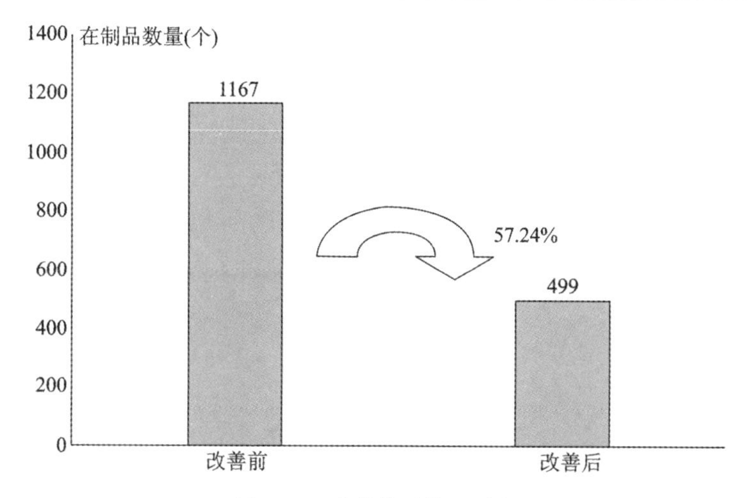

图 2-24　改善前后效果对比

随着经济全球化的不断深入与发展，企业之间的竞争日趋激烈，各个行业的利润在面对人工成本不断上升和市场份额难以提高的背景下越来越低，尤其是制造型企业，面临着利润不断压缩的现状。如何在激烈的市场竞争中，保持产品的竞争力，在成本和质量方面优于他人，逐渐成为各个企业关注的热点问题。近些年来，各个制造企业不断追求低成本、低消耗、高效率的目标，在生产系统中引入了先进的设计和制造技术，特别是工业工程技术，美国、日本等都将其视为提高经济效益的法宝。

工作研究(work study)最初起源于美国泰勒(F. W. Taylor，1855—1915)创立的"时间研究"和吉尔布雷斯(F. B. Gilbreth，1868—1924)倡导的"动作研究"，它是工业工程体系中最重要的基础技术。工作研究是一种管理与技术相结合的实践性工程技术，旨在综合分析现行的技术手段、工作内容，运用系统的分析方法把工作流程中不合理、不经济、不必要的动作和内容剔除掉，并寻求更加合理、经济、便捷的工作方法，以提高作业系统的生产效率。随着时间的推移，后来“时间研究”和“动作研究”分别更名为“作业测定”和“方法研究”，这两部分结合在一起统称为“工作研究”。很多企业应用了工业工程的基本方法——工作研究，以改进生产过程中存在的不合理、不必要、不均衡的现象，用较少投资或者不增加投资对生产系统进行不断改进和优化，达到提高生产效率、降低生产成本和提高产品质量的目的。

本案例根据某公司驱虫液灌装生产线的实际生产情况，综合运用了工作研究方法，对生产线的生产布局、工艺流程、产线平衡率、人机作业等做了详细的分析。针对生产线存在的问题，从生产线布局的优化、工装夹具的改造和设计，作业平衡的改善等做了一系列的优化方案，取得了不错的改善效果：大大降低了工人的劳动强度，减小了生产作业面积，搬运距离和次数大幅下降，提高了生产效率。

在本案例分析中，还存在一些不足之处，如对生产线的布局改善缺乏一定的理论基础、对生产线改善之后的评价还不够完善等。

1. 试画出工作研究的内容结构图。

2. 生产线布局优化应考虑哪些要素？

3. 在分析生产线的时候，本案例分析运用了哪些方法？还可以使用哪些方法？

案例3 基于线性规划法的LK公司产量改善研究

引言

我国汽车工业已经进入全面发展阶段,成为世界第三大汽车生产国,同时也成为世界汽车工业的重要组成部分。尽管我国汽车产业的潜力巨大,但我国的汽车相关配件工业总体水平仍然不高,具有国际竞争力的产品少。因此,汽车配件企业若想在汽车配件领域获得长足发展,就需要通过降低生产成本,提高生产效率,提高客户响应速度,不断提高产品的质量,满足客户不断变化的需求,才能在激烈的竞争中长足发展。本案例综合运用线性规划法对生产线问题进行研究,系统性地分析生产现场中存在的问题,提高生产线的平衡率和产量,从而获得经济效益,使得企业的发展理念得到转变,并开辟出新的发展空间。

一、LK 汽配公司生产线现状分析

(一)LK 公司简介

LK 汽车配件有限责任公司的主要业务是汽车动力零部件的生产,公司产品包括动力系统的皮带轮、张紧轮、惰轮、橡胶减震器、硅油减振器等类型。皮带轮是企业的一个核心业务之一,占企业全部业务的 10%左右。皮带轮生产线运行效率和质量,关系着企业和客户的稳定性,直接影响企业的营业收入,关乎企业的生存发展。所以本次以皮带轮生产线为研究改善项目,对公司有着重大的意义。

(二)皮带轮生产线描述

LK 汽配公司的车间皮带轮生产线由 5 个工位组成,每个工位安排一位工人,每个工人负责多个作业要素,生产线的布置按照产品的工艺流程布局。生产线为半自动生产方式,工人操作机器加工或者装配零件,最终检验包装,成品送入仓库,完成产品的加工过程。生产排产主要按客户订单,客户按月下订单。该生产车间有两条生产线,共有 7 名员工,生产两种产品。由于另一条生产线的产品需求量较少,所以排产方式为先安排 5 名工人到皮带轮生产线,按照每天计划产量完成后,全部员工再集中生产另一种产品。改善前的排产方式为每天生产 405 件,有效工作时间为 9.5 小时,每天安排一个班次进行生产,每月工作 26 天。2018 年 9—12 月客户订单情况统计如表 3-1 所示。

表 3-1　2018 年 9—12 月客户订单情况统计

月份	需求(件)
9 月	8000
10 月	8000
11 月	8000
12 月	15000

由表 3-1 可以看出,客户的需求量是不确定的,由于客户的需求突然变动,而月生产能力只有 10000 件左右,导致生产线的产能达不到客户 15000 件的需求。按照现有的工作安排,则日产量应达到 600 件左右,才能按时完成客户订单,而目前的日产量只有 405 件。因此,要对该生产线进行研究,分析生产线能否提高产能,达到客户需求产量。通过实地了解可知,生产线生产过程秩序混乱,部分工位半成品堆积过多,工人操作顺序不当,工作不流畅,操作效率低。为了达到产量要求,有时候随意增加生产线上工人数量,每个工人的作业内容安排不恰当,导致每个工人的工作时间不一致,工作负荷差异大;为了完成产量,要增加作业时间,工人普遍反映工作负荷过大,休息不足,从而影响作业效率。整体上看,该生产线具有很大的改善空间。主要存在以下问题:

(1)各个岗位的工作安排不合理,工作过程中存在停工待料现象,人员工作饱和度低。

(2)部分岗位间在制品堆积过多,导致工人取物料距离过长,影响了作业效率。

(3)工人的工作积极性不高,部分操作过于缓慢,低于正常情况。

(三)生产线流程分析

1. 生产工艺流程描述

该生产线的产品主要以生产汽车发动机皮带轮为主,其工艺流程如图 3-1 所示。

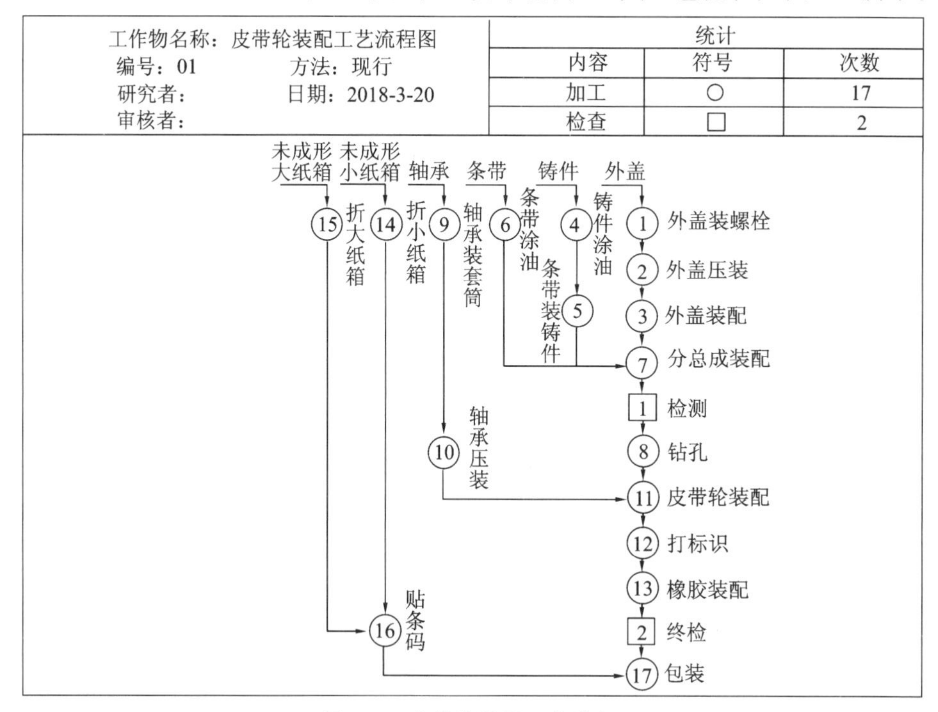

图 3-1　皮带轮装配工艺流程

2. 生产线平面布局

生产线布局采用直线形布置，生产线的平面图如图 3-2 所示。由于场地限制及机器和人员安排等限制，生产线平面布置原理是由右至左排列，也基本符合装配线车间布局原理，左边比较接近公司仓库，产品完工后，先暂存在成品摆放处，达到 10 箱之后送至仓库中存放。

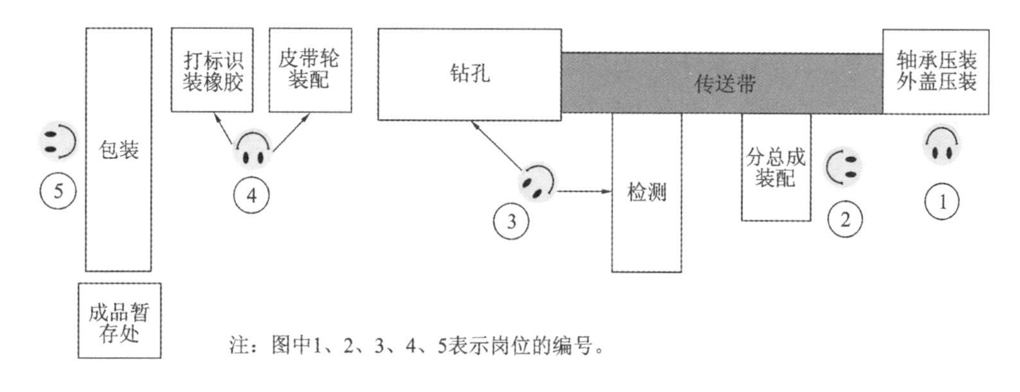

图 3-2　皮带轮生产线平面布置图

3. 作业要素分解

生产线每个工作站安排一名工人，根据生产线的布局和各作业要素间的前后关系，每个工作站需要负责多个作业要素，这样划分方便安排每个工作站的作业内容，使得每个工作站的工作时间能够平衡。由于最初生产线设计时没有这样规划，而是根据以往的经验安排工作，使得后期运行时生产线出现不平衡。改善前每个岗位负责工作要素如表 3-2 所示。

表 3-2　岗位工作安排情况

序号	工艺流程	作业要素	岗位	人员安排(人)
1	外盖压装	外盖装螺栓	岗位 1	1
2		外盖压装		
3	轴承压装	轴承装套筒		
4		轴承压装		
5	分总成装配	外盖装配	岗位 2	1
6		条带涂油		
7		铸件涂油		
8		条带装铸件		
9		分总成压装		
10	检测	检测	岗位 3	1
11	钻孔	钻孔		
12	皮带轮装配	皮带轮装配	岗位 4	1
13	打标识 装橡胶	打标识		
14		橡胶装配		
15		成品检验		

续表

序号	工艺流程	作业要素	岗位	人员安排(人)
16	包装	折大纸箱	岗位 5	1
17		折小纸箱		
18		纸箱贴条码		
19		成品包装		
20		入库		

按照表 3-2 划分的作业要素,为后期运用线性规划求解生产线平衡提供了决策变量,为工作站工作内容的调整提供了基础,使得生产线各工位的标准工作时间趋于一致,形成"一个流"。

4. 作业要素顺序关系分析

在产品工艺条件的限制下,考虑到产品装配的先后顺序的约束,如何提高生产线平衡率和产量,是本案例的研究重点。根据表 3-2 中的岗位工作安排情况和产品工艺流程,为每个作业要素按序号分别编号,遵循紧前工序和紧后工序的理论,绘制其作业要素相关关系图,其作业要素的前后顺序关系如图 3-3 所示。

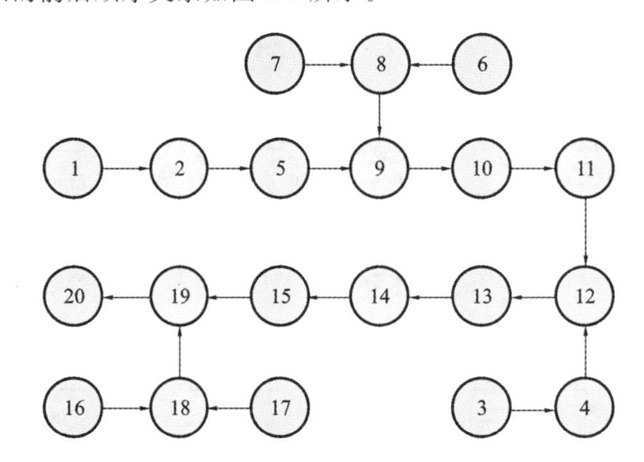

图 3-3 生产线作业要素相关关系

(四)生产线作业测定

1. 工作岗位情况分析

生产线一共分为 5 个岗位,各自负责的工作如下:

压装岗位编号为 1,操作一台机器,主要负责轴承的压装和外盖的压装,需要自行配置物料。在观察过程中,发现该岗位工作比较轻松,动作过于缓慢。

分总成装配岗位编号为 2,操作一台机器,主要负责外盖的装配、皮带轮主体零件的装配、条带和铸件的涂油工作,需要自行配置物料。在观察过程中,发现该岗位工作比较饱和,操作步骤比较多,物料摆放不够合理,存在比较多的在制品。

检测钻孔岗位编号为 3,操作两台机器,主要负责上道工序的产品的检测,合格后进行钻孔工作,为下道工序的装配做准备。在观察过程中,发现该岗位的工人为线长,工作比较轻松,在完成岗位上的工作的同时,还负责处理机器故障。

总装岗位编号为 4，操作两台机器，主要负责产品的总装工作，并为产品打上相应的标识，装上橡胶片，大体观察外观是否完整，需要自行配制物料。在观察过程中，发现该岗位工作比较正常，基本能完成岗位工作。

包装岗位编号为 5，主要负责把条码贴到大小两种纸箱上，并把纸箱折成形状，然后把成品装入塑料袋中，和保修卡、使用说明书一起放入小纸箱，贴上防伪标签，封箱。每 20 个装入一个大纸箱，然后入库。在观察过程中，发现该岗位负责的工作内容比较多，作业过程中没有规律性，而是按照自己的工作习惯操作。

2. 生产线作业测定

通过运用工作研究中的流程分析法，对生产线的工艺流程进行研究，对生产线的岗位进行作业测定。本次所采用的作业测定方法为秒表时间研究法，本次确定的评比系数为 110%，宽放率为 10%。由于已经对岗位的工作内容进行了作业单元分解，接下来就是对工作岗位中的所有作业单元进行秒表时间研究。所采用的秒表测时法为归零测时法。

1）观测次数的确定

本次采用确定观测次数的方法为误差界定法。对分总成装配观测 10 组数据，其数值如表 3-3 所示。

表 3-3　分总成装配观测数据

次数	1	2	3	4	5	6	7	8	9	10
时间(s)	57.3	62.5	58.7	56.9	59.2	56.4	61.7	58.5	57.9	63.8

误差界限控制在 ±5% 以内，取可靠度为 95%，则根据 10 次观测结果，可确定观测次数。

观测次数：

$$N = \left(\frac{40\sqrt{n\sum_{i=1}^{n} X_i^2 - \left(\sum_{i=1}^{n} X_i\right)^2}}{\sum_{i=1}^{n} X_i} \right)^2 \tag{3-1}$$

式中　X_i——试观测的值；

n——试观测的次数；

N——应该观测的次数。

根据表 3-3 中的数据，计算每个操作单元所需要的观测次数。在此以过压测试工序第 1 单元为例，进行分析。

观测数据的和 $\sum_{i=1}^{n} X_i = 592.9$，平方和 $\sum_{i=1}^{n} X_i^2 = 35210.43$，代入式(3-1)，求得

$$N = \left(\frac{40\sqrt{n\sum_{i=1}^{n} X_i^2 - \left(\sum_{i=1}^{n} X_i\right)^2}}{\sum_{i=1}^{n} X_i} \right)^2 = \left(\frac{40\sqrt{10 \times 35210.43 - 592.9^2}}{592.9} \right)^2 = 2.63$$

则观测次数 N 为 3 次，目前已测了 10 次，达到要求。

2）剔除异常值

异常值是由人为因素导致的一些超出正常范围的观测数据。最常用剔除异常值的方

法采用“$\overline{X}$-σ 控制图”法。将偏离平均值 3σ 外的数值认为是异常值($\overline{X}$ 为均值,σ 为标准差),因此也常称三倍标准差法。

根据表 3-3 的数据,计算出该组数据的平均值为 59.24 s,标准偏差为 2.52 s。在管制界限($\overline{X}\pm 3\sigma$)内数值为正常值,超过的数值为异常值。由此计算得上管制界限为 66.85,下管制界限为 51.73。上述数据,均在管制界限之内,所以本次的数据均为正常值,无异常值。因此得出分总成装配的观测时间为 59.29 s。

3)全部作业要素观测时间的确定

按照上述方法,对生产线上的全部工位中工作要素进行观测,首先计算得出每个工位所需要观测的次数,在分析是否要继续增加观测,观测次数达到所需次数后,对数据进行统一整理,整理得出每个作业要素的观测时间,再乘以评比系数计算得出其正常时间。加上宽放时间后得到每个作业要素的标准时间,加总求和得到岗位标准时间。全部数据情况如表 3-4 所示。

表 3-4　各工作要素标准时间(s)

序号	岗位	作业要素	观测时间	正常时间	标准时间	岗位标准时间
1	外盖、轴承压装	外盖装螺栓	1.3	1.4	1.6	55.4
2		外盖压装	7.2	7.9	8.7	
3		轴承装套筒	1.5	1.7	1.8	
4		轴承压装	35.8	39.4	43.3	
5	分总成装配	外盖装配	5.4	5.9	6.5	84.3
6		条带涂油	1.2	1.3	1.5	
7		铸件涂油	1.5	1.7	1.8	
8		条带装铸件	2.6	2.9	3.1	
9		分总成压装	59	64.9	71.4	
10	检测、钻孔	检测	30.5	33.6	36.9	61.5
11		钻孔	20.3	22.3	24.6	
12	总装	皮带轮装配	30.4	33.4	36.8	64.5
13		打标识	15.3	16.8	18.5	
14		橡胶装配	5.6	6.2	6.8	
15		成品检验	2	2.2	2.4	
16	包装	折大纸箱	1.5	1.7	1.8	53.8
17		折小纸箱	12.4	13.6	15.0	
18		纸箱贴条码	3	3.3	3.6	
19		成品包装	27.6	30.4	33.4	

根据表 3-4 每个岗位的各项作业时间和总的标准时间,绘制岗位标准时间柱形图,如图 3-4 所示。

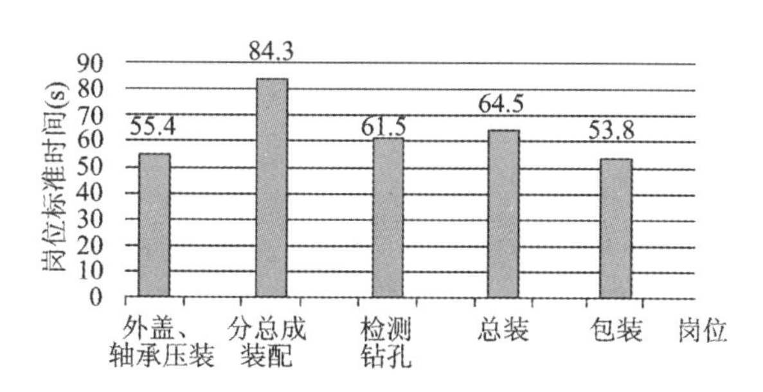

图3-4　岗位标准时间柱形图

由图3-4可看出该生产线的瓶颈岗位为分总成装配岗位，即生产线的节拍(CT)为84.3 s，每天有效工作时间为9.5 h，则：

$$日产能=\frac{有效工作时间}{节拍}=\frac{9.5\times3600}{84.3}=405(件)$$

$$生产线平衡率(LB)=\frac{\sum_{i=1}^{N}T_i}{NT_{max}}\times100\%=\frac{55.4+84.3+61.5+64.5+53.8}{5\times84.3}\times100\%=75.8\%$$

$$生产线不平衡损失率(d)=1-LB=1-75.8\%=24.2\%$$

$$平滑指数(SI)=\sqrt{\frac{\sum_{i=1}^{N}(T_{max}-T_i)^2}{N}}=\sqrt{\frac{(84.3-55.4)^2+\cdots+(84.3-53.8)^2}{5}}=23.14$$

改善前生产线评价指标统计如表3-5所示。

表3-5　改善前生产线评价指标统计

生产线评价指标	改善前
节拍(CT)	84.3s
平衡率(LB)	75.8%
不平衡损失率(d)	24.2%
平滑指数(SI)	23.14

由上计算得出生产线日产能为405件，与要求的日产能达到600件有很大的差距；不平衡损失率为24.2%(大于20%)，表明生产线效率比较差；平滑指数为23.14，表明岗位之间的作业时间差距大，导致每个工人的作业负荷不一样。所以，该生产线存在很大的问题，需要改善。其存在以下主要问题。

(1)产量达不到要求。按照目前的客户订单，日生产量要达到600件，但实际产能只有405件，所以要迫切提高产能。目前生产线平衡率只有75.8%，比较低，一方面说明生产线上存在时间浪费，没有形成“一个流”；另一方面说明各岗位的工作要素安排得不合理。

(2)工人工作时间过长。按照以往的经验，为了按时完成客户订单，生产部部长通常的做法是通过延长工作时间来达到产量目标。原来的工作时间是每天9.5 h，现在的工作时间为每天11 h。增加有效工作时间，提高了产量，但是工人的劳动负荷增加，休息不够，反而会影响生产效率。

(3)生产效率不高。通过观察，发现部分工人耗费较多的工时，如分总成装配岗位的标准时间为 84.3 s，但是在生产过程中，存在“机器运行，人等待”的情况。这样造成了工时浪费，从而使得工作效率下降。

（五）改善研究思路

通过运用流程分析和作业测定对该生产线进行分析，发现其中所存在的一些问题，明确了本次改善的方向。根据企业的实际情况，首先是考虑如何提高生产线平衡率，从这个问题入手，对生产线进行改善。由于生产线各岗位的工作安排得不合理，导致了生产线的平衡率偏低，所以要对生产线的作业要素进行调整。根据生产线改善的理论，本案例运用线性规划法对生产线进行改善，对作业要素进行重新安排，获得改善方法。然后针对生产效率不高的问题，运用作业分析理论，对部分岗位进行优化研究，缩短其标准作业时间，提高人和机器的效率。生产线效率提高后，上述的问题就能得到解决。

二、生产线改善研究

（一）0-1 线性规划法改善生产线

1. 生产线建模

对 LK 汽配企业皮带轮生产线建立 0-1 线性规划模型，属于生产线平衡中的确定岗位数求最小生产节拍问题。本次的确定岗位数为 5 个，作业要素为 19 个。将 19 个作业要素合理划分到 5 个工作岗位中，受到作业要素的前后关系、岗位数量、节拍时间最小等的约束，涉及的相关参数如表 3-6 所示。

表 3-6　模型的参数及表示意义

参数	表示的意义
CT	生产节拍
i、j	作业要素的编号，取值为整数，i、j=1～19
T_i	第 i 个作业要素的标准时间，由表 3-4 取值
Pred	作业要素之间的先后关系，由图 3-3 关系得到
K	第 K 个岗位，取值分别为 1、2、3、4、5

1）决策变量

本次生产线模型中的决策变量为 X_{iK}，其为 0-1 变量。表示当第 i 个作业要素放入第 K 个工作站中时，X_{iK} 的值为 1，否则为 0。

2）目标函数

本次建模的目标函数为 $\min Z=\mathrm{CT}$。表示生产节拍最小时为最优值。

3）约束条件

把所有的生产作业要素唯一分配到每个工作岗位中，其约束条件表达式为

$$\begin{cases} x_{1,1}+x_{1,2}+\cdots+x_{1,5}=1 \\ x_{2,1}+x_{2,2}+\cdots+x_{2,5}=1 \\ \quad\vdots \\ x_{19,1}+x_{19,2}+\cdots+x_{19,5}=1 \end{cases} \tag{3-2}$$

分配到每个岗位中的作业要素之和不能大于最小生产节拍，其约束条件表达式为：

$$\begin{cases} x_{1,1}T_1+x_{2,1}T_2+\cdots+x_{19,1}T_{19}\leqslant \mathrm{CT} \\ x_{1,2}T_1+x_{2,2}T_2+\cdots+x_{19,2}T_{19}\leqslant \mathrm{CT} \\ \vdots \\ x_{1,5}T_1+x_{2,5}T_2+\cdots+x_{19,5}T_{19}\leqslant \mathrm{CT} \end{cases} \tag{3-3}$$

受到作业要素之间的前后顺序约束，当一个作业要素安排到确定的工作岗位时，该作业要素的紧前作业要素只能安排在该工作岗位或该工作岗位之前，其作业要素的紧后作业只能安排在该工作岗位或该工作岗位之后。其约束条件表达式为：

$$(x_{j1}-x_{i1})+2(x_{j2}-x_{i2})+\cdots+5(x_{j5}-x_{i5})\geqslant 0 \tag{3-4}$$

根据以上对生产线模型的参数、决策变量和约束条件进行分析，总结得出其线性规划数学模型缩写表达式如下。

目标函数：

$$\min Z=\mathrm{CT} \tag{3-5}$$

S. T.

$$\begin{cases} \sum_{K=1}^{5} X_{iK}=1 & (i=1,2,\cdots,19) \\ \sum_{K=1}^{5} X_{iK}T_i\leqslant \mathrm{CT} & (K=1,2,\cdots,5) \\ \sum_{K=1}^{5}(KX_{jK}-KX_{iK})\geqslant 0 & [\text{任意的}(i,j)\in \mathrm{Pred}] \end{cases} \tag{3-6}$$

式中　Z——目标函数；

CT——生产节拍；

K——第 K 个工作站，取值为 1、2、3、4、5；

i,j——作业要素编号，取值为整数，1～19；

X_{iK}——决策变量，取值为 1 或 0；

T_i——作业要素工作时间，按顺序取值分别为 1.6、8.7、1.8、43.3、6.5、1.5、1.8、3.1、71.4、36.9、24.6、36.8、18.5、6.8、2.4、1.8、15.0、3.6、33.4；

Pred——作业要素之间的先后关系，(1,2)　(2,5)　(7,8)　(6,8)　(8,9)　(5,9)　(9,10)　(10,11)　(3,4)　(4,12)　(11,12)　(12,13)　(13,14)　(14,15)　(16,18)　(17,18)　(18,19)　(15,19)。

2. 用 Lingo11 软件求解模型

根据上述模型以及生产线分析数据编写 Lingo11 软件求解代码。由作业要素前后装配顺序(见图 3-3)可得其作业要素前后关系模型表达方式如下：(1,2)　(2,5)　(7,8)　(6,8)　(8,9)　(5,9)　(9,10)　(10,11)　(3,4)　(4,12)　(11,12)　(12,13)　(13,14)　(14,15)　(16,18)　(17,18)　(18,19)　(15,19)。由各工作要素标准时间表 3-4 可得其模型作业要素标准时间顺序表达方式如下：1.6、8.7、1.8、43.3、6.5、1.5、1.8、3.1、71.4、36.9、24.6、36.8、18.5、6.8、2.4、1.8、15.0、3.6、33.4。程序代码如图 3-5 所示。

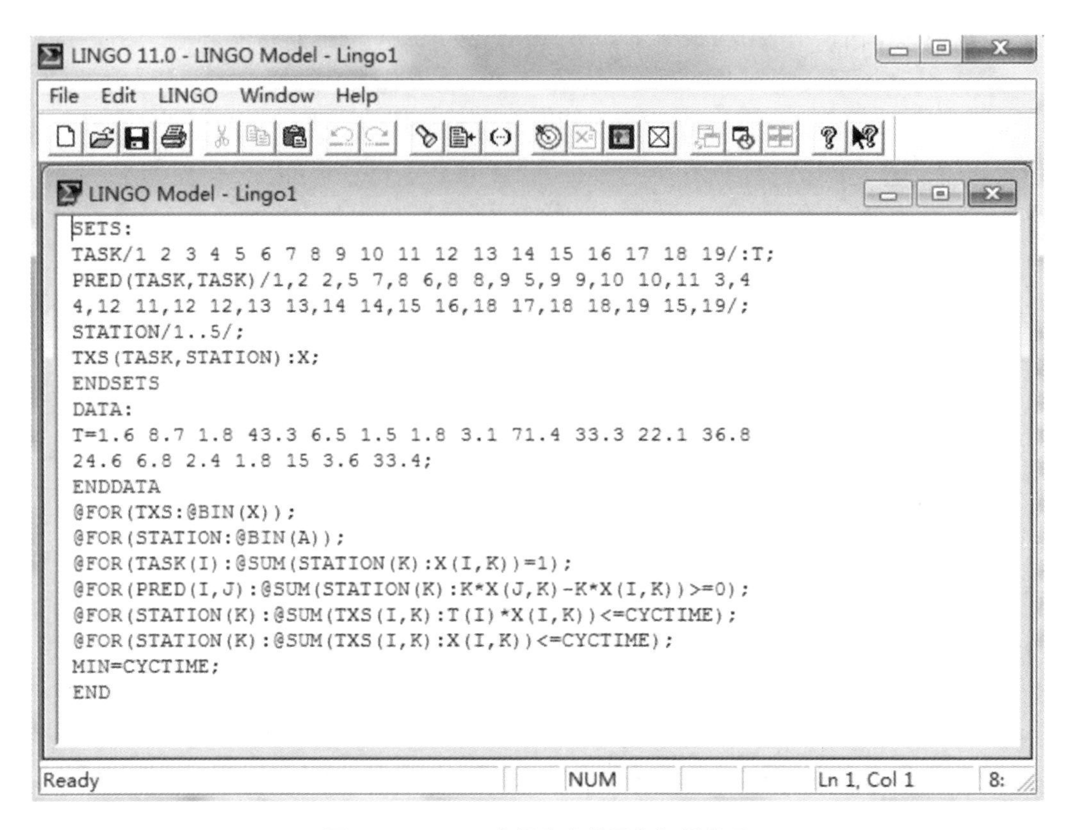

```
SETS:
TASK/1 2 3 4 5 6 7 8 9 10 11 12 13 14 15 16 17 18 19/:T;
PRED(TASK,TASK)/1,2 2,5 7,8 6,8 8,9 5,9 9,10 10,11 3,4
4,12 11,12 12,13 13,14 14,15 16,18 17,18 18,19 15,19/;
STATION/1..5/;
TXS(TASK,STATION):X;
ENDSETS
DATA:
T=1.6 8.7 1.8 43.3 6.5 1.5 1.8 3.1 71.4 33.3 22.1 36.8
24.6 6.8 2.4 1.8 15 3.6 33.4;
ENDDATA
@FOR(TXS:@BIN(X));
@FOR(STATION:@BIN(A));
@FOR(TASK(I):@SUM(STATION(K):X(I,K))=1);
@FOR(PRED(I,J):@SUM(STATION(K):K*X(J,K)-K*X(I,K))>=0);
@FOR(STATION(K):@SUM(TXS(I,K):T(I)*X(I,K))<=CYCTIME);
@FOR(STATION(K):@SUM(TXS(I,K):X(I,K))<=CYCTIME);
MIN=CYCTIME;
END
```

图 3-5　Lingo11 求解生产线平衡问题代码

用 Lingo11 软件可求解最优结果，生产线平衡问题最优解部分结果如图 3-6 所示。

```
Solution Report - Lingo1

Global optimal solution found.
Objective value:                        71.40000
Objective bound:                        71.40000
Infeasibilities:                        0.000000
Extended solver steps:                        27
Total solver iterations:                    1184


                 Variable        Value        Reduced Cost
                        A     0.000000            0.000000
                  CYCTIME     71.40000            0.000000
                    T( 1)     1.600000            0.000000
                    T( 2)     8.700000            0.000000
                    T( 3)     1.800000            0.000000
                    T( 4)     43.30000            0.000000
                    T( 5)     6.500000            0.000000
                    T( 6)     1.500000            0.000000
                    T( 7)     1.800000            0.000000
                    T( 8)     3.100000            0.000000
                    T( 9)     71.40000            0.000000
```

图 3-6　求解部分结果

由求解结果可知最优生产节拍为 71.4 s，每个作业要素安排到各工作站情况如表 3-7 所示。

表 3-7　求解结果作业要素安排

序号	岗位	作业要素	岗位标准时间(s)
1	外盖、轴承压装	1、2、3、4、5、6、7、8、16	70.2
2	分总成装配	9	71.4
3	检测、钻孔	10、17	48.3
4	总装	11、12	58.9
5	包装	13、14、15、18、19	70.8

3. 优化求解结果

软件求解结果是比较机械化的，只考虑到尽可能地均匀安排各工作要素，使得生产节拍最小。但是得到的结果需要改动机器的布局，这样会影响生产进度，所以求解结果不太理想，需要进一步改善。第 1 个岗位中安排了多个工作要素，由于作业要素 16 放在第 1 个岗位，其作业完成后需要运送到第 5 个岗位，导致物料移动距离过长，因此，工作要素 16 应该安排在尽量靠近第 5 个岗位，这样能极大地减少物料的移动距离。检测机器和钻孔车床紧靠在第 3 个工作岗位，所以这两个工作要素如果分开，会导致工作人员来回走动操作，人员移动距离过长，影响效率，所以检测和钻孔作业要素安排在第 3 个工作岗位中，再增加作业要素 16 给第 3 工作岗位。优化后的作业要素安排情况如表 3-8 所示。

表 3-8　求解结果优化后作业要素安排

序号	岗位	作业要素	岗位标准时间(s)
1	外盖、轴承压装	1、2、3、4、5、6、7、8	68.4
2	分总成装配	9	71.4
3	检测、钻孔	10、11、16	57.2
4	总装	12、13、14	68.1
5	包装	15、17、18、19	54.5

本次用 0-1 线性规划法优化生产线平衡，生产线节拍(CT)由 84.5s 下降到 71.4 s。但是在每天有效工作时间 9.5 h 内，要使生产数量达到 600 件，则生产节拍应降低到 57 s 以下，才能保证每天的产量达到要求，因此需要做进一步改善。本次线性规划法改善的平衡率前后对比如图 3-7 所示。

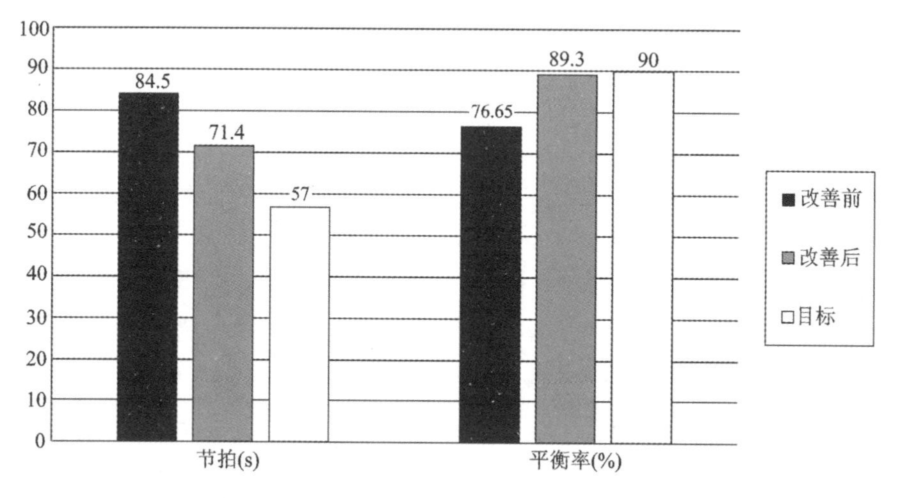

图 3-7　生产线节拍改善前后及目标对比分析图

图 3-7 可直观地展现出生产节拍改善前后的情况，由 84.5 s 降低至 71.4 s，降低了 15.5%；生产线平衡率由 76.65%提升到 89.3%，提高了 16.5%。但是，这与目标值生产线平衡率在 90%以上，生产节拍在 57 s 以下，仍有较大的差距，所以还要对生产线进一步优化。

（二）作业分析法改善生产线

从生产现状分析可知，完成一件产品的总时间为每个作业要素的标准操作时间之和，为 319.6s，假设平均到每个岗位，则每个岗位的作业时间为 63.9 s。目标要求的生产节拍为 57 s 以下，而通过作业要素的合理分配未能使生产节拍降低到 57 s 以下。通过实地观察，发现生产线运行效率不高，部分岗位存在因等待情况导致标准作业时间过长的问题。所以需要对生产线的工位进行人机作业分析，进一步降低工人的操作时间，提高人和机器的效率，从而缩短加工总时间，进而降低生产节拍。

1. 人-机作业分析

从上述分析数据可发现，本生产线的瓶颈工位为第 2 岗位，其观测时间为 59 s，标准操作时间为 71.4 s。只有通过分析降低其操作时间，制定标准的工作流程，才能进一步降低生产节拍。由此对第 2 个岗位进行作业分析，对工人的作业情况进行实地观察，再进行录像，反复仔细观察工人的操作过程，运用人-机作业分析表对工人的操作情况进行分析和改进，其分析如表 3-9 所示。

表 3-9　岗位 2 人-机作业分析（改善前）

<table>
<tr><td>操作者</td><td colspan="3">×××</td><td>部门</td><td colspan="3">生产部</td><td colspan="2">日期：</td></tr>
<tr><td>作业名称</td><td colspan="3">分总成</td><td>班组</td><td colspan="3">白班</td><td>IE</td><td></td></tr>
<tr><td rowspan="4">工作时间（s）</td><td rowspan="2"></td><td rowspan="2">人</td><td rowspan="2">机器</td><td rowspan="4">空闲时间（s）</td><td rowspan="2">人</td><td rowspan="2">机器</td><td rowspan="2">周程</td><td colspan="2">利用率（%）</td></tr>
<tr><td>人</td><td>机</td></tr>
<tr><td>现行</td><td>35</td><td>24</td><td>24</td><td>35</td><td>59</td><td>59.3</td><td>40.7</td></tr>
<tr><td>改进</td><td></td><td></td><td></td><td></td><td></td><td></td><td></td></tr>
<tr><td colspan="4">现行方法</td><td rowspan="2">时间（s）</td><td colspan="5">改进方法</td></tr>
<tr><td colspan="3">操作者</td><td>机器</td><td>机器</td><td colspan="4">操作者</td></tr>
<tr><td colspan="2">取铸件</td><td>5</td><td></td><td rowspan="11">59</td><td rowspan="11"></td><td rowspan="11"></td><td colspan="3" rowspan="11"></td></tr>
<tr><td colspan="2">铸件装夹</td><td>3</td><td></td></tr>
<tr><td colspan="2">装入垫片</td><td>4</td><td></td></tr>
<tr><td colspan="2">装入弹簧</td><td>4</td><td></td></tr>
<tr><td colspan="2">装入螺栓</td><td>3</td><td></td></tr>
<tr><td colspan="2">空闲</td><td></td><td>9</td></tr>
<tr><td colspan="2">取盖帽</td><td>3</td><td></td></tr>
<tr><td colspan="2">盖帽装入</td><td>5</td><td></td></tr>
<tr><td colspan="2">空闲</td><td></td><td>15</td></tr>
<tr><td colspan="2">取下工件</td><td>5</td><td></td></tr>
<tr><td colspan="2">摆放整齐</td><td>3</td><td></td></tr>
</table>

表 3-9 中，人的利用率为 59.3%，机器的利用率为 40.7%。机器在工作的时候人是处于等待状态的，这样就会造成工时的浪费。理想的状态是当人工作时，机器也应该在工作，这样能提高人和机器的利用率，减少工时的消耗。该岗位虽然是瓶颈工位，但是工人有 24 s 的时间处于等待状态，因而在机器运转的时候，可以适当安排工作给工人，使其等待时间减少。如在第一个 9 s 的等待中，可以安排其他工作要素给工人，通过观测发现，工件摆放整齐的时间为 3 s，小于等待时间，所以可以把上一工件摆放整齐放在第一个等待处，而在第二个等待中，等待时间比较长，为 15 s。查到其前道工序可发现，条带涂油、取铸件、铸件涂油、条带装铸件的工作时间总和为 13 s，小于等待时间的 15 s，所以可以把下一个工作周程所需条带涂油、取铸件、铸件涂油、条带装铸件工作安排到第二个等待时间处，这样大部分机器工作的同时人也在工作，减少了工时浪费。改进后的人机作业分析如表 3-10所示。

表 3-10　岗位 2 人机作业分析(改善后)

操作者	×××			部门	生产部			日期：	
作业名称	分总成			班组	白班			IE	
工作时间(s)		人	机器	空闲时间(s)	人	机器	周程	利用率(%)	
								人	机
	现行	35	24		24	35	59	59.3	40.7
	改进	43	24		8	27	51	84.3	47.1

现行方法 操作者		现行方法 机器	时间(s)	改进方法 机器	改进方法 操作者	
取铸件	5		59		3	铸件装夹
铸件装夹	3				4	装入垫片
装入垫片	4				4	装入弹簧
装入弹簧	4				3	装入螺栓
装入螺栓	3			9	3	上一工件摆放整齐
空闲		9				空闲
取盖帽	3				3	取盖帽
盖帽装入	5				5	盖帽装入
空闲		15		15	2	下一工件条带涂油
					5	取下一工作铸件
					3	下一工件铸件涂油
					3	下一工作条带装铸件
						空闲
取下工件	5				5	取下工件
摆放整齐	3					

由表 3-10 可知，第 2 岗位改善后工人的利用率为 84.3%，机器的利用率为 47.1%，总的工作周程变为 51 s，人员和机器的利用率都提高了，工作周程也下降了，因此生产效率显著提高。改善是个持续的过程，本案例研究的生产线中第 4 个岗位的观测时间为 56 s，标准操作时间为 68.1 s。当第 2 个岗位的标准操作时间缩短后，第 4 个岗位就成了生产

线的瓶颈岗位，而且在这个岗位一个工人操作两台机器。由此，根据上述分析过程，对这个岗位进行人机作业分析，进一步降低其操作时间，提高人和机器效率，提高生产线平衡率和产量，从而让生产线更加接近"一个流"，如表 3-11 所示。

表 3-11　岗位 4 人机作业分析（改善后）

操作者	×××			部门	生产部				日期：		
作业名称	装配			班组	白班				IE		
工作时间(s)		人	机 1	机 2	空闲时间(s)	人	机 1	机 2	周程	利用率(%)		
										人	机 1	机 2
	现行	35	15	6		21	41	50	56	62.5	26.8	10.7
	改进	35	15	6		12	32	41	47	74.5	31.9	12.8

现行方法：操作者		机 1	机 2	时间(s)	改进方法：机 2	机 1	操作者	
取上道工序铸件	4			56			4	取上道工序铸件
取轴承	1						1	取轴承
铸件装入机 1	2						2	铸件装入机 1
轴承装入铸件	2						2	轴承装入铸件
垫片装入轴承	2						2	装入垫片
螺栓装入轴承后加工	6						6	装入螺栓后加工
空闲		15				15	2	上一机 2 完工品装胶
取下机 1 完工品	2						2	上一机 2 完工品捶打
装入机 2	5						1	上一机 2 完工品涂胶
空闲			6				2	成品检验
取下机 2 完工品	2						2	摆放整齐
橡胶垫片装入完工品	2							空闲
捶打固定	2						2	取机 1 完工品
涂胶水	1						5	装入机 2
成品检验	2				6			空闲
摆放整齐	2						2	取下机 2 完工品

2. 人机作业分析改善对比

经过上述人机作业分析改善后，第 2 岗位和第 4 岗位中人和机器的利用率都有较大的提升，由此，对上述人机作业分析改善结果进行对比，可得改善前后变化情况如表 3-12 所示。

表 3-12　人机作业分析改善前后对比

岗位	工作周程(s)		人员利用率		机器利用率	
	改善前	改善后	改善前	改善后	改善前	改善后
第 2 岗位	59	51	59.3%	84.3%	40.7%	47.1%
第 4 岗位	56	47	62.5%	74.5%	26.8%、10.7%	31.9%、12.8%

(三)生产线改善方案

通过对生产线进行0-1线性规划改善和人机作业分析改善,从而获得了最终的产能改善方案。第1个岗位负责外盖装螺栓、外盖压装、轴承装套筒、轴承压装和外盖装配等作业要素;第2个岗位负责条带涂油、铸件涂油、条带装铸件和分总成装配等作业要素,并按照表3-10中的改进后作业流程进行作业;第3个岗位负责检测、钻孔和折大纸箱等作业要素;第4个岗位负责皮带轮装配、打标识和橡胶装配等作业要素,并按照表3-11中的改进后作业流程进行作业;第5个岗位负责成品检验、折小纸箱、纸箱贴条码和成品包装等作业要素。经过上述安排,形成最终的生产线产能改善方案,具体的安排和操作标准时间如表3-13所示。

表3-13　改善后岗位安排及操作时间

序号	岗位	作业要素	标准时间(s)
1	第1岗位	外盖装螺栓	55.4
2		外盖压装	
3		轴承装套筒	
4		轴承压装	
5		外盖装配	
6	第2岗位	条带涂油	61.7
7		铸件涂油	
8		条带装铸件	
9		分总成装配	
10	第3岗位	检测	53.3
11		钻孔	
12		折大纸箱	
13	第4岗位	皮带轮装配	56.9
14		打标识	
15		橡胶装配	
16	第5岗位	成品检验	54.5
17		折小纸箱	
18		纸箱贴条码	
19		成品包装	

上述作业要素重新安排和进行人机作业分析后,皮带轮生产线的生产节拍降低到61.7 s。针对改善后的方案,进行改善前后对比,根据对比结果,评价本次改善所达到的效果,能更加直接体现出本次改善所获得的价值和意义。所以需要进行皮带轮生产线改善前后对比,总结本次改善研究项目成果。采用上述改善方案后,计算生产线评价指标,

为后期改善方案评价提供数据支持,其评价指标如表 3-14 所示。

表 3-14 改善后生产线评价指标统计

生产线评价指标	改善后
节拍(CT)	61.7s
日产量(PPD)	544 件
平衡率(LB)	91.35%
不平衡损失率(d)	8.65%
平滑指数(SI)	6.1

三、生产线产量改善效果评价

(一)生产线改善前后对比

运用 0-1 线性规划法对生产岗位中的作业要素进行重新安排,降低生产节拍,再按照实际岗位情况进行调整,平衡生产线。运用人机作业分析缩短各个岗位的操作时间,优化生产操作过程,进一步降低生产节拍,提高产量。对生产线改善前后的生产节拍、产量、平衡率、平滑指数和生产总工时的对比分析,可以直观地展现出生产线改善后是否达到目标,还存在哪些问题需要改善,还有没有优化的空间,为持续改善提供前提基础。

1. 生产节拍与产量

生产节拍(CT)决定生产线的产量,本次改善,生产节拍由 84.3 s 降低至 61.7 s,生产节拍降低了 26.8%;在日有效工作时间为 9.5 h 的情况下,生产产量由 405 件提高至 554 件,产量提高了 34.3%。虽然没有达到目标产量 600 件,但是已经有了很大的提高。改善前后产量对比如图 3-8 所示。

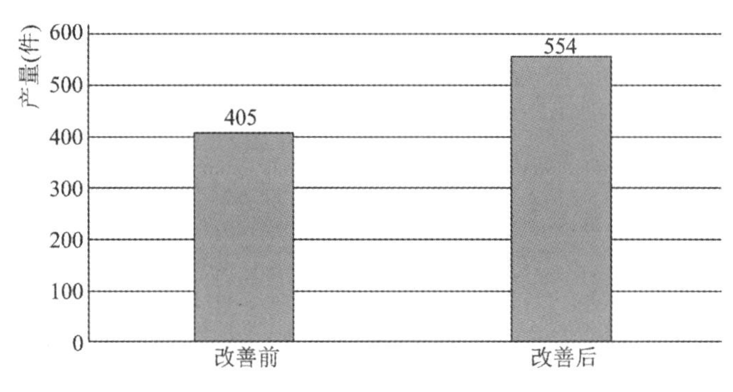

图 3-8 改善前后产量对比

2. 生产线平衡率和不平衡损失率

生产线平衡率和不平衡损失率是衡量生产线运行好坏的重要指标,本次改善,生产线平衡率 LB 由 75.8%提升到 91.35%,平衡率提升了 20.51%,不平衡损失率 d 由 24.2% 降低到 8.65%,降低了 64.26%,表明生产线处于优秀状态。其改善前后平衡率和不平衡损失率对比如图 3-9 所示。

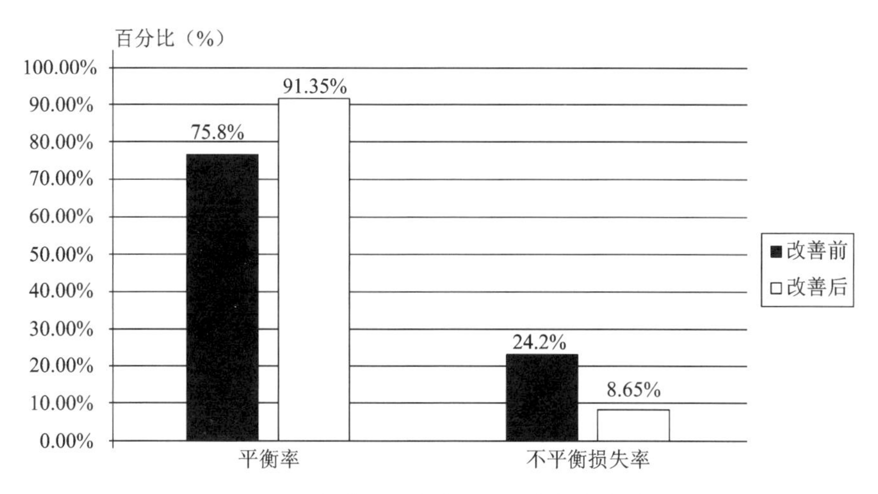

图 3-9　改善前后平衡率和不平衡损失率对比

3. 平滑指数

平滑指数(SI)是衡量生产线各个工位作业时间分布离散状况的一个重要指标，平滑指数数值越小，则生产线各个工位作业时间分布偏差越小，生产线平衡的效果越好。改善前平滑指数为 23.14，改善后平滑指数降低至 6.1，表明改善后各工位的作业时间偏差更小，离散程度更低，工人的操作负荷更加均衡。改善前后平滑指数对比如图 3-10 所示。

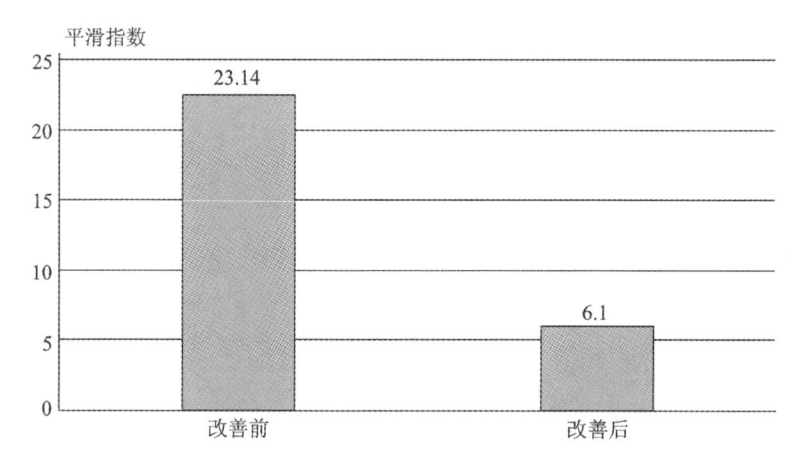

图 3-10　改善前后平滑指数对比

（二）生产线改善效益分析

对生产线进行改善效益分析，有利于分析对比改善前后经济效益情况，从而进行综合评价本次改善的价值，为是否进行改善提供决策指导意见和科学的决策数据指标，并为改善的实施提供帮助。

本次改善，在不增加工作时间的情况下，生产产量由 405 件提高到 554 件，产量增加了 149 件，按照每件产品的市场价格为 80 元计算，在不增加成本投入的情况下，每天增加的产值为 11920 元。因此，本次改善获得的经济效益非常可观。

案例小结

本案例主要运用了基础工业工程中的方法研究和作业测定等方法对LK公司生产线平衡和产量问题进行研究分析，通过实地调研与现场作业，分析总结了生产线基本状况以及存在的问题。运用0-1线性规划法对生产线平衡问题进行改善，结合实际情况得出改善方案。再运用工业工程中的作业分析，对生产线平衡问题做进一步优化研究，从而得到最终的生产线产量改善方案。通过改善前后的对比分析，从而评价改善后所获得的效果是否达到目标要求。通过改善，生产线平衡率为91.35%，达到设定的目标平衡率90%以上，每个岗位的作业负荷更加接近。改善后产量为554件，没有达到目标产量。通过人机作业分析，提高了人和机器的利用率。改善后节拍降低61.7s，每小时产量提高58件，工人工作效率提高。在没有增加工作时间的情况下，产量增加，从而工人不需要过多加班就可以完成产量目标，降低了工人的劳动负荷。通过本次的改善，生产线的运行效率有了明显的提高，生产效率有了很大提高，但是还没有达到目标产量。

改善是一个持续的过程，需要不断进行改善优化研究，才能保持生产线的高速运行。针对本次改善的不足，本案例为LK公司今后的改善提出了方向：

(1)使用仿真软件对优化改善后的方案进行仿真研究，分析其是否真正达到目标要求，使改善方案更加科学可靠、有说服力和有实施意义。

(2)对生产线工位进行动作分析，科学地分析评价工人的动作中有无不经济的动作，从而进行改善，规范作业动作，进一步降低操作时间，降低生产节拍。

(3)规范生产现场的物料摆放，减少工人操作过程中寻找物料的时间，安排人员对生产线物料进行供应，从而减少工人搬运物料的时间。

(4)引入工业工程人才，为企业的改善项目提供技术支持。推行精益生产，杜绝一切浪费，执行准时化生产，提高企业运营效率。

(5)持续改进。改善是永无止境的，只有不断地改进，使技术进步，才能不断降低企业的制造成本，提高生产效率，获得更多的利润。

1. 本案例中企业的改善取得了一定的成果，但是还没有达到目标产量。结合该企业的实际情况，您认为要达到目标产量还可以采用哪些方法？

2. 在生产建模的过程中，本案例使用了0-1整数规划法，您觉得是否可以采用其他更好的方法？

3. 本案例在进行建模求解后，为什么对某些工位进行了作业分析法的改善？

4. 本案例中使用了产线平衡率和平滑指数对改善结果进行评价，那么平滑指数的意义是什么？

案例4 基于工作研究的W公司消声器快速换模的研究与应用

引言

工作研究是利用方法研究和作业测定两大技术，分析影响工作效率的各种因素，消除人力、物力、财力和时间方面的浪费，减小劳动强度，合理安排作业，用新的工作方法来代替现行的方法，并制订该工作所需的标准时间，从而提高劳动生产率和整体效益。

本案例通过对消声器的生产现状进行程序分析、产能分析和在制品分析，得出换产时间长是影响产能、在制品增多的根本原因。因此，对换模过程的时间和动作进行了详细的研究，并提出了快速换模的设计思路及方案，最终使得换模时间由4h缩短为15min，1.3L消声器的制造周期由一周缩短为2h，大大提高对客户的响应水平，有效地提升了企业的长期盈利能力。

一、公司简介

W公司是一家为某大型整车企业供应多种部件总成的零部件企业，其供应规模占比达到30%以上。随着整车企业的快速发展，W公司也得到了快速发展，产品种类不断增多。W公司通过工业工程理论方法的应用，在效率、产品质量和成本降低方面卓有成效。

二、生产现状分析

（一）布局分析

图4-1为消声器生产线布局物流图。

消声器生产线是公司的一条专业化的生产线，从图4-1可以看出消声器生产主要分成四块：筒体生产设备线、筒体芯子组装模块、消声器焊接模块和涂装模块。在筒体生产设备线中，有6台设备，全部为专业厂家购买的专用设备，设备复杂、自动化程度高，因为没有充分发挥设备的性能，设备的故障率很高、利用率低。在筒体芯子组装模块，由于工艺落后，绝大部分采用手工作业方式，员工工作强度大。在消声器焊接模块，主要设备为CO_2保护焊，焊接作业方式为小组，员工的工作效率不是很高。涂装模块分为清洗、喷漆和后续组装工艺，主要采用手工清洗和手工喷漆等工艺，十分落后。后续组装工艺中存在大量的浪费，组装工艺也是采用分组加工，效率十分低下。整条生产线在工艺布局上导致了制造周期长、质量差、搬运次数过多和生产效率低等先天不足。

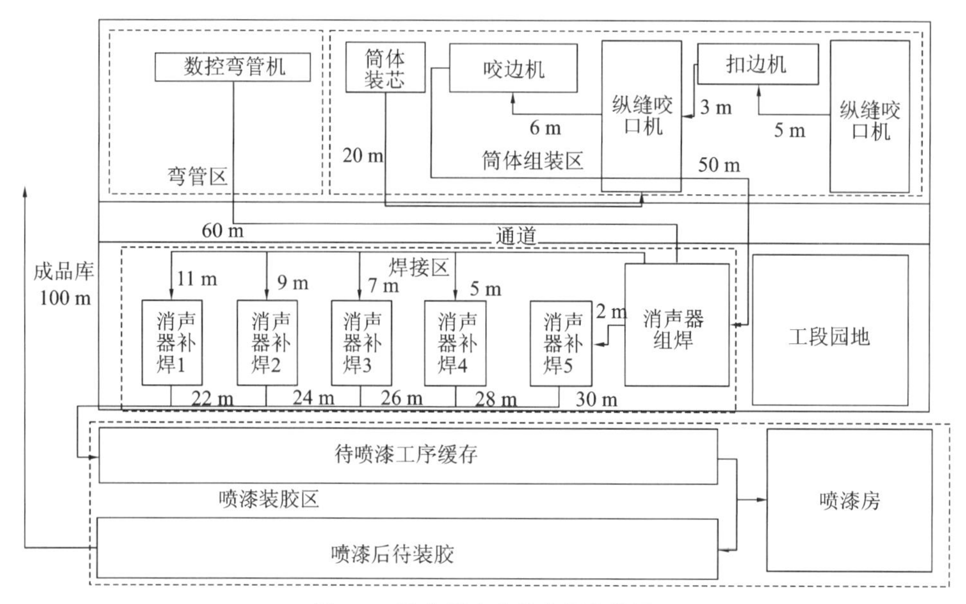

图 4-1　消声器生产线布局物流图

（二）消声器 P-Q 现状分析

消声器是汽车的消音部件，其主要功能是降低发动机排气时的巨大噪声。因为其模块化的开发和生产，专业化的生产和较高的利润，使消声器成为公司的主要产品之一。在消声器的生产中，有 4 种型号，其生产工艺各有不同，排量分别为 0.97 L、1.05 L、1.2 L、1.3 L，所占的产量比例如表 4-1 所示。

表 4-1　消声器各排量的产量比例

排量	0.97 L	1.05 L	1.2 L	1.3 L
所占比例	3%	81%	1%	15%

根据表 4-1 绘制消声器排量的 Pareto 图，如图 4-2 所示。

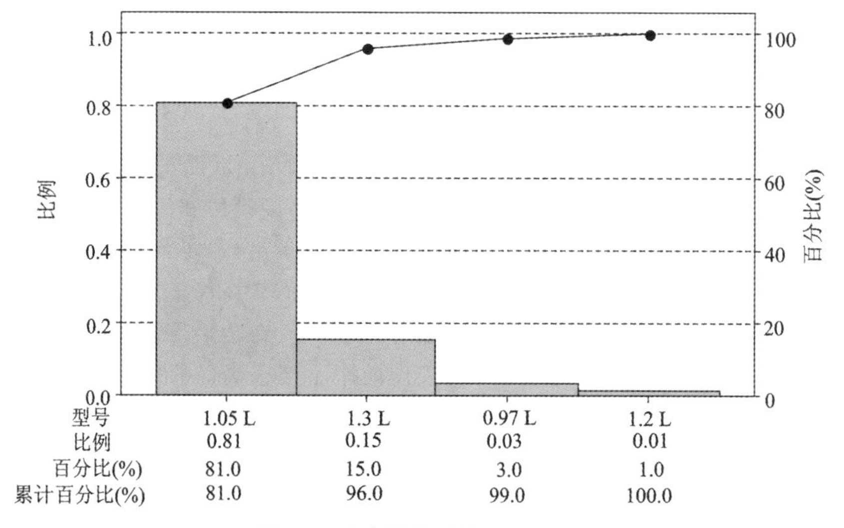

图 4-2　消声器排量的 Pareto 图

从图4-2可以看出，1.05 L消声器所占的比例已经超过80%，根据二八定律，选取1.05 L消声器作为研究对象进行研究。

（三）在制品分析

图4-3所示为在制品现状。

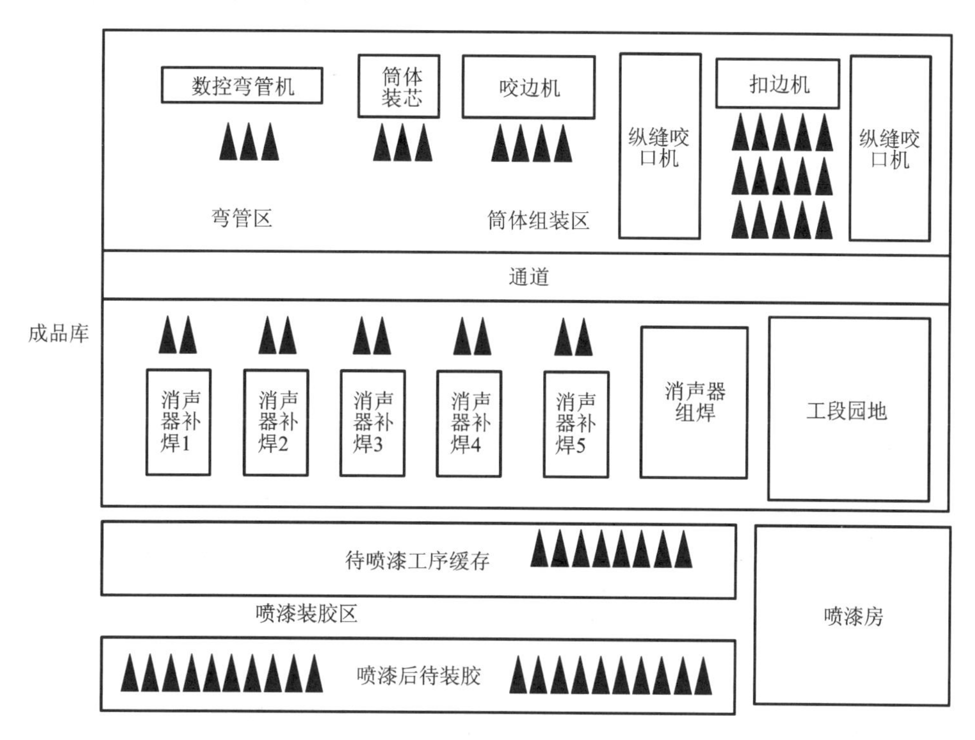

图4-3　在制品现状

通过对图4-1和图4-3的分析，可以发现以下几大问题：

①没有流动生产；

②工艺复杂，使物流混乱；

③工艺线路长，增加成本，使生产流动性差；

④每道工序的生产节拍不平衡，导致每道工序之间的在制品很多；

⑤切换时间长，对客户的响应很慢；

⑥生产设备布局不合理，生产过程中搬运次数多。

（四）消声器程序分析

消声器的生产工艺流程如图4-4所示。

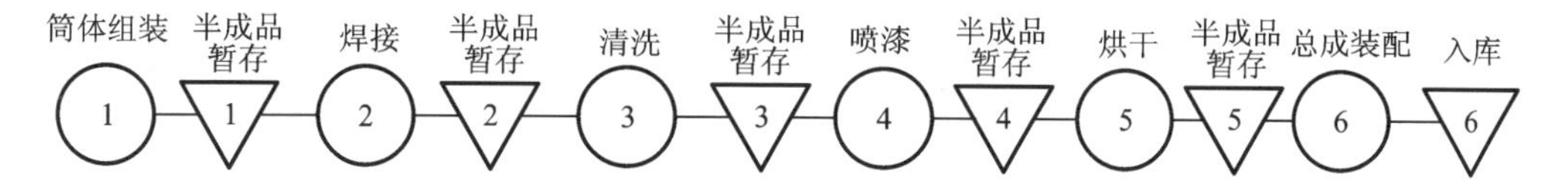

图4-4　消声器生产工艺流程

整个生产过程存在以下问题。

1. 产品质量不稳定

消声器的筒体芯子组件的装配是靠人工锤打完成的，产品质量不稳定，三隔板扭曲和错位，零件容易变形。在制品多，生产效率低，劳动强度大。改进前的消声器筒体芯子组件生产工艺流程如图4-5和图4-6所示。

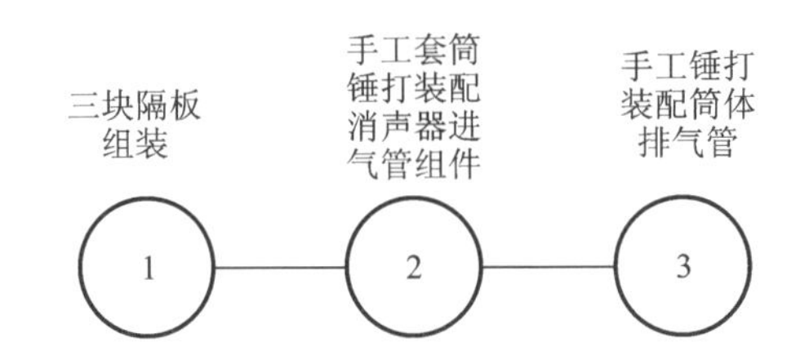

图4-5　改进前消声器筒体芯子组件生产工艺流程

图4-6　改进前消声器筒体芯子组件生产工艺流程(工人操作)

2. 换模时间长

由于纵缝咬口机、翻边机、装芯机只有一台，而消声器筒体有1.05 L和1.3 L两种，每次换模需要花费0.5～3 h，影响产能的提升。

3. 生产和物流过程不合理

生产过程常出现磕碰、刮花、变形、少装胶、由筒体内焊渣造成的异响等质量问题，严重影响承接客户新的产品。

4. 产品结构不合理

消声器进气管组件，由于设备和生产技术等因素满足不了设计要求，只能采用三个零件分装的结构，然后拼焊而成，再经过人工外观打磨处理。因此，产品的圆度、同轴度和外观等质量都很差。而人工打磨时粉尘大，中间在制品多，工作环境恶劣，生产效率低，劳动强度大。

改进前消声器进气管组件的生产工艺流程如图4-7所示。

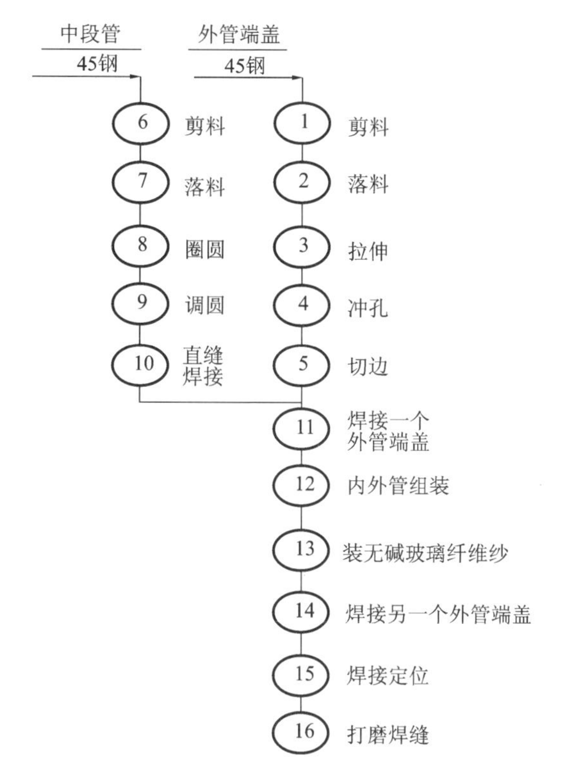

图 4-7 消声器进气管组件的生产工艺流程

改进前消声器进气管组件如图 4-8 所示。

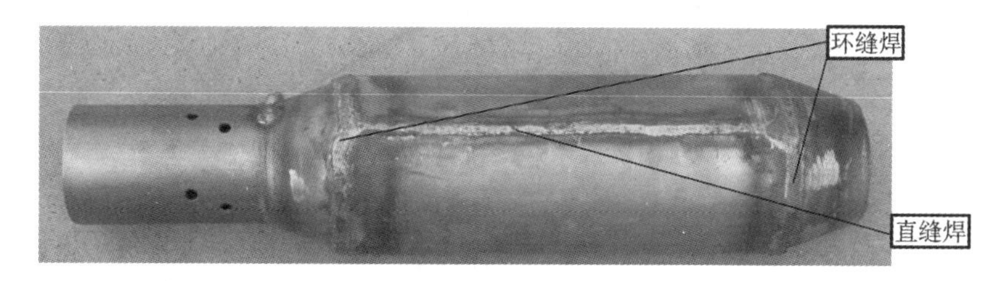

图 4-8 改进前消声器进气管组件

（五）消声器筒体专机产能分析

1. 节拍分析

对消声器筒体专用设备，从设备节拍、故障模式、自动化改造可行性等方面，进行全面的调查研究。表 4-2 所示为消声器筒体专机现状。

表 4-2 消声器筒体专机现状

序号	设备名称	生产节拍(s)	主要故障模式	维修停机时间(分钟/月)	操作方式	操作人数(人)
1	裁角机	12	油压系统损坏	80	人工上料	1
2	纵缝咬口机	17	漏油、滑台 油管损坏	300	人工上料 自动	1

续表

序号	设备名称	生产节拍(s)	主要故障模式	维修停机时间(分钟/月)	操作方式	操作人数(人)
3	双端翻边机	22	漏油、送料架机械故障	150	人工上料半自动	2
4	芯子组装机	17	较少	30	手动	2
5	芯子压装机	16	较少	60	人工上料半自动	2
6	端盖咬边机	25	主轴不复位,电液系统故障	650	人工上料手动	2

2. 生产线瓶颈分析

根据表 4-2 的分析,消声器筒体流水线上的产出只能按照最慢的工位作为最终产出。因此要提高消声器筒体线的可动率,就要降低瓶颈工位的节拍和解决设备故障率高的问题。根据客户每天的需求量是 1200 台、消声器生产线单班的有效生产时间为 6.5 h 来计算客户的需求节拍,即需求节拍=6.5 h×3600 s/h÷1200=19.5 s。因此,消声器的最高节拍不能超过 19.5 s 才能达到客户的需求。

依据线平衡墙的原理,把每道工序的完成时间通过秒表和视频记录下来,根据工序的先后顺序,每道工序的时间分为增值时间和非增值时间,以直方图的形式绘制出来,以便分析生产线节拍。然后针对流水线上的工序根据线平衡墙进行分析,判断每道工序的完成时间是否一致,哪些非增值时间通过持续改进是可以减少或取消的,当前流水线的瓶颈工序是哪个,等等。做出筒体生产线的生产节拍线平衡墙,如图 4-9 所示。

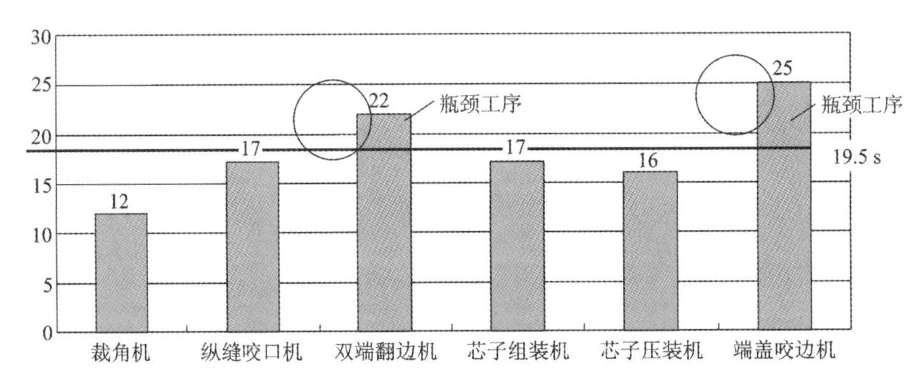

图 4-9　筒体生产线生产节拍平衡墙

从平衡墙的分析可以看出,要达到客户需求的产能是可以实现的,首先要降低两个瓶颈工序的节拍。

根据实际情况,在实现自动化改造后的节拍统一定为 18 s,略低于客户需求的 19.5 s,在不需要增加设备的情况下可满足客户的需求。

(六)产品换模问题分析小结

从以上分析可以看出,在四种排量的消声器中,1.05 L、1.3 L 的消声器筒体生产量占到生产总量的96%，且0.97 L、1.2 L两种消声器筒体的生产和换模的工艺跟前面两种一样。因此，选择1.05 L、1.3 L的消声器筒体之间的换模作为纵缝咬口工序的两种型号来重点研究和改善。

需要切换的设备为纵缝咬口机、双端翻边机，两台设备的切换时间非常长，耗费的人力很多。纵缝咬口机需要三个人耗时236 min才能切换完成，而双端翻边机换模需要两个人40分钟左右。每次换模需要准备半个月以上，当在制品达到800个筒体以上的时候，才可以切换。而1.3 L的消声器每月的需求量在2000件左右。由于换模时间长，每次换模对产能的影响大，每个月只能换模2～3次。但即使是这样，也要损失1500台的产能。综合体现出来的是以下几个问题：换模安装和调整时间长、在制品库存数量大、换模过程危险、耗费人力多、换模过程中的废品多。

换产时间长就很难满足客户小批量多批次的需求，适应客户需求变化的能力差，所以只能通过增大产成品的库存来满足客户的需求。又由于库房有限、产量不断加大、成本压力不断增大等客观因素的制约，因此缩短换产时间刻不容缓。

三、消声器快速换模的设计和改善

要实现多品种小批量的快速换模有两件工作是必须要实现的：①尽可能缩短每一种产品的生产制造周期；②缩短从一批次最后一件合格产品到生产出下一个批次不同型号第一件合格产品所经历的时间。

（一）缩短消声器的生产制造周期

1. 增加生产线物料传送带

由于在制造周期中，实际增值的时间只占总周期的5%左右，而大量的时间花费在物料的存储、转运、等待中，减少物流时间对缩短制造周期有明显的效果。把单工位的生产转化为相似、相互关联的生产。采用设施规划布局来优化产品物流，实现物料快速方便的流转，方便实现单件流。为了取代原来工序之间搬运的现象，决定在消声器生产的主物流上采用流水线自动传送，减少操作员工的搬运，取消了大量的工位器具，减少了所需场地，如图4-10所示。

图4-10　消声器生产线的流动化传送带

2. 通过技术和工艺创新,减少工序

往往工序越多,生产周期就越长,通过技术创新,合并工序或减少工序,会大大缩短产品的生产制造周期。

根据工艺可行性,做了以下改进:

①将絮状的无碱玻璃纤维纱改成块状,减少填装的时间;

②将进气外管冲压焊接工艺改成定尺无缝管料的缩口工艺,减少生产两端的盖,将进气管组件的生产工序由 16 道缩减为 5 道。

改进后的消声器进气管组件的生产工艺流程如图 4-11 所示,改进后的消声器进气管组件如图 4-12 所示。

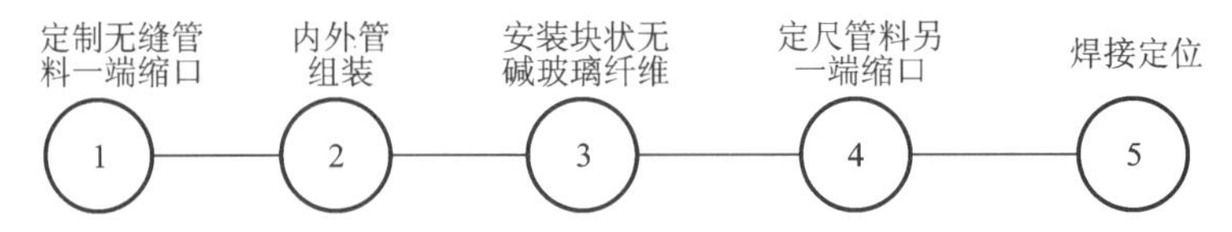

图 4-11　改进后的消声器进气管组件的生产工艺流程

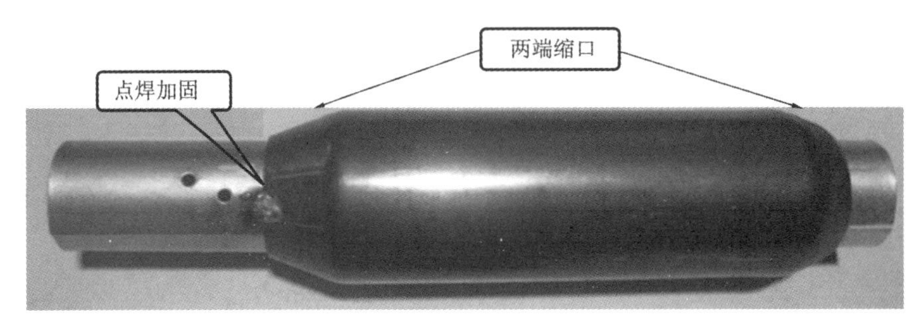

图 4-12　改进后消声器进气管组件

3. 改进工艺流程

改进后的消声器筒体芯子组件生产工艺流程如图 4-13 和图 4-14 所示。

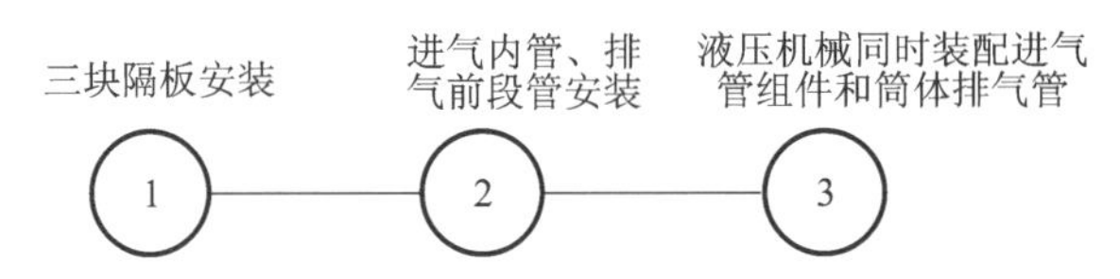

图 4-13　改进后的消声器筒体芯子组件生产工艺流程

图 4-14　改进后的消声器筒体芯子组件生产工艺流程(实物操作)

A—消声器隔板;B—进气管及排气管组件

从图4-13的生产过程来看，通过工艺改进，实现了工艺流程的优化，缩短了制造周期。下一步，将通过工作研究实现产品的快速换模。

（二）消声器快速换模的改善

1. 快速换模的思路

快速换模的八大步骤：

①现场观察并记录切换的流程；

②记录时间和认识各种浪费；

③区分记录时间的内外活动；

④分析所有的切换动作和方法；

⑤把可能的内部作业转为外部作业；

⑥重新优化组合内外部作业顺序；

⑦试验并改进新方法；

⑧实施完善后建立新的操作标准。

2. 换模流程分析

按照快速换模的八大步骤进行现场观察并记录切换的流程分析。

纵缝咬口机的工作原理如图4-15所示。

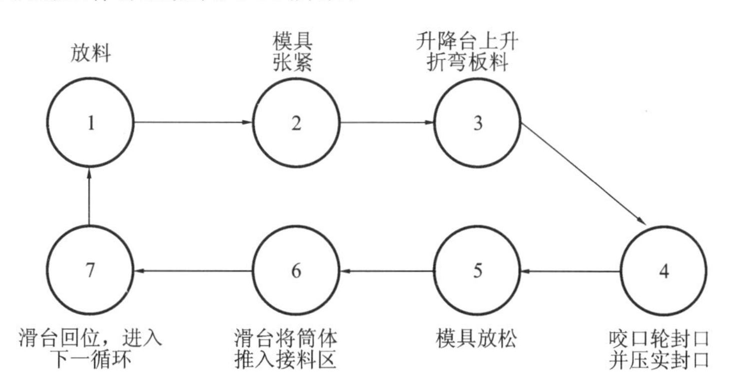

图4-15　纵缝咬口机工作流程

纵缝咬口机的模具是消声器筒体成型的关键，其形状为长条筒状，上下半模是分开的，通过中间的液压楔块装置控制模具的扩大和缩小。模具根部有两根液压管分管上下半模楔块的移动以使上下半模张紧和放松。原先的模具是采用整体式模具，不同的模具在切换的时候，就必须将整个模具一同拆下，并松开液压管路，如图4-16和图4-17所示。

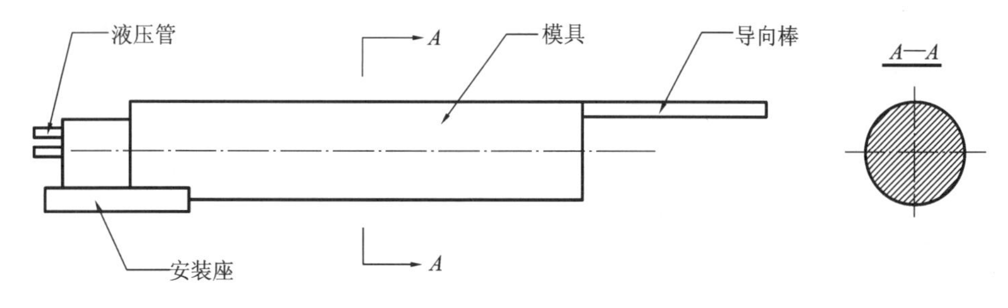

图4-16　原先的模具简图

图 4-17　原先的模具照片

3. 换模动作和时间分析

经过工作研究分析换模过程如表 4-3 所示。

表 4-3　换模动作和时间分析

NO.	作业内容	作业时间(min)	使用工具	时间分类	问题点分类			
					调整	重复	寻找	联络
1	拉走未用完板料	2	手摇叉车	外			■	
2	准备工具	15	工具盒	外			■	
3	拆下液压油管	5	扳手	内	●			
4	拆下导向棒	4	扳手	内	●			
5	拆下安装座	10	内六角扳手、套筒	内	●			
6	卸下旧模具	20	液压叉车	内	●			
7	装上新模具	30	液压叉车	内	●			
8	装上安装座	15	内六角扳手	内	●			
9	调整安装座	10	扳手、内六角扳手、锤子、套筒	内	●			
10	装上导向棒	5	扳手	内	●			
11	装上液压油管	5	手摇叉车	内	●			
12	配送新板料	10	手摇叉车	外			■	
13	调试咬口质量	85	扳手、锤子、钢尺、卡尺	内		◆		
14	送检	20	钢尺、卡尺	内				▲
15	正常生产							

	总时间	外部时间	内部时间
时间(min)	236	27	209
占比(%)	100	11.4	88.6

由于预期产量的快速上涨，品种切换频次的增加，目前的换模方式已经没有办法适应市场的需求，减少品种切换时间迫在眉睫。按照未来市场发展情况和现状，将产品切换时间目标设定在30分钟以内。通过对表4-3的分析，发现外部时间内的工作可以在换产前后做，所以这部分时间可以消除。内部时间占到产品切换时间的88.6%，减少内部时间是缩短品种切换时间的主要内容。

4. 快速换模的原则

根据快速切换的思路，缩短内部和外部时间是主要内容。最后确定了筒体纵缝咬口模具快速换产的几个原则。

1)原则一：并行作业

并行作业就是指两个以上的人共同从事切换工作，它最容易马上取得缩短内部时间的效果。

2)原则二：减少步行时间

切换动作主要依赖双手的动作完成，脚必须减少移动或走动的次数。所以切换时所必需的道具、模具、清洁器材等都必须放在专用的台车上，而且要有顺序地整理好，减少寻找的时间。模具或切换物品进出的路线要设计成容易进出的方式，切换的动作顺序要合理化及标准化。

3)原则三：使用专用的换模工具

专用工具是为专门用途而特制的器具，因为专用工位器具可提高切换的效率，缩短作业时间。此外，量具也要专用化，用块规或格条来替代量尺或仪表的读取数值测定。最重要的一点是要设法减少工具和量具的种类，以减少取放时间。

4)原则四：减少使用螺丝而采用快速夹具等

使用螺丝有其必要性，但是装卸螺丝的动作通常占用了很多的切换时间。因此，改善对策是消除使用螺丝的固定方式。比方用插销、压杆、快速夹、定位板等来取代螺丝。

5)原则五：必须使用螺栓、螺丝时，减小旋转的行程

限于某些状况，仍然必须使用螺栓、螺丝时，也要设法努力缩短上紧及取下螺丝的时间。

6)原则六：建立换模时设备和模具的标准

根据表4-3的统计分析，纵缝咬口模具的调整时间占整个换模时间的50%以上。因此，在设备和模具上建立标准，不会因为更换模具而改变标准，使调整时间增加。

7)原则七：事前做好准备

事前准备时间属于外部时间，外部作业如果做不好，就会影响内部作业的顺利进行，使切换时间变长。因此，外部作业的动作也要改善，使之标准化。

5. 快速换模采取的改善措施

由于装拆模具的时间为94 min，调整的时间为115 min，根据缩短产品切换时间的原则，决定采取以下措施：

①提前做好换模的准备，如提前由辅助人员准备好换模用的工具、模具和原材料；

②制作分体式模具，模具采用快速装拆的形式，取消几个不必要的装拆模具动作，进而消除调整时间；

③对模具上的螺母、螺杆、垫片和垫铁等器具实现标准化；

④制作专用工具,减少工具调整、选择和拿放的时间;

⑤制作标准化的换模架,顶端放模具,下部放置标准配置工具的工作台;

⑥将内部时间转化为外部时间,在未停机时间进行或同时进行;

⑦ 班长和普工辅助换模,减少内部时间;

⑧缩短检验时间,或检验员跟线检验,制作专用的检具,只有在异常情况下,才使用钢尺和卡尺。

快速产品切换结果如表 4-4 所示。

表 4-4　新的换模动作和时间分析

NO.	作业内容	作业时间(min)	使用工具
1	由配送工拉走	0	手摇叉车
2	由班长准备	0	标准化的工具盒
3	拆下分体模具	5	内六角扳手、套筒
4	安装分体模具	10	内六角扳手、套筒
5	由配送工配送	0	手摇叉车
6	减少调试时间	10	扳手、锤子、钢尺、卡尺
7	检验员在现场同时检验	5	专用检具
8	正常生产		
总计		30	

纵缝咬口工位产品快速切换的关键就是取消整体式的模具,制作分体式的模具。基座不用拆卸,仅拆卸筒体轮廓部分。筒体轮廓部分安装简单,以固定基准为标准,固定基准是在制作模具时,由数控加工中心在模具母体上加工而成。1.05 L 和 1.3 L 以及以后开发的模具,都是以此为基准设计的。在安装时,实现了快速安装,缩短了调整筒体尺寸的时间。制作分体式的模具可以节省拆装液压管、导向棒、安装座的时间,并消除由此带来的调整时间。由于缩短了调整时间,减少了换模过程不合格品的产生,因此也缩短了相应的检验时间和多次调整时间。快速换模设计模具的思路如图 4-18 所示。

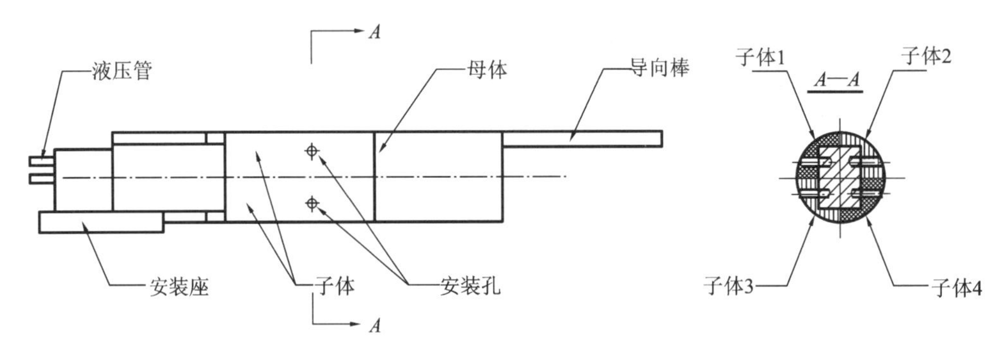

图 4-18　快速换产的模具简图

在投入一套 6 万元钱的模具后,达到了快速换模的目标。换产后的模具照片如图 4-19所示。

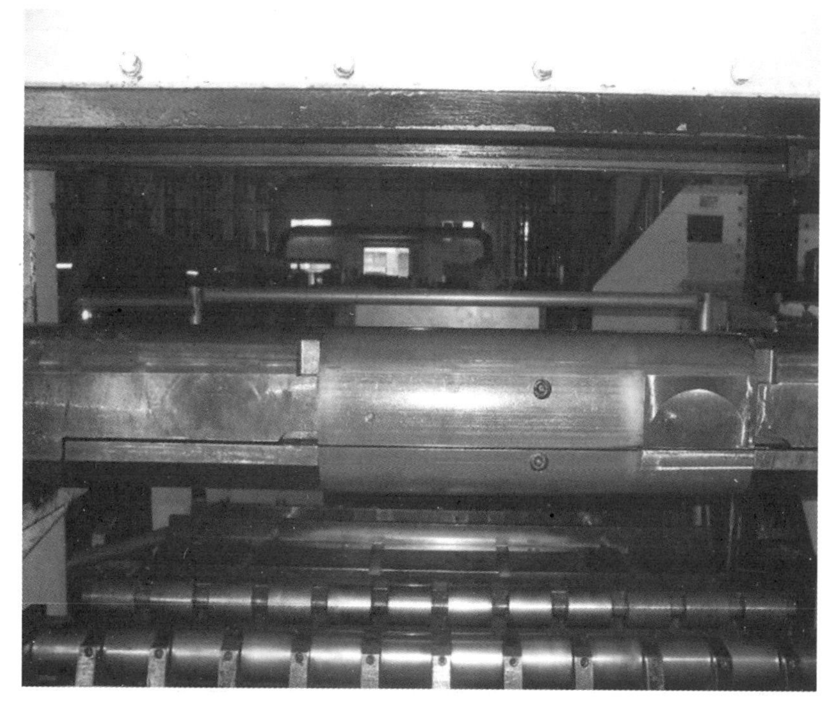

图 4-19　实现快速换产后的模具照片

6. 快速换模的成果

换模时间由 236 min 缩短为 30 min，时间缩短 87.3%。经过一年后，由于员工熟练程度的增加、换模质量状态的稳定以及固定检具的添加，使换产时间继续减为 15 min，可以实现每天换产，促使产成品库存进一步降低。一年后，快速换产取得了以下成果：

①产品切换所需的在制品消除，减少在制品 8 万元；

②1.3L 消声器成品的库存由 200 件减少为 50 件；

③后续产品模具的开发每套节省 5 万元，到目前为止共节省 20 万元(不需要开发整体模具，只需要开发分体模具)，且模具的开发时长由 3 个月缩短为 1 个月；

④消除安全隐患；

⑤每月提升产能 2000 台；

⑥因换模导致的废品率，由每月 1 万元，减少为每月 500 元，缺陷率由 5%下降到 0.5%；

⑦换模时间由 4 h 缩短为 15 min，1.3 L 消声器的制造周期由 1 周缩短为 2 h，大大提高了对客户的响应水平。

从 2009 年没有推进精益生产到 2013 年开始在消声器工段推进精益生产，再到 2015 年到案例企业推进精益生产的过程中，结合表 4-5 的统计数据可以看出，精益生产对企业的巨大促进作用。

表 4-5　消声器生产过程在实施精益生产后所取得的成绩对比

项目	2009 年车身附件厂（未推行精益生产）	2013 年（已推行精益生产）	2015 年（已推行精益生产）	2017 年（已推行精益生产）
库存（平均库存天数）	30 天甚至更长	5	2	1
质量（平均 PPM 缺陷数/1 百万辆车）	10000 以上	1000	400	65
场地（万元产值/平方米）	1.0	3.3	5.6	8.8
生产组织问题引起顾客生产断线次数（每年）	每天都有	11	3	0
人均劳动生产率[万元/(年·人)]	50	60	80	150
工人培训（小时/年）	0.5	5	16	40
人均合理化建议数	0	1.3	3.7	8.5
缺勤率（%）	经常请假	8.7	6.8	5.8

精益生产体系并不仅仅是指准时化生产、快速换产、价值流图分析等精益工具，更重要的是思想的转变和流程的改变，将精益生产推行至整个价值链，包括客户。精益生产是一种文化，真正意义在于精益的思想，消除浪费，追求尽善尽美。在精益生产导入之初，采用的是项目推进方式，而当大部分人接受了精益思想之后，精益生产就应该成为日常化的工作。

精益生产的思想已经被企业所接受，促进了企业的健康发展。消声器生产通过在工作研究基础上的优化，给公司和其他的企业带来了巨大的震撼。榜样的力量是无穷的，这也加快了精益生产在整个集团和整个供应链的推广。

1. 工作研究的作用是什么？精益生产中的哪些工具应用到了工业工程中的工作研究方法？

2. 快速换模的基本原则有哪些？本案例企业采用了哪些方法实现快速换模？

案例5 基于精益生产的FLX公司机加工车间单元化生产的应用与研究

引言

通过对精益生产理论体系和技术方法的研究，将单元化生产理论和企业实际情况相结合，从产线布局、节拍控制及现场改善等方面对生产系统做出改进。结果表明，运用单元化生产既可以实现多品种小批量的生产要求，又能缩短生产周期、提高生产效率，对传统制造业生产方式的改造十分有效。这项研究成果对我国制造业实行精益生产具有一定的参考价值。

一、FLX公司机加工车间及其生产管理现状

（一）机加工车间现场布局分析

FLX公司机加工车间共分成三部分，A加工车间、B加工车间和C加工车间。A加工车间主要生产轴套、减速箱；B加工车间主要生产连接头；C加工车间主要生产减速箱和轴套。车间内分布有钻床、组合机床、数控机床等设备。共有数控机床28台、双头机床8台、组合机床16台、台式钻床47台、动力头钻10台、气动压床7台、加工中心34台、清洗机和烘干机各1台。车间建筑面积为3132 m^2，实际使用面积为1578.5 m^2，面积使用率为50.4%。

车间设备布局按照工艺原则布置（图5-1），将相似功能的设备集中布置在一起。由于

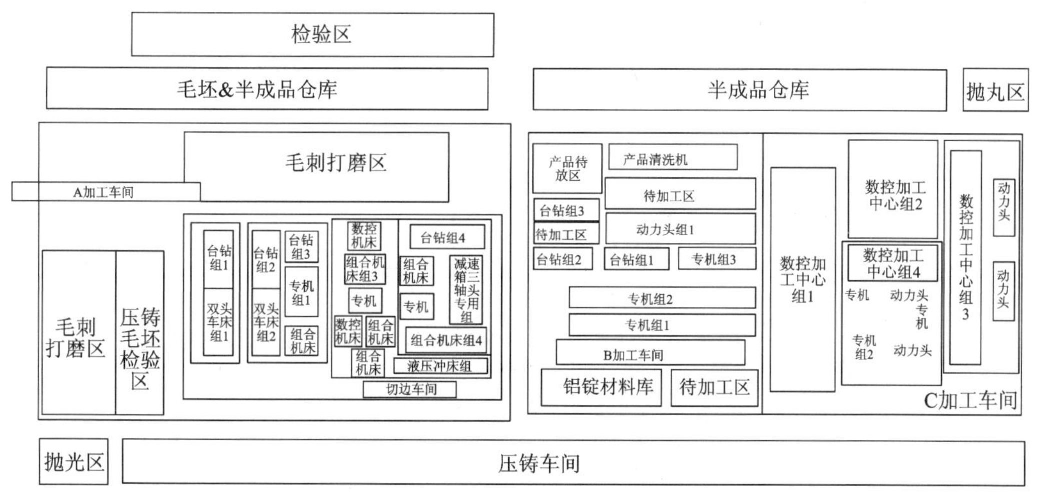

图5-1 机加工车间平面布置

车间设备布局和生产路线没有统一的规划，企业后期购置的设备都是见缝插针，随机安排，显得布局零乱，十分拥挤。这样的布局导致了各工序间物流迂回和相互交叉，导致生产周期长，在制品多，运输线路长、运输量增大，安全隐患增加等问题。很显然，现有的生产布局方式已经不能满足生产要求，严重制约了公司的发展。

（二）机加工车间物流路线分析

机加工车间生产产品种类较多，下面将以物流路线最长、产量最多的减速箱生产为例进行物流分析。减速箱的生产工艺流程如图5-2所示，过程中间主要的物料停滞次数为10次，搬运距离测算为484 m；在C车间的工艺流程与A车间相同，中间主要的物流停滞次数为10次，搬运距离测算为664 m。

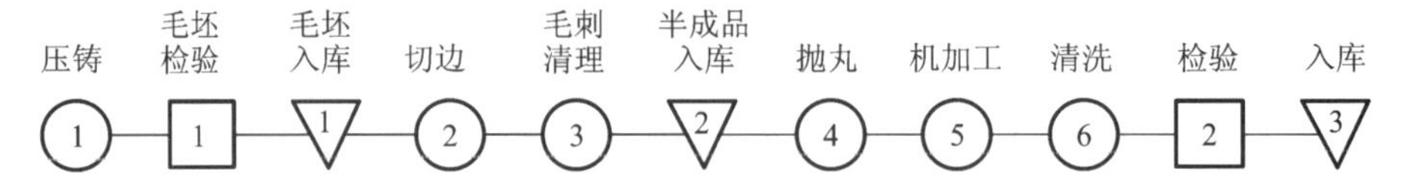

图5-2 减速箱加工主工艺路线

图5-3是减速箱物流路线图，从图中可以看出，产品从投入到产出需要3次出入毛坯和半成品仓库，物料流动横跨5个车间，物流路线纵横交错。这不仅延长了生产周期，同时也加大了物流搬运量和搬运距离。工序之间孤岛作业、物料重复搬运。每道工序批量加工完成后放入物料框，再由员工搬运到下一道工序，搬运次数多，工作反复，员工劳动强度增大。

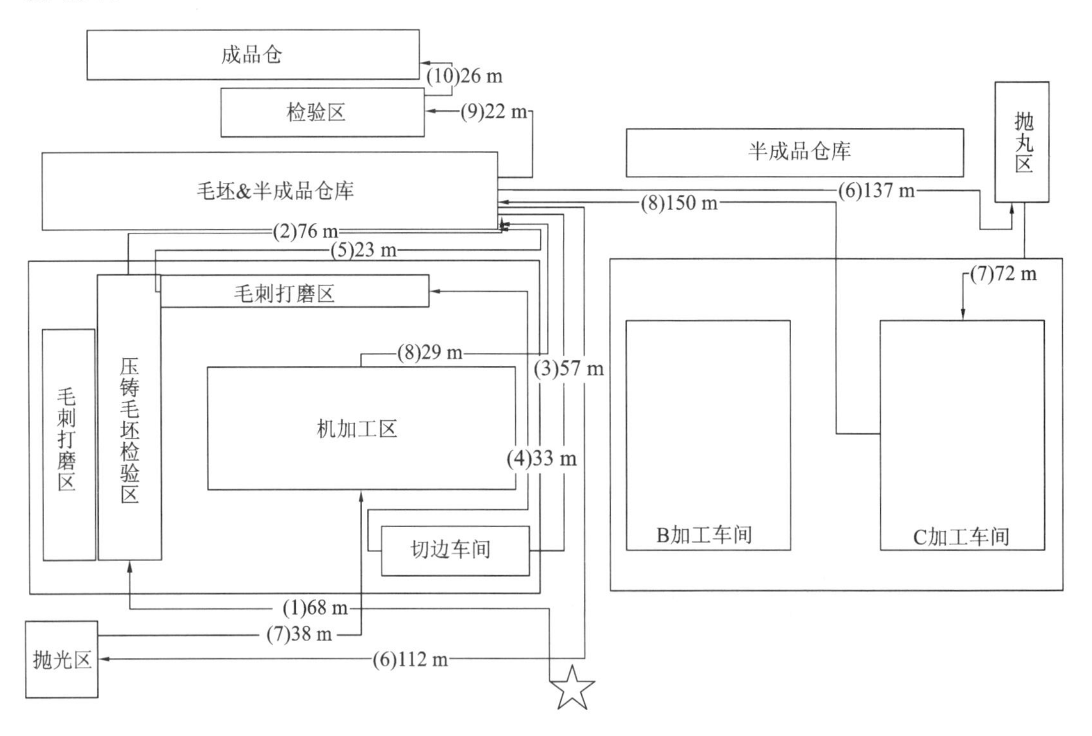

图5-3 减速箱物流路线

(三)机加工车间现场在制品分析

对车间日均在制品数量进行统计,如表5-1所示,机加工车间在制品占用现场面积357 m²。每日发货量为82600件,在制品周转天数为7.2 d。

表5-1 在制品统计

车间	A车间	B车间	C车间	合计
日均在制品数量(件)	166559	288509	139786	594854

注:按照平均每塑料盒放置100件产品计算,现场需要放置5949盒,按照每5盒堆垛计算,现场需要堆垛1190垛,按照每盒面积0.3 m²计算。

$$\text{在制品占用现场面积}=\frac{\text{在制品总数}\times 0.3}{100\times 5}=\frac{594854\times 0.3}{100\times 5}\approx 357\ \mathrm{m}^2 \tag{5-1}$$

$$\text{在制品周转天数}=\frac{\text{在制品总数}}{\text{公司日发货量}}=\frac{594854}{82600}\approx 7.2\ \mathrm{d} \tag{5-2}$$

由于车间采用了工艺布局方式,为保证车间正常运转,不得不增加机加工各道工序在制品用量,在制品分布示意图见图5-4。随处可见的在制品堆积使得物流运转不畅,生产现场混乱。

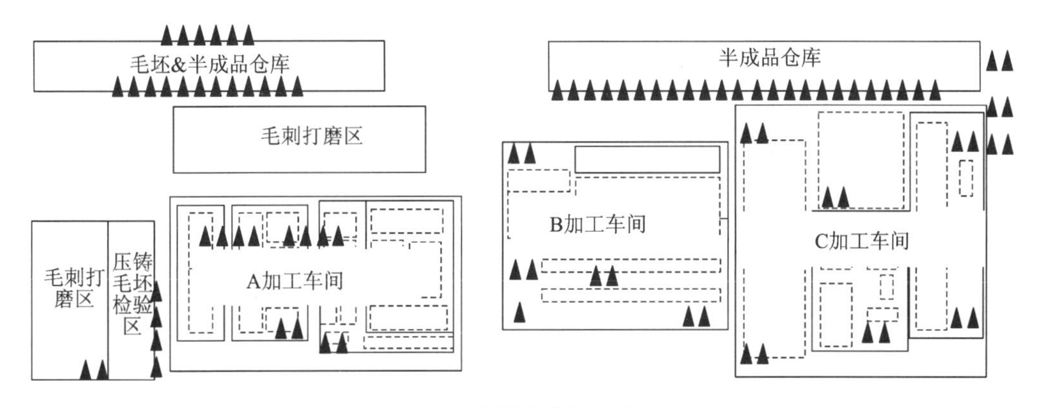

图5-4 在制品分布示意图

(四)机加工车间生产中存在的问题

经过上述分析,不难发现,FLX公司存在着制造业中普遍存在的典型问题,这些都成为需要改善的重点,问题如下:

第一,车间实际使用面积仅占建筑面积的50.4%,空间利用率低。车间已经不能再放置新的设备。通过增加设备和人员提高产能,车间空间已无空余。

第二,同类型设备布置独立成区,不同类型设备布置无规律,工艺布置方式,使得物料运输次数多,距离远,运送时间长,延长了生产周期。

第三,在制品大量堆积,占用了运输通道,导致物流、人流不畅,运输时间增长。且在制品不易管理,容易导致产品漏加工或产品成批出现问题。

在现有的厂房布局条件下,要提升车间30%的生产能力,不能光靠增大投入设备和人员,要通过推行精益生产,改变目前车间工艺布局方式,才能解决现场混乱、机加工不顺的问题,缩短物流路线,降低生产周期,提升作业效率,满足客户需求。机加工车间主要生产的产品减速箱、轴套和接头，虽然型号规格不同，但工艺流程相同，相同工序共用同一类加工设备，需要的员工基本相同，可以分别安排在同一加工单元。所以，目前拟采用单元化生产来进行分析、设计及改进。

二、机加工车间单元化生产制造单元设计

（一）机加工车间 P-Q 分析

1. P-Q 分析

通过原始数据收集，统计出该车间共有 206 种产品，产品分为五大类型，分别是减速箱类、连接头类、轴套类、固定板类和其他类。减速箱类有 48 种，连接头类有 57 种，轴套类有 92 种，固定板类有 4 种，其他类有 5 种。对产品产量数据进行 P-Q 分析，找出车间主要生产产品。根据车间最近 6 个月生产数据资料，绘制 Pareto 图（图 5-5）。

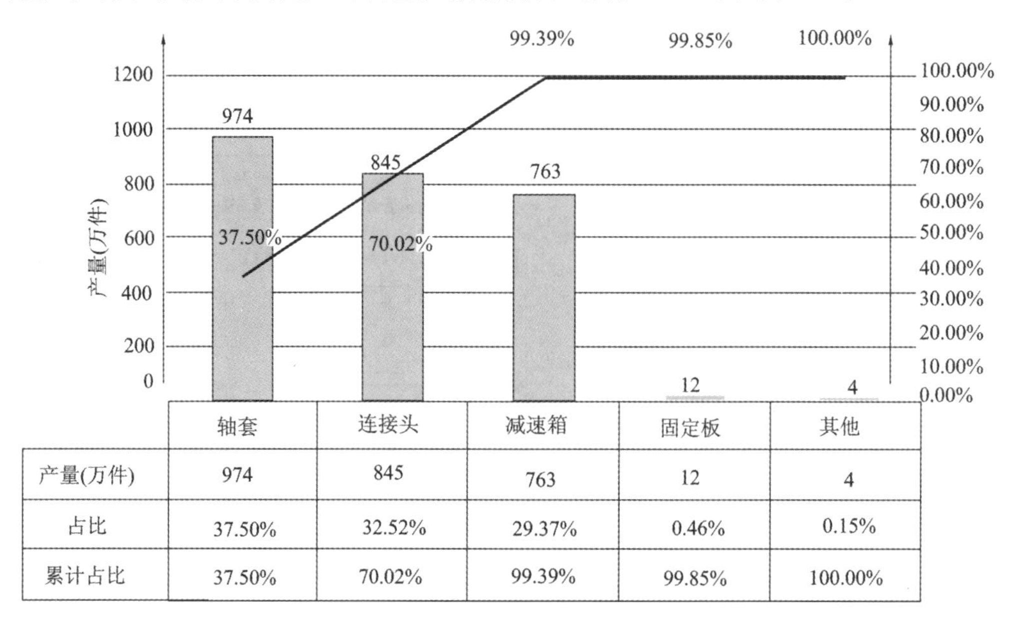

	轴套	连接头	减速箱	固定板	其他
产量(万件)	974	845	763	12	4
占比	37.50%	32.52%	29.37%	0.46%	0.15%
累计占比	37.50%	70.02%	99.39%	99.85%	100.00%

图 5-5　P-Q 分析 Pareto 图

从图 5-5 中可以看出，轴套类的产量占总产量 37.50%；连接头类占 32.52%；减速箱类占 29.37%。这三类的总占比已经达到 99.39%。固定板类和其他类产品产量占总产量的比例不超过 1%。而机加工车间减速箱、轴套、连接头三类产品占比量虽大，但减速箱类只有 48 种、连接头类有 57 种、轴套类有 92 种，单独生产某一品种产品占比最高不到总产量的 3%，批量小。FLX 公司产品类型属于多品种、小批量生产。

2. 设计机器单元

从 P-Q 分析中得出，机加工车间要实施精益生产，应从减速箱、轴套、连接头三类产品入手，对其进行单元化生产改造。通过对产品工艺矩阵图和产品工艺流程图进行分析，研究产品加工的相似性，将相似工艺的产品分类成组，设计出各组产品的机器单元。最后形成 5 组机器单元。

轴套类产品统一为一组，采用钻床组合数控机床或双头机床的形式进行组合加工。机器单元配置方式为钻床 1 台，数控机床或双头机床 1 台，人员配置 2 名。

连接头类产品为一组，采用动力头加工线和气压床结合的形式进行生产加工。机器单元配置方式为动力头加工线 1 条，气压床 1 台，人员配置 2 名。

减速箱类产品分成两组，普通减速箱采用钻床和组合机床加工形式生产，CNC 减速箱由数控加工中心生产。普通减速箱机器单元配置方式为钻床 3 台，组合机床 1 台，人员配置 4 名；CNC 减速箱机器单元配置方式为数控加工中心 1 台，操作工 1 名。

各类产品单元化生产改造是以各组机器单元为基础，设计工作单元。对机器单元的加工流程进行平衡性分析，提高人机匹配度，并对设备摆放和物流、人流路线进行重新设计。

（二）减速箱生产线单元化分析及设计

通过分析减速箱产品工艺路线，将减速箱产品分为两类。第一类是在 A 加工车间加工的，以 ZD5314-301 为代表的普通减速箱类，须经钻孔、攻丝、组合加工、再钻孔四道工序。第二类是在 C 加工车间加工的，以 95012-8 为代表的 CNC 减速箱类（只需在加工中心进行加工）。对这两类产品分别进行分析，为其制造单元配置设备与人员。

1. 普通减速箱类生产单元设计

1）时间测量及改善思路

普通减速箱所有产品加工工艺相同，选取其中产量最高的减速箱 ZD5314-301 进行分析。减速箱 ZD5314-301 的工艺见图 5-6。其中组合加工由员工装卸和机器加工组成。经时间测量，各工序标准时间见表 5-2。

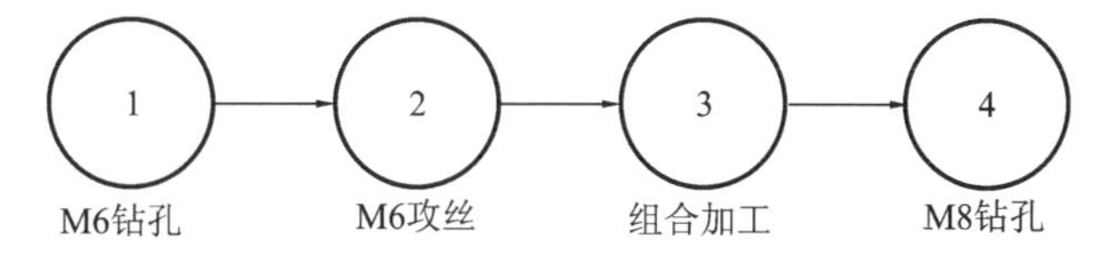

图 5-6　减速箱 ZD5314-301 机加工工艺

表 5-2　减速箱 ZD5314-301 加工工序时间测量

工序	作业单元	观测时间（s）										合计观测时间（s）	平均观测时间（s）	速度评定系数	正常时间（s）	宽放率	标准时间（s）
		1	2	3	4	5	6	7	8	9	10						
M6 钻孔		2.9	3.4	3.5	2.7	3.3	2.7	3.1	2.9	2.9	3.2	30.6	3.06	1	3.06	10%	3.4
M6 攻丝		4.1	4.0	4.0	3.4	4.0	3.6	3.7	3.4	4.4	3.4	38.0	3.80	1	3.80	10%	4.2
组合加工	装卸	2.5	2.5	3.0	3.2	2.7	2.9	2.9	2.7	3.0	3.0	28.3	2.83	1	2.83	10%	3.1
	机加工	9.0	9.0	8.9	9.1	9.0	8.9	9.0	9.0	9.0	9.1	90.0	9.00	—	—	—	9.0
M8 钻孔		4.2	4.6	4.3	4.1	4.5	4.5	4.1	4.4	4.3	4.3	43.3	4.33	1	4.33	10%	4.8

依表 5-2 中的数据绘出人机分析图（图 5-7）。从图 5-7 中看出，若一人完成减速箱的机加工工序，则员工完全没有空闲时间，而机器利用率偏低，分别为：1 号钻床 22%，2 号钻床 27%，组合机床 76%，M8 钻床 31%。且节拍时间大于瓶颈工序时间，见式（5-3）。

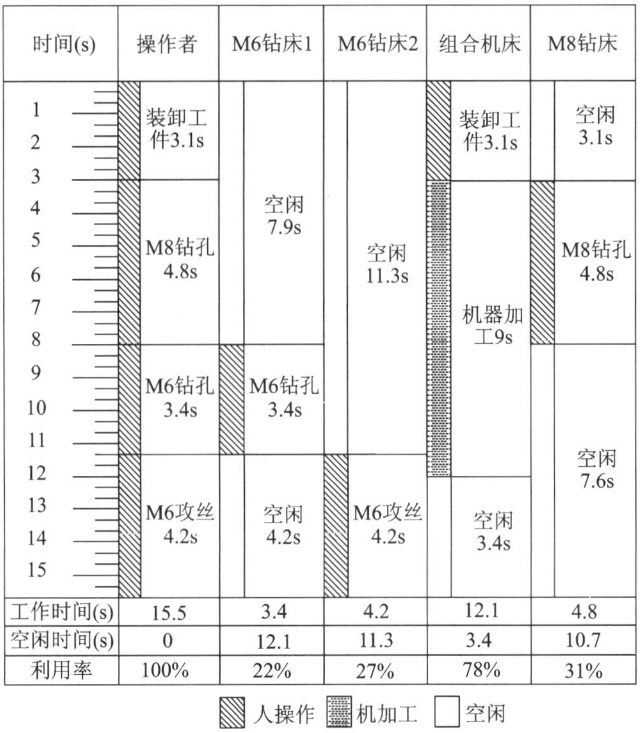

时间(s)	操作者	M6钻床1	M6钻床2	组合机床	M8钻床
1~15	装卸工件3.1s M8钻孔4.8s M6钻孔3.4s M6攻丝4.2s	空闲7.9s M6钻孔3.4s 空闲4.2s	空闲11.3s M6攻丝4.2s	装卸工件3.1s 机器加工9s 空闲3.4s	空闲3.1s M8钻孔4.8s 空闲7.6s
工作时间(s)	15.5	3.4	4.2	12.1	4.8
空闲时间(s)	0	12.1	11.3	3.4	10.7
利用率	100%	22%	27%	78%	31%

人操作　机加工　空闲

图 5-7　改善前人机分析图

节拍时间＝员工工作时间 15.5 s＞组合机床工作时间＝瓶颈工序时间＝12.1 s　(5-3)

因此，使用 ECRS 原则提出改善点，对工艺进行改善，以缩短员工工作时间。

2)使用 ECRS 原则提出改善点

改善点主要通过增添工装夹具来达到缩短员工操作时间的目的。

改善点一，在 M6 钻孔攻丝工序中增加动力头钻和工装滑轨，见图 5-8。操作者在装卸完成后，按下电钮，机器便自行完成钻孔、攻丝两道工序，节省一次装夹操作。员工操作时间降低到 3.2 s。

图 5-8　工装滑轨与动力头钻

改善点二，在 M8 钻孔工序增加动力头钻和夹具，省去员工手扶动作，减少员工操作时间，见表 5-3。

表 5-3　减速箱 ECRS 改善方案

工序	原工序时间(s)	问题描述	ECRS 方法	具体方案	改善后工序名称	改善后工序时间(s)
M6 钻孔	3.4	两个 M6 工序需要两次装卸	合并	增加动力头钻与工装滑轨	M6 钻攻(装卸)	3.2
M6 攻丝	4.2				M6 钻攻(机器加工)	5.1
组合加工	12.1				组合加工	12.1
M8 钻孔	4.8	加工时需手扶工件	简化	增加动力头钻与夹具	M8 钻孔	4.1

改善后 M6 工序由手持加工变为设备自行加工的工序，节省员工手持产品的操作时间。改善后工艺见图 5-9，工序标准时间见表 5-4。

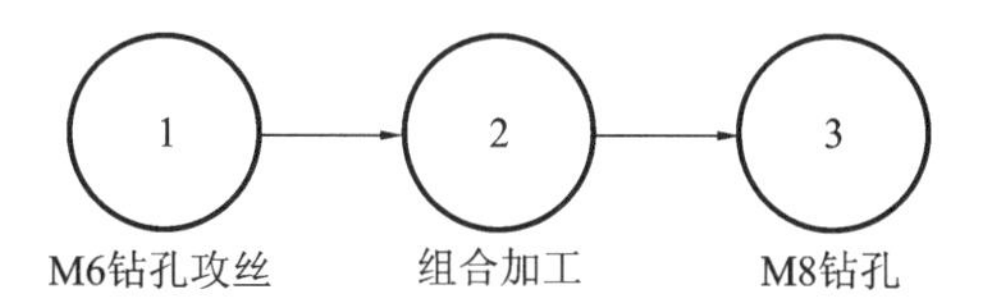

图 5-9　改善后工艺

表 5-4　改善后生产减速箱 ZD5314-301 标准时间

工序	观测时间(s)										合计观测时间(s)	平均观测时间(s)	速度评定系数	正常时间(s)	宽放率	标准时间(s)
	1	2	3	4	5	6	7	8	9	10						
M6 钻攻(装卸)	2.8	2.8	3.1	2.8	2.8	2.9	2.9	2.8	2.8	3.1	28.9	2.89	1	2.89	10%	3.2
M6 钻攻(机器加工)	5.1	5.1	5.1	5.1	5.1	5.2	5.0	5.1	5.1	5.1	51.0	5.10	—	—	—	5.1
M8 钻孔	3.7	3.9	3.8	3.6	3.7	3.7	3.7	3.6	3.6	3.9	37.1	3.71	1	3.71	10%	4.1

3)改善后人员设备配置

经过工装夹具的改善后，一人即可完成三道工序的加工，还有 1.7 s 的空闲。改善后人机分析图见图 5-10。改善后设备利用率大幅提升，改善效果见表 5-5。

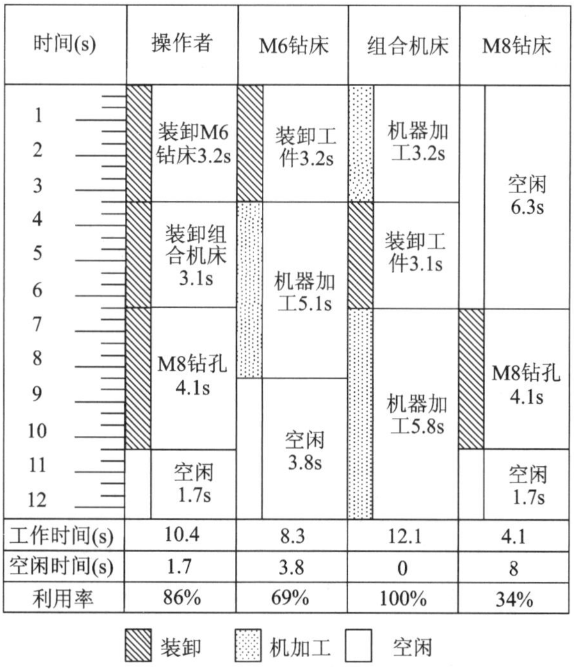

时间(s)	操作者	M6钻床	组合机床	M8钻床
1—12	装卸M6钻床3.2s（装卸）；装卸组合机床3.1s（装卸）；M8钻孔4.1s（装卸）；空闲1.7s（空闲）	装卸工件3.2s（装卸）；机器加工5.1s（机加工）；空闲3.8s（空闲）	机器加工3.2s（机加工）；装卸工件3.1s（装卸）；机器加工5.8s（机加工）	空闲6.3s（空闲）；M8钻孔4.1s（装卸）；空闲1.7s（空闲）

	操作者	M6钻床	组合机床	M8钻床
工作时间(s)	10.4	8.3	12.1	4.1
空闲时间(s)	1.7	3.8	0	8
利用率	86%	69%	100%	34%

装卸　机加工　空闲

图 5-10　改善后人机分析图

表 5-5　改善效果

指标		改善前	改善后	效果
设备利用率	M6 钻床 1	22%	69%	提升 47%
	M6 钻床 2	27%	被合并	—
	组合机床	78.00%	100%	提升 22%
	M8 钻床	31%	34%	提升 3%
人员利用率		100%	86%	降低 14%
节拍		15.5s	12.1s	减少 22%

最终，普通减速箱类产品的制造单元配置为：1 台改造后的 M6 钻床，1 台组合机床，1 台 M8 钻床，操作者 1 人。为减少空走浪费，设备呈 U 形布局，见图 5-11。节拍为 12.1 s（组合机床加工时间），依此计算产能为 8 小时生产 2380 件，见式(5-4)。

$$日产量=日工作时间(8h)\div节拍=8\times3600\div12.1=2380(件) \tag{5-4}$$

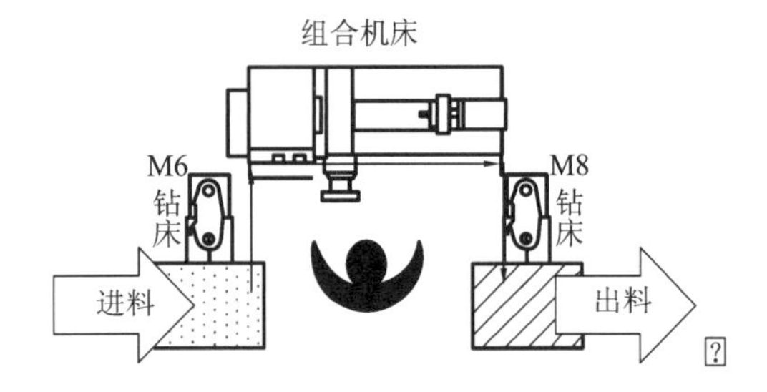

图 5-11　普通减速箱布局

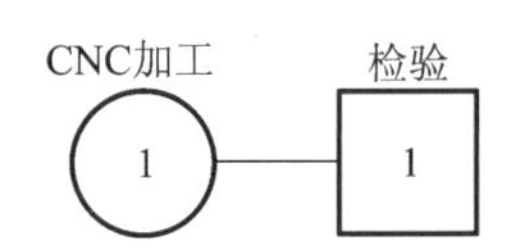

图 5-12　CNC 减速箱工艺

2. CNC 减速箱类制造单元设计

与普通减速箱类相同，选取 CNC 减速箱类产品中产量最高的减速箱 95012-8 进行生产工序时间测量。其工艺见图 5-12，工序时间见表 5-6。

表 5-6　减速箱 95012-8 工序时间

作业单元	观测时间(s)										合计观测时间(s)	平均观测时间(s)	速度评定系数	正常时间(s)	宽放率	标准时间(s)
	1	2	3	4	5	6	7	8	9	10						
装卸	18.6	20.0	17.9	18.6	18.2	18.8	18.1	18.2	18.4	18.5	185.2	18.52	1	18.52	10%	20.4
机器加工	260.3	259.6	260.0	259.8	260.7	260.0	259.8	260.0	260.6	259.8	2600.6	260.06	—	—	—	260.1
检验	35.6	35.7	35.7	35.5	36.5	36.2	35.5	35.9	36.4	35.8	358.7	35.87	1	35.87	10%	39.5

依据表 5-6 数据绘出人机分析图，见图 5-13。按一人四机配置，机器利用率为 100%，人员利用率为 85%，使用率较高，无须再改进。周期时间为 280.5 s，一周期内操作者有约 40 s 的空闲时间。

CNC 减速箱类产品的配置为：加工中心 4 台，操作者 1 人。设备布局见图 5-14。一台加工中心一次可装夹两件产品，计算产能得 821 件，见式(5-5)和式(5-6)。

$$节拍=周期时间\div机器数量\div机器装夹数=280.5\div4\div2=35.1(s) \quad (5\text{-}5)$$

$$日产量=日工作时间(8h)\div节拍=8\times3600\div35.1=821(件) \quad (5\text{-}6)$$

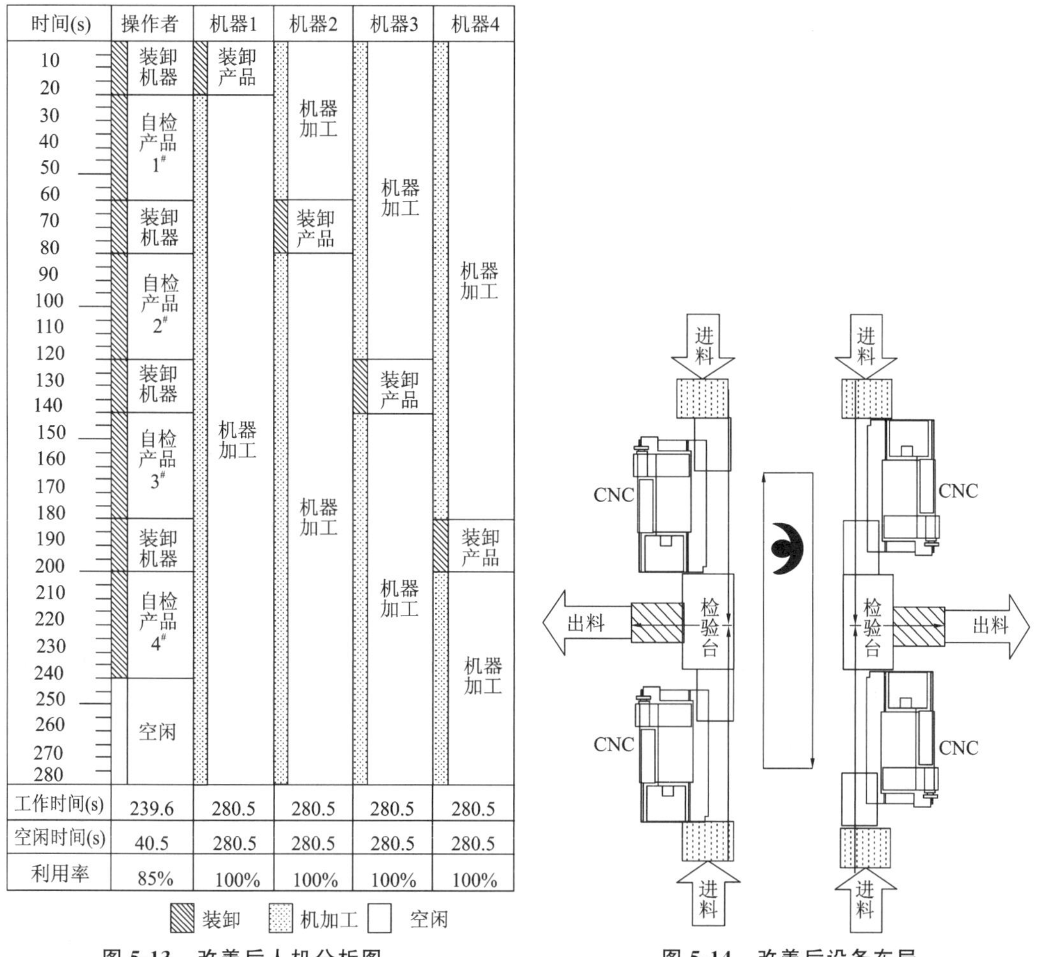

图5-13　改善后人机分析图

图5-14　改善后设备布局

(三)轴套生产线单元化

设计轴套工作单元,需要对轴套的机器单元进行优化。经调查,轴套工艺流程如图5-15所示。为此,选取产量最高的轴套CT490C-301作为代表产品,分析其工序时间。

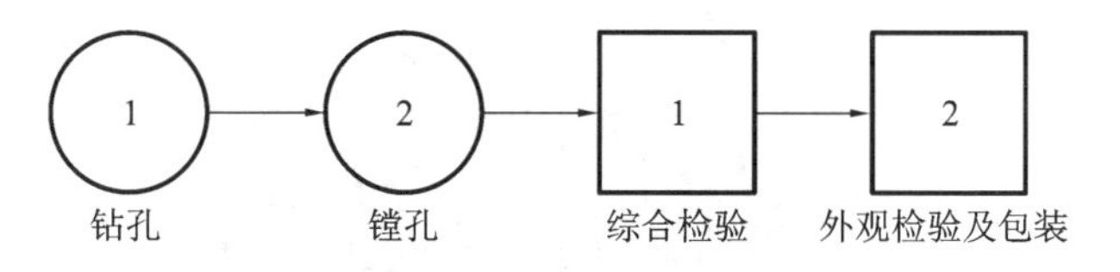

图5-15　轴套工艺流程

1. 时间测量及改善思路

经时间测量,轴套CT490C-301各工序的标准时间为:钻孔2.5 s,镗孔9.3 s(其中装卸3.3 s)、综合检验6.9 s、外观检验及包装6.3 s。轴套类产品时间测量详见表5-7。

表 5-7　轴套类产品时间测量

工序	作业单元	观测时间(s)										合计观测时间(s)	平均观测时间(s)	速度评定系数	正常时间(s)	宽放率	标准时间(s)
		1	2	3	4	5	6	7	8	9	10						
钻孔		2.7	1.3	1.8	2.0	1.9	2.4	2.7	2.7	3.3	3.0	23.8	2.38	1	2.38	10%	2.5
镗孔	装卸	3.1	2.4	3.5	2.8	2.2	3.0	3.2	3.3	3.5	2.7	29.6	2.96	1	2.96	10%	3.3
	机加工	6.0	5.4	5.8	6.8	6.5	5.8	6.0	6.6	6.6	5.4	60.9	6.09	—	—	—	6.1
综合检验		6.0	6.1	6.3	6.3	6.3	6.1	6.8	6.4	5.7	6.4	62.5	6.25	1	6.25	10%	6.9
外观检验及包装		6.4	6.0	5.7	6.1	4.6	5.6	6.1	5.6	6.2	5.4	57.5	5.75	1	5.75	10%	6.3

其中，标准时间的计算见式(5-7)，平衡率的计算见式(5-8)。

$$\text{标准时间}=\text{正常时间}+\text{宽放时间}=\text{正常时间}\times(1+\text{宽放率}) \tag{5-7}$$

$$\text{平衡率}=\frac{\text{完成作业所需的时间总量}}{\text{实际工作地点数}\times\text{瓶颈时间}}=\frac{\sum_{i=1}^{4}t_i}{N\cdot C} \tag{5-8}$$

$$=(2.5+9.4+6.9+6.3)/(4\times9.4)$$

$$=66.76\%$$

经过时间测量，发现问题，钻孔工序加工时间仅为 2.5 s，在瓶颈时间(9.4 s)内，钻床基本处于空闲状态。而钻孔是钻通压铸合模壁，可以在镗孔时钻通。考虑合并钻孔和镗孔两道工序。由式(5-8)可知，轴套生产平衡率为 66.76%，瓶颈工序是镗孔，加工时间为 9.4 s，考虑缩短其工序时间。

2. 使用 ECRS 原则提出改善点

使用 ECRS 原则进行提问，做出两点改善。

改善点一，购买通孔镗孔组合刀，在原镗孔的双头车床上完成钻孔、镗孔两道工序。可一次性加工完成两道工序，减少一次装夹时间。

改善点二，在双头车床中，重新设计自动伸缩台和两个夹具，使得一次可双手操作装夹两件产品，见图 5-16。加工完一件产品后，无须装卸，可缩短单件产品的加工时间。

图 5-16　自动伸缩台及夹具

改善后轴套工艺流程见图 5-17，因只对钻镗孔工艺进行了改善，不再测量综合检验、外观检验及包装两道工序的时间。镗孔时间见表 5-8。

1
1
2
钻镗孔
综合检验
外观检验及包装

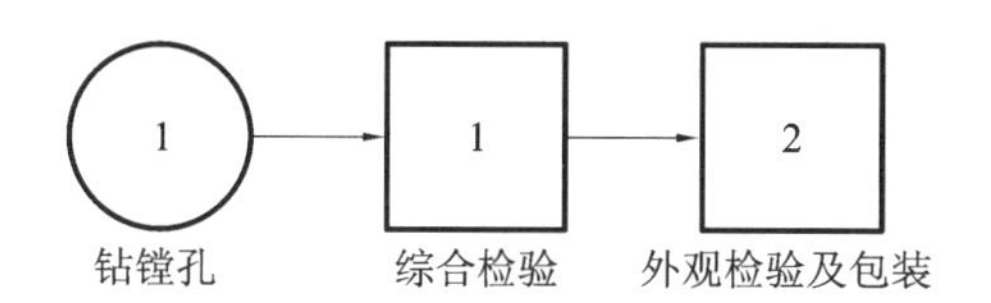

图 5-17　改善后轴套工艺流程

表 5-8　轴套类产品镗孔时间测量

工序	观测时间(s)										合计观测时间(s)	平均观测时间(s)	速度评定系数	正常时间(s)	宽放率	标准时间(s)
	1	2	3	4	5	6	7	8	9	10						
镗孔(装卸)	3.5	4.3	4.0	4.1	3.5	3.9	3.5	2.7	3.7	3.9	37.2	3.72	1	3.72	10%	4.1
镗孔(加工)	11.9	11.6	11.6	12.8	11.6	12.1	11.9	11.7	11.9	11.5	118.6	11.86	—	—	—	11.9

依据表5-8的工序时间，可绘出一人三机的轴套人机分析图，见图5-18。

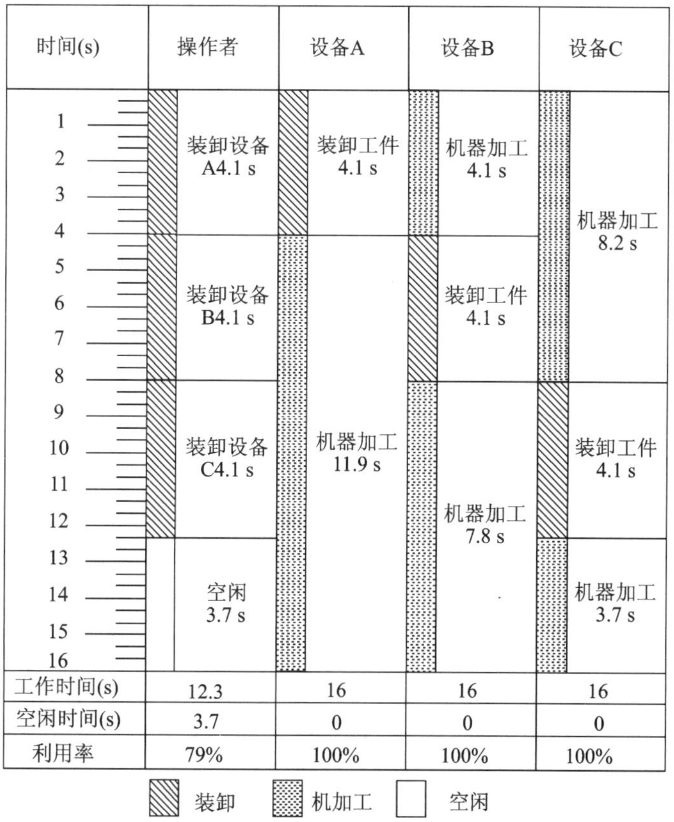

时间(s)
操作者
设备A
设备B
设备C
1
2
3
4
5
6
7
8
9
10
11
12
13
14
15
16
装卸设备 A4.1 s
装卸设备 B4.1 s
装卸设备 C4.1 s
空闲 3.7 s
装卸工件 4.1 s
机器加工 11.9 s
机器加工 4.1 s
装卸工件 4.1 s
机器加工 7.8 s
机器加工 8.2 s
装卸工件 4.1 s
机器加工 3.7 s
工作时间(s)
12.3
16
16
16
空闲时间(s)
3.7
0
0
0
利用率
79%
100%
100%
100%
装卸
机加工
空闲

图 5-18　轴套人机分析图

3. 最终布局

在进行单元布局时发现一人三机使后工序的检验台难以布置，故变更为一人二机。最后CT490C-301轴套的单元人员与设备的配置为：人员3人，镗床2台，检验台2张。为缩短镗床操作者走动距离，将两个工作单元紧密布置，如图 5-19 所示。产品完成镗孔工序后往中间检验包装工序传送，通过检具和外观全检后装箱入库；实现机加工后产品直接装箱入库。

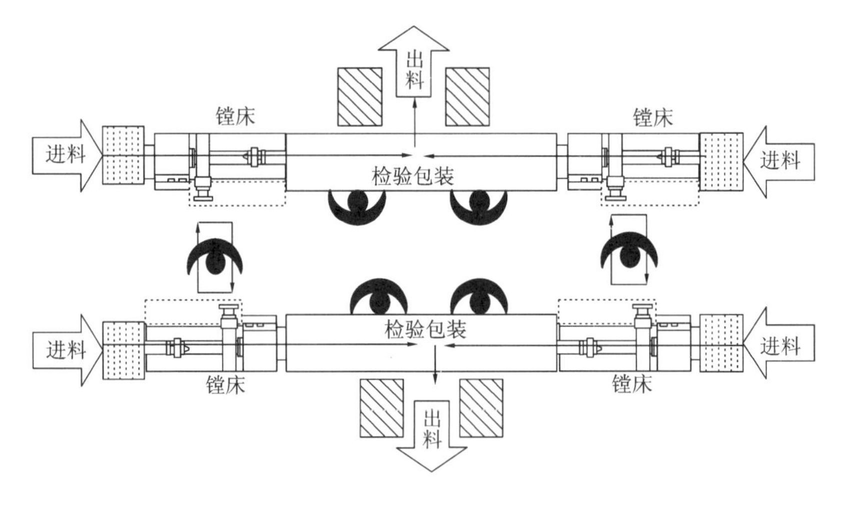

图 5-19　轴套布局图

最终布局的平衡率为 88.33%，计算见式(5-9)。

$$
\begin{aligned}
\text{平衡率} &= \frac{\text{完成作业所需的时间总量}}{\text{实际工作地点数}\times\text{瓶颈时间}} = \frac{\sum_{i=1}^{3} t_i}{N\cdot C} \\
&= \frac{\frac{4.1+11.9}{2}+6.9+6.3}{3\times\frac{4.1+11.9}{2}} = 88.33\%
\end{aligned} \tag{5-9}
$$

镗孔工序的加工时间为 8 s，仍为产线的瓶颈时间。

（四）连接头生产线单元化

1. 连接头产品工艺分析与时间测量

经调查，连接头工序如图 5-20 所示，锥度孔和轴孔工序由 1 名员工进行操作，销孔和平头由 1 名员工进行操作，后面 4 道工序除清洗工序在原有的清洗机处集中清洗外均由 1 名员工操作。为对生产设备按单元式生产方式重新布局，需购买小型清洗机。故除清洗工序外，要对各道工序进行时间测量及时间研究。

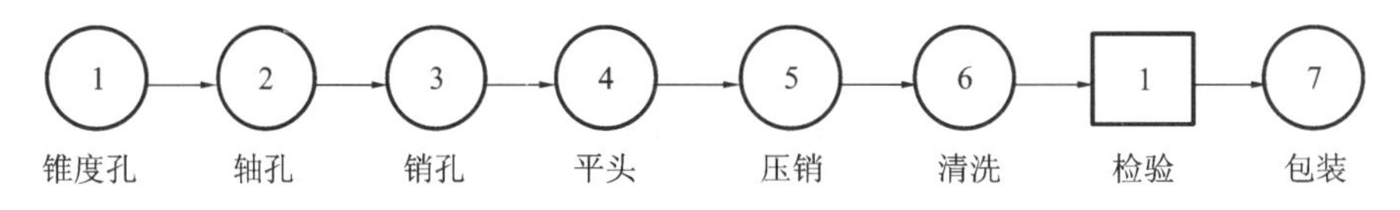

图 5-20　连接头工序

在原始数据搜集过程中，采用误差界限法确定观测次数，再用周程测时法测出机加工各道工序的操作时间。运用三倍标准差法剔除异常数据后，计算平均值得到观测时间，经过速度评定和时间宽放，最终得到正常时间和标准时间，整合数据如表 5-9 所示。

表 5-9　连接头类产品工艺时间测量

工序	观测时间(s)										合计观测时间(s)	平均观测时间(s)	速度评定系数	正常时间(s)	宽放率	标准时间(s)
	1	2	3	4	5	6	7	8	9	10						
钻锥度/轴孔	7.0	7.1	7.2	6.9	6.9	7.1	7.2	7.3	6.8	6.9	70.5	7.05	1	7.05	10%	7.7
销孔/平头	6.5	6.7	6.9	6.4	6.6	6.7	6.5	7.0	8.0	6.7	67.8	6.78	1	6.78	10%	7.3
压销	3.7	3.9	3.8	4.0	4.3	3.9	4.5	3.4	4.4	3.9	39.8	3.98	1	3.98	10%	4.4
检验	6.3	6.8	6.4	6.5	6.0	6.3	6.0	6.6	6.5	6.5	63.9	6.39	1	6.39	10%	7.0
包装	5.7	5.3	5.3	5.1	5.5	5.4	5.5	5.3	5.6	5.3	54.1	5.41	1	5.41	10%	6.0

产线平衡率计算见式(5-10)。

$$
\begin{aligned}
W &= \sum(t_i \cdot s_i) \div (t_0 \cdot a) \\
&= (7.7\times1+7.3\times1+4.4\times1+7.0\times1+6.0\times1)\div(7.7\times5) \qquad (5\text{-}10)\\
&= 84.16\%
\end{aligned}
$$

式中　W——产线平衡率；

t_i——第 i 工位作业时间；

s_i——第 i 工位的定员数；

t_0——装配线的节拍；

a——装配线的定员数。

配置员工 5 人，节拍为 7.7 s，平衡率为 84.16%，平衡性较高，各工序工作负荷基本一致。要降低连接头的生产周期，只能通过优化瓶颈工序，使节拍时间降低，缩短生产周期。

2. 使用 ECRS 原则提出改善点

通过对生产机加工工艺不断分析、实践和优化，来达到更高的生产效率。针对连接头机加工车间出现的生产问题，运用 5W1H 提问技术和 ECRS 原则对连接头的锥度孔、轴孔、销孔、平头、压销 5 道机加工工序进行分析及工艺改进，制订改善方案，见表 5-10。

表 5-10　连接头 ECRS 分析改善方案

<table>
<tr><th>工序</th><th>工序时间(s)</th><th>问题描述</th><th>改善方法</th><th>ECRS</th><th>改善后时间(s)</th></tr>
<tr><td>钻锥度/轴孔</td><td>7.7</td><td rowspan="2">轴孔与销孔加工的是同一平面的两个孔，需要装夹两次</td><td rowspan="2">轴孔与销孔之间设计工装导槽</td><td rowspan="2">合并</td><td>6</td></tr>
<tr><td>销孔/平头</td><td>7.3</td><td>5.9</td></tr>
<tr><td rowspan="2">压销</td><td rowspan="2">4.4</td><td>压销时，工装下压，导致产品被压伤</td><td>在模具里装缓冲胶垫</td><td>简化</td><td rowspan="2">3.8</td></tr>
<tr><td>销子需要逐个手动上销，员工有对准动作，效率低</td><td>引进销子自动排序机，实现自动上销</td><td>简化</td></tr>
<tr><td>清洗</td><td>—</td><td>单元化生产要求需要进行随线清洗</td><td>配置小型清洗机随线清洗产品</td><td>重排</td><td>—</td></tr>
</table>

根据连接头工艺程序图(图 5-20)，运用 ECRS 原则进行提问后分析。

具体问题描述及改善方案如下。

(1)问题:各工序工装为手动夹紧,手动夹紧过程消耗时间。夹紧与机器加工开关需要两次按钮动作。

改善方案:各工序新增气动装夹装置,实现自动夹紧,并将夹紧开关与动力头开关合并,一个开关控制夹紧与机器加工,减少一次按钮动作。

(2)问题:轴孔与销孔加工是用一样的工装,加工两个孔时需要做两次装夹。

改善方案:在轴孔和销孔工序之间设计工装导槽,工装在两台设备间平移,实现轴孔与销孔之间连续加工。

(3)问题:压销工序员工须对准销孔手动上销,效率不高。另外,压销子时,工装下压,易压伤产品。

改善方案:引进销子自动排序机,实现自动上销,消除上销动作,并在模具里装缓冲胶垫。

为配置生产单元,须购买小型清洗机对产品进行线上清洗。根据清洗机厂商提供的资料,清洗机有两个清洗框,清洗工件过程中,一个清洗框放置正在清洗的产品,另一清洗框放置清洗完毕的产品,等待下一工序取用。清洗过程实现了批量清洗,故改善后工艺时间研究表不包含清洗工序时间。

对动力头线进行改造,在轴孔和销孔工序间设计工装导槽在设备间工装平移,实现轴孔与销孔加工同时进行,大幅度减少了轴孔和销孔工序间的在制品,操作员工由原来两人减至一人,降低了人力成本,缩短了两道工序的加工时间。

机加工工艺改善后工艺流程无变化,参见原工序图(图 5-20)。对各道工序重新进行时间测量及时间研究,数据如表 5-11 所示。

表 5-11 改善后连接头工艺时间

工序	观测时间(s)										合计观测时间(s)	平均观测时间(s)	速度评定系数	正常时间(s)	宽放率	标准时间(s)
	1	2	3	4	5	6	7	8	9	10						
钻锥度/轴孔	5.5	5.2	5.6	5.4	5.6	5.5	5.5	5.3	5.2	5.4	54.1	5.41	1	5.41	10%	6.0
销孔/平头	5.6	5.4	5.1	5.2	5.2	5.4	5.2	5.6	5.4	5.4	53.4	5.34	1	5.34	10%	5.9
压销	3.8	3.9	3.6	3.6	3.7	3.5	3.2	3.3	3.4	3.8	35.8	3.58	1	3.58	10%	3.8
检验	6.3	6.8	6.4	6.5	6.0	6.3	6.0	6.6	6.5	6.5	63.9	6.39	1	6.39	10%	7.0
包装	5.7	5.3	5.3	5.1	5.5	5.4	5.5	5.3	5.6	5.3	54.1	5.41	1	5.41	10%	6.0

根据式(5-10)计算产线平衡率如下:

$$\text{平衡率} = \sum (t_i \cdot s_i) \div (t_0 \cdot a)$$

$$= (6.0\times1+5.9\times1+3.8\times1+7.0\times1+6.0\times1) \div (7.0\times5)$$

$$=82\%$$

$$\text{改善前日生产能力} = (8\times60\times60)\div7.7$$

$$=3740(\text{件/日})$$

$$\text{改善后日生产能力} = (8\times60\times60)\div7$$

$$=4114(\text{件/日})$$

改善效果如表 5-12 所示。

表 5-12　改善效果对比(一)

指标	改善前	改善后	效果
平衡率(%)	84.16	82	降低 2.16
员工数(人)	5	4	减少 1
节拍(s)	7.7	7	降低 0.7
生产能力(件/日)	3740	4114	提升 374

3. 最终布局

如上所述,清洗机属批量加工,一台清洗机可满足多条产线的清洗需求,但为便于布局,此处每两条产线配置一台清洗机。故生产单元设备配置为:两条动力头线,两台气动压机,一台小型超声波清洗机,一张检验桌,一张包装桌。上文所述产线指标变为:节拍 3.5 s,日产能 8228 件,人员 6 人。连接头布局如图 5-21 所示。

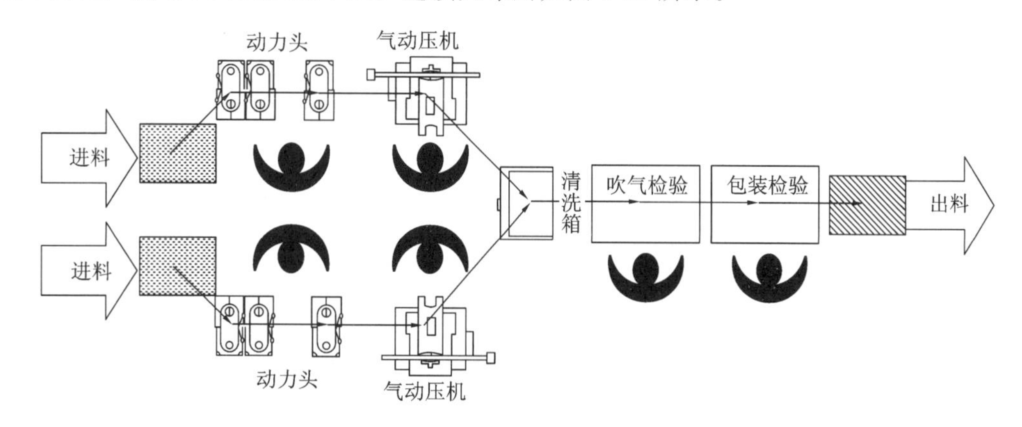

图 5-21　连接头布局

三、单元化布局设计改善

(一)确定单元标准节拍和设备数

设计出各产品工作单元后,得出工作单元的节拍、设备配置数量、人员配置数量及生产物流的路线(见表 5-13、表 5-14)。

表 5-13　三大类产品工作单元基础信息

产品名称	加工区	节拍(s)	员工数(名)	单元占地面积(m^2)
减速箱	CNC	35.1	1	40
	B	12.1	1	8
轴套	A	6.9	3	20
连接头	A	3.5	6	15

表 5-14　三大类产品工作单元设备配置

产品名称	加工区	人员数（名）	加工中心（台）	组合机床（台）	台式钻床（台）	双头机床/数控机床（台）	动力头（条）	气动压机（台）	清洗机（台）	镗床（台）
减速箱	CNC	1	4							
	B	1		1	2					
轴套	A	3								2
连接头	A	6					2	2	1	

（二）根据市场需求确定单元数

根据上半年三大类系列产品加工产量，按未来产量预期年增长 30%测算，结合现开班班次需求，计算出三大类产品族的需求节拍，见表 5-15。

$$需求节拍=\frac{每月工作天数\times需求班次\times单班时间\times60\times60}{下一年每月需求产量} \tag{5-12}$$

表 5-15　下一年产品需求节拍计算表

产品名称	加工区	每月工作天数（d）	需求班次	单班时间(h)	下一年每月需求量(件)	需求节拍（s）
减速箱	CNC	26	2	8	293802	5.1
	B	26	1	8	532286	1.4
轴套	A	26	1	8	1055176	0.7
连接头	A	26	1	8	914922	0.8

为了实现未来机加工产能提升，在满足现场生产情况下，按式(5-13)计算所需设置单元数(取整数)，见表 5-16。

$$实际所需单元数=\frac{标准节拍}{需求节拍} \tag{5-13}$$

表 5-16　2016 年所需设置单元数

产品名称	加工区	需求节拍(s)	标准节拍(s)	实际所需单元数
减速箱	CNC	5.1	35.1	7
	B	1.4	12.1	9
轴套	A	0.7	6.9	10
连接头	A	0.8	3.5	5

（三）确定设备数

为满足生产需求，还须计算现有设备是否能够满足未来生产单元的设置。根据各产品生产单元所需的设备数和实际所需的单元数，计算现有设备与所需设备的差异，详见表 5-17。

表 5-17　车间需配置设备数

产品名称	节拍(s)	人员数(名)	加工中心(台)	组合机床(台)	台式钻床(台)	双头机床/数控机床(台)	动力头(条)	气动压机(台)	清洗机(台)	第一年实际所需单元数
减速箱	35.1	1	4	—	—	—	—	—	—	7
	12.1	1	—	1	3	—	—	—	—	9
轴套	6.9	3	—	—	—	2	—	—	—	10
连接头	3.5	6	—	—	—	—	2	2	1	5
总计	—	76	28	9	27	10	8	8	5	31
现有数量	—	146	34	16	47	36	16	7	1	—
差异	—	70	6	7	20	26	8	−1	−4	—

(四)确定布局形式

根据计算出的单元数,结合不同类型单元与厂房情况,重新进行布置,布置情况如图 5-22所示。新的布局按产品分区后,依次布置加工单元。

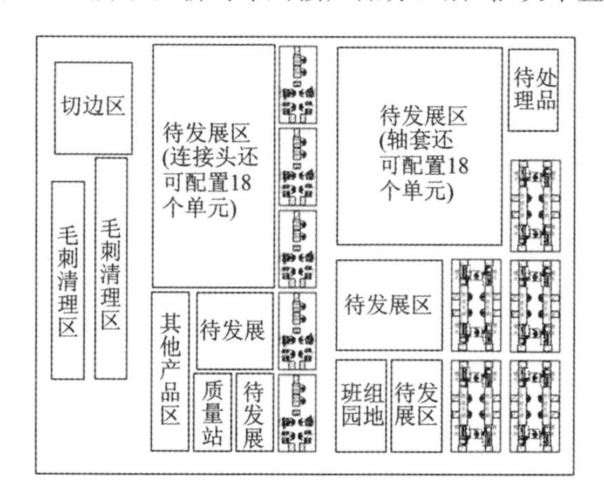

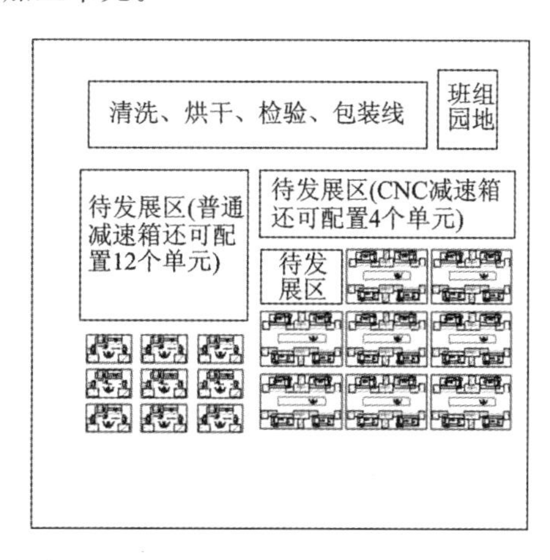

图 5-22　机加工车间新布局示意

机加工车间使用面积由原来的 1578.5 m^2 下降到 637 m^2,节省了 941.5 m^2。若工厂一直按每天单班制度进行生产,待发展区足够 3 年增加单元数提升产能,或将员工工作制度全部改成双班制,设备数就能够减半。现在的设备数,可以满足 3 年内增长的市场需求,见表 5-18。

表 5-18　未来三年设备总数

设备名称	现有数量	第一年	差异	第二年	差异	第三年	差异
人员数(名)	146	76	70	96	50	126	20
加工中心(台)	34	28	6	36	−2	48	−14
组合机床(台)	16	9	7	12	4	15	1

续表

设备名称	现有数量	第一年	差异	第二年	差异	第三年	差异
台式钻床(台)	47	27	20	36	11	45	2
双头机床/数控机床(台)	36	10	26	26	10	34	2
动力头(条)	16	8	8	12	4	16	0
气动压机(台)	7	8	−1	12	−5	16	−9
清洗机(台)	1	5	−4	6	−5	8	−7

机加工车间的物流路线由原来的毫无规律、杂乱无章，重新规划后，物流路线呈现三横三纵。物料每日开班时，一次配送一班的量上线。下班时，成品统一运送回仓库。

1. 改善结果分析

第一，使用ECRS原则分析改善后，减速箱、轴套、连接头三大产线的生产节拍分别降低了3.4 s、2.5 s、0.7 s，缩短了产品加工的周期。

第二，通过单元化布局，车间重新进行了调整和规划，三个车间共减少了70人的人员配置。

第三，通过推行精益生产，使在制品数量由原来的594854件缩减至107546件[式(5-14)]，减少了48.7万件。

$$\begin{aligned}\text{车间每日在制品数}&=\text{车间日产能}=\frac{\text{车间月产能}}{\text{每月工作天数}} \\ &=\frac{\text{A 车间月需求量}+\text{B 车间月需求量}+\text{C 车间月需求量}}{\text{每月工作天数}} \\ &=\frac{(293802+532286)+1055176+914922}{26} \\ &=107546(\text{件})\end{aligned} \tag{5-14}$$

第四，机加工车间的物流路线由原来的混乱无规律，规划成了三横三纵物流通道进行物料运送，物料和产品每4小时运送一次，见图5-23。

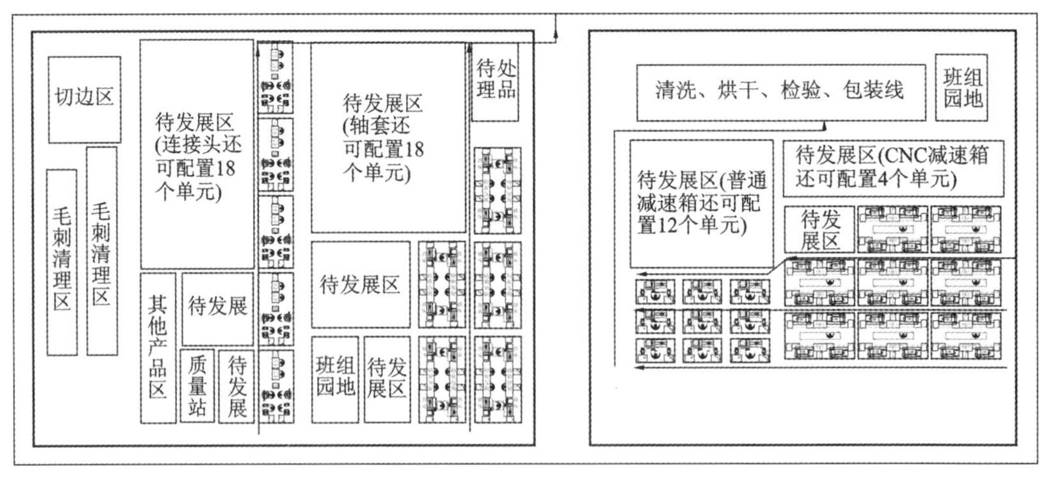

图5-23 机加工车间新布局示意图

改善实施后，可达到以下的效果，见表5-19。

表5-19　改善前后效果对比(二)

序号	项目	指标	现状值	改善结果	改善比例	节省金额
1	效率类	年总产量	2581万件	3355万件	30%	
2		人均日产能	566件	1414件	150%	
3	成本类	员工人数	146人	76人	48%	降低252万元/年
4		在制品库存	594854件	107546件	82%	
5		作业面积	1578平方米	637平方米	60%	节省17.1万元/年

2. 制度巩固

按照精益生产要求，颁布了《机加工车间管理制度》，建立了与生产相适应的管理体系。

随着消费者需求个性化和全球企业经营战略的改变，产品个性化的要求使产品的生命周期缩短、更新换代加快。企业不能像从前一样，只顾及自己的生产，还需要关注市场需求的变化和发展。在激烈的市场竞争中，要快速适应市场需求的变化，如何从少品种大批量生产方式转向多品种、中小批量的生产是企业转型的重要问题。精益生产方式正是适应这种变化而诞生的。

精益生产是一种管理思想和方法体系，推行精益生产方式，对于任何一个企业来说都需要一个过程。在实际推行过程中，更要解决认识的偏差和实施的极端，应该结合自身实际，逐步推行。精益生产的改造方式要结合企业自身的环境、文化、产品属性和市场情况等，找准突破口，灵活应用。

本案例主要研究从生产、产品特性等方面来进行工艺原则布置到单元化生产的转化。通过对精益生产理论体系与技术方法的研究，找出企业生产管理中存在的实质问题，将单元化生产理论和企业实际情况相结合并应用于实践。从产线布局、节拍控制以及现场改善等方面对产线做出改进，结果表明，总体生产效果与效率都得到有效提高。

车间布局规划是精益生产推行的重要环节之一，其结果直接影响着生产系统中的物流成本和制造成本，对系统的实际产能和生产效率等方面均有着重大影响。精益生产虽然有完整的理论体系与丰富的技术方法，但如何将方法和理念应用到生产实践中去，如何使其发挥出重大作用，仍是探究的方向。今后还需要在两个方面进行更为深入的研究：一是基于现场的模型仿真，以便对生产系统进行整体的优化，使其更具有经济性和可靠性；二是运用数学建模、运筹学等的方法进行更为精确的分析与规划。

1. 公司扩大产能有哪几种途径?

2. 在本案例中,通过实施单元化生产取得了哪些效果?它们对实现精益生产有哪些帮助?

3. 单元化生产布局的原则是什么?

案例6 单元制造生产方式设施布局与仿真分析

引言

设施布局不仅运用于改善原有的布局，而且为新工厂的设施布局提供参考研究。设施布局的好坏将会直接影响到后面物料的流动化、稳定化、标准化、均衡化、准时化的改善研究。设施布局的目的是提高生产效率、降低成本，从而缩短生产周期。近年来，精益生产、准时生产、管理信息系统等技术广泛应用于各个生产领域，为适应新技术的需要，企业也必须对生产系统进行重新布置。因此，无论是对原有的车间进行改造重组，还是扩大生产车间，都需要对其进行合理、快速的布局设计。同时，对于生产系统的优化而言，仿真技术也是当前企业研究的热点。

一、公司现状及问题分析

（一）公司现状

OA公司生产的主要产品是锚板和夹片。未来市场对公司产品的需求会持续增加，但公司采用的是劳动密集型的生产方式，仅锚具厂一线工人就有270人，每年要支付1350多万元的人工成本，其产品生产有如下特点：

①常规锚板和工作夹片的产量占公司总产量的65%以上；

②生产周期比较长，常规锚板为14～20天，工作夹片为5天；

③属于企业自制的加工工序不是很复杂，比如锚板只有粗铰和精铰；

④质量比较成熟稳定。

综合车间主要加工夹片和锚板，其中夹片的种类和型号有上百种，锚板有几十种。车间每天的生产计划都要安排生产几十种产品，有时会突然接到急件而不得不改变生产计划，有时按照计划生产出来的产品因为某种原因不得入库从而造成大量资金的积压。由按照目前的生产布局和生产管理的方式等原因而造成的交货期延迟的问题给公司带来了损失，因此，首先要对公司的现状作一个全面的分析。图6-1所示为综合车间的整体布局示意。

从图6-1中可以看出，车间现在有各类机床71台，其中数控车床33台，铣床10台，磨床7台，攻丝机4台，锯床4台，立式钻床3台，摇臂钻床5台，台式钻床3台，多功能镗铣磨钻机床1台，挤压机1台。员工76人，日生产各类夹片总计4000副，加工各种锚板8000孔。下面将对综合车间生产的锚板和夹片这两大类产品进行分析。

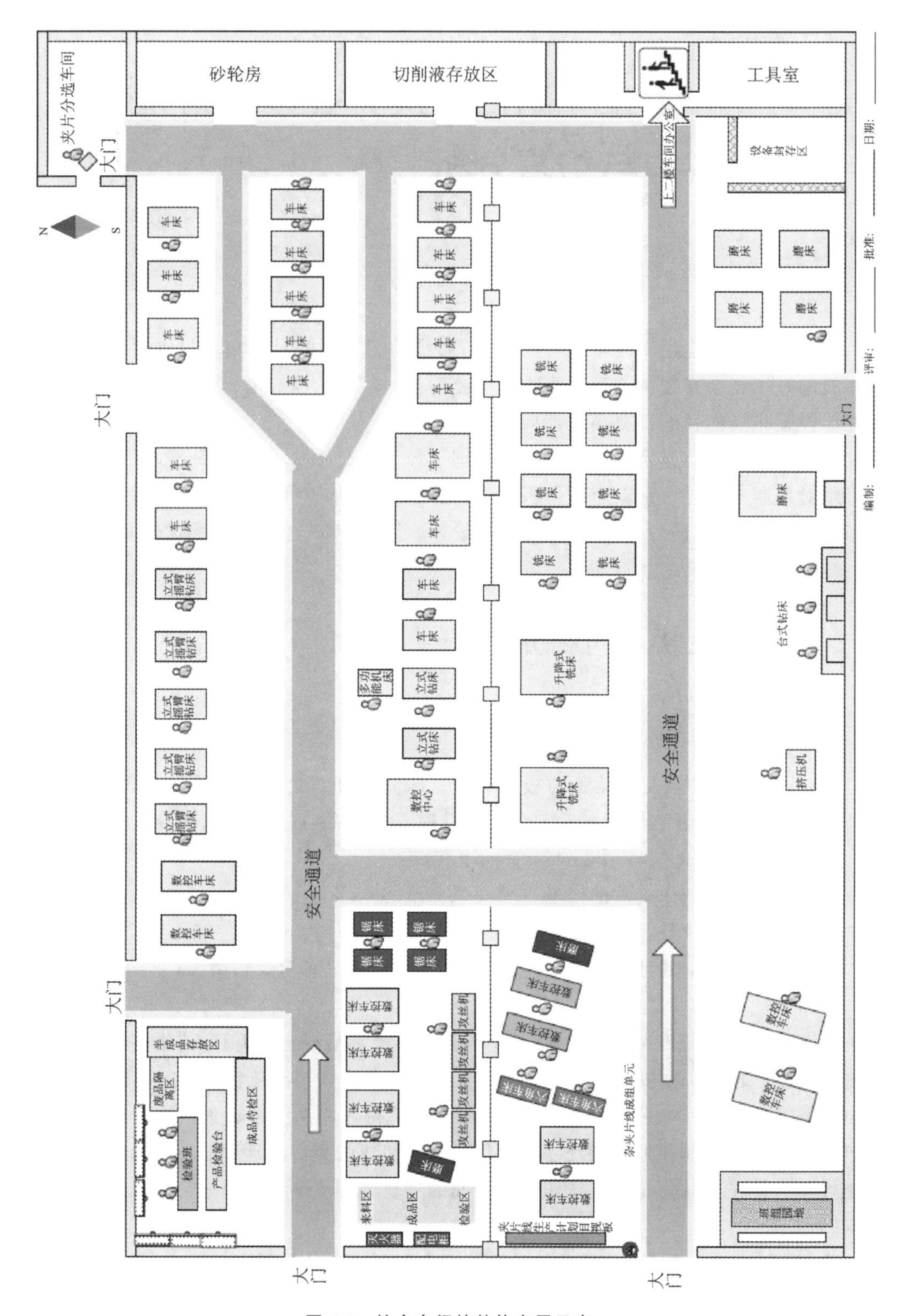

图 6-1　综合车间的整体布局示意

1. 产品产能分析(P-Q 分析)

P-Q 分析的目的是对众多订单进行分类,找出哪些产品对企业至关重要,值得设置专用生产线;哪些产品可以设置通用生产线。P-Q 分析中的 P(product)表示产品,Q(quantity)表示数量。P-Q 分析主要是分析品种和数量的关系。

由于锚板和夹片这两种产品所需要的生产设备资源没有多大的关联,加上企业之前对夹片也进行了类似成组单元的布局,所以本案例只对锚板产品这条生产线进行分析。图 6-2 是根据收集的原始资料绘制的圆 P 锚的 P-Q 分析图。选择圆 P 锚这个产品族分析是因为其产量几乎占整个车间锚板产量的 70%以上,将车间内的各种锚板产品项目加以分类,计算各分类的数量,即可画出图 6-2 所示的 P-Q 曲线。表 6-1 是根据车间某年 11 月份的生产情况,列出的几种产品和数量。之所以选择这个月份分析是因为公司的当月销售额首次突破 1.5 亿元,占全年公司销售额(12 亿元)的 12.5%,对公司的生产资源是一次很大的挑战,比较接近公司未来的发展要求。

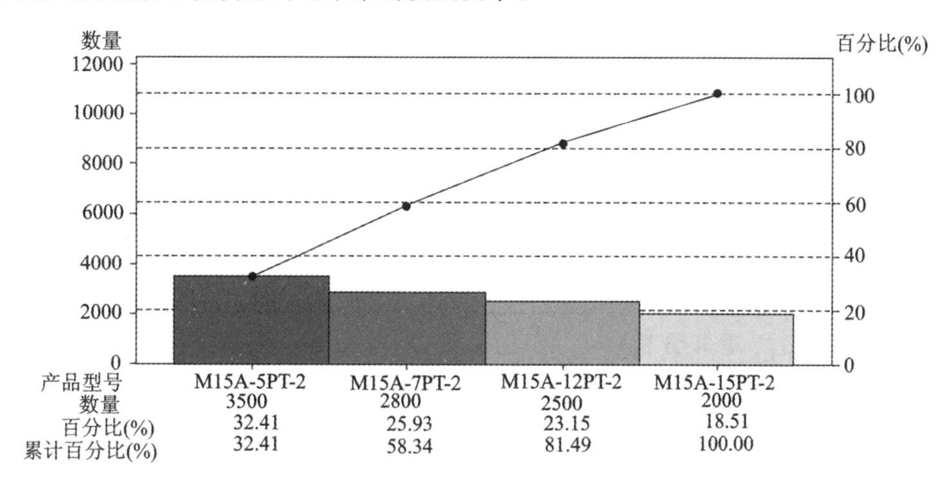

图 6-2 产品产量 P-Q 分析图

表 6-1 产品和产量分析 单位:件/月

产品型号	M15A-5PT-2	M15A-7PT-2	M15A-12PT-2	M15A-15PT-2
数量	3500	2800	2500	2000

从图 6-2 中得知,M15A-5PT-2 产量最大,其次是 M15A-7PT-2 和 M15A-12PT-2,这三类产品的数量累计百分比占总数量的 81.49%,所以下面的分析以这三类产品为主,其他产品为辅。

2. 产能负荷分析

计算产能负荷的主要目的在于衡量生产计划是否可行,现有生产设备的生产能力是否满足生产的需求,产能不足或过剩都会对生产系统的绩效产生不利影响。表 6-2 所示为产能负荷分析,表中的产能以一个月工作 24 天,每天有效工作时间为 7.5 h 计算。由表 6-2 中计算结果可知,除了摇臂钻这个工位产能超负荷外,其他工位的设备都在加工能力范围内,不需要购入新的机器设备。考虑到场地限制的问题,安装不了两台摇臂钻,所以要在其工位旁边设定一个库存缓冲区。

表 6-2 产能负荷分析

产品名称		专用数控车床	数控钻床	摇臂钻	数控钻床(倒角)	挤压机	车床
M14-5BC	1 件(s)	73.2	120.4	61.6	32.2	10.2	0
	8000 件(s)	585600	963200	492800	257600	81600	0
M15A-5PT-2	1 件(s)	97.4	105.3	0	24.3	19.1	0
	3500 件(s)	340900	368550	0	85050	66850	0
DSM14-2-1	1 件(s)	85.6	76.3	58.5	27.5	15.4	65
	4000 件(s)	342400	305200	234000	110000	61600	260000
总工时(s)		1268900	1636950	726800	452650	210050	260000
机器数		2	3	1	1	1	1
单一机器作业工时(s)		634450	545650	726800	452650	210050	260000
生产节拍(s)		648000					
负荷率(%)		98	84	112	70	32	40
设备的利用率		能力之内	能力之内	超负荷,需要建立库存缓冲区	能力之内	能力之内	能力之内

3. 工艺流程分析(P-R 分析)

工艺流程分析的目的是找出在一个制造单元加工的产品工艺是否类似,为单元内设备的布局选择和规划提供根据。P-R 分析中的 P(product)表示产品,R(route)表示流程。根据 P-Q 分析选择几种有代表性的产品进行 P-R 分析,见表 6-3。

表 6-3 工艺流程分析

	序号							
	1	2	3	4	5	6	7	8
	工序名称							
	车外圆总长	钻直孔	倒角	钻锥孔	攻螺纹	粗铰精铰	压字	车牙
产品型号	设备							
	数车	数钻	数钻	数钻	数钻	摇臂钻	挤压机	车床
M14-5BC	√	√	√	√		√	√	
M15A-5PT-2	√	√	√		√		√	
DSM14-2-1	√	√	√			√	√	√

从工艺过程看,BC 锚板、PT 锚板、低回缩锚板的工艺有较大重合工序,考虑放在一个加工单元加工。因为 BC 锚板在加工单元中生产计划量最大,通常每天都要安排生产 400 件,布局时着重考虑 BC 锚板加工。

4. 生产节拍设定

生产节拍也叫加工节拍时间(Takt Time),是生产能力的一种表达方式,是指加工一件产品所需要的时间。因为 5BC 锚板的生产计划量最大,所以有必要对其工艺进行平衡性分析。表 6-4 所示是测得的 5BC 锚板生产节拍。

表 6-4　5BC 锚板节拍测定

工艺	车外圆	钻直孔	钻锥孔	倒角	粗铰精铰	压字
人员和设备配比	1:1	1:1	1:1	1:1	1:1	1:1
节拍(s)	73.2	108.4	71	32.2	61.6	10.2

根据工序测得的生产节拍绘制了如图 6-3 所示的生产平衡墙。

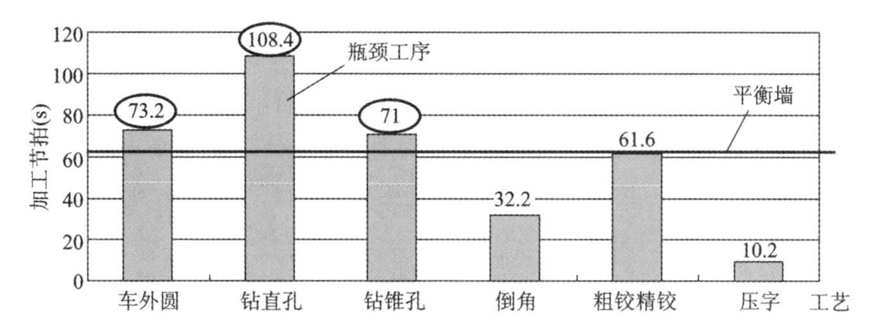

图 6-3　5BC 锚板改善前的平衡墙

根据生产的需要,假如设定的目标生产节拍为 63 s,从图 6-3 可以看出车外圆、钻直孔、钻锥孔这三道工序是瓶颈工序。而且根据前面的产能负荷分析,车间现有的设备是能够满足生产能力的,所以任何的改善都不需要新购进设备增加生产能力,只需要合理地利用现有的设备。表 6-5 所示是为了使整条生产线平衡而采取的一些改善措施。

表 6-5　改善措施

工序	目标班产能	目标节拍(s)	现状节拍(s)	节拍平衡措施
车外圆	400	63	73.2	人员与设备配比=1:2,增加产出,使加工时间达到 63 s
钻直孔	400	63	108.4	须增加一台数钻(单元内增加,不是购买),一人操作两台,节拍降到 54.2 s/件
钻锥孔	400	63	71	采用液压卡盘,缩短装夹时间,节拍降到 63 s/件
倒角、压字	400	63	32.2+10.2	合并这两个工序,由一人操作

注:钻直孔和钻锥孔工序是由一人操作,即一个人操作 3 台机床。

这样改善的目的是基于精益生产的思想,就是实现单元内的一人多机和一人多工序。这些设备原来是按照一人操作一台配备的,这样改善以后,既可以减少 3 个工人,又提高了设备的利用率,使生产节拍达到平衡的水平。具体的布局将在案例 7 的布局方案设计中详细介绍。图 6-4 所示是根据改善后测得的生产节拍绘制的平衡墙。

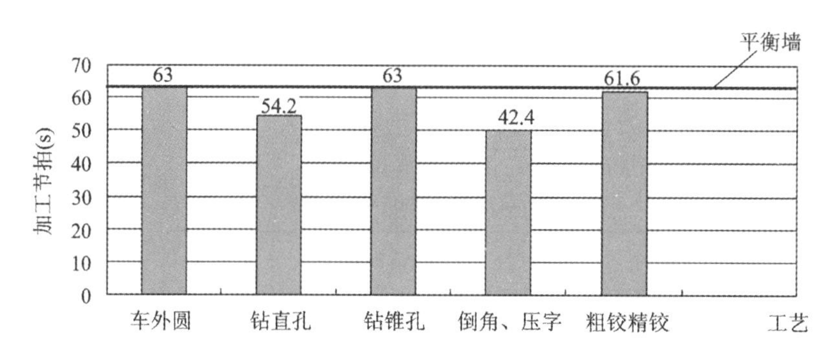

图 6-4　改善后的平衡墙

同理,对于其他的产品也可以按照这个思路进行改善,使生产线尽可能达到平衡的状态。为实现单件流的生产,减少在制品库存是很好的方法。由于有些锚板是需要外协加工的,比如 M15A-5PT-2 的工艺过程就需要热处理,这对于单元布局是有一定影响的,因为物料要往复周转。为了解决这个问题,在下面的布局设计中考虑在具转去热处理的地方设计一个库存缓冲区,以免造成生产的堵塞。图 6-5 是计划在单元布局内生产的几种产品型号的工艺流程图。

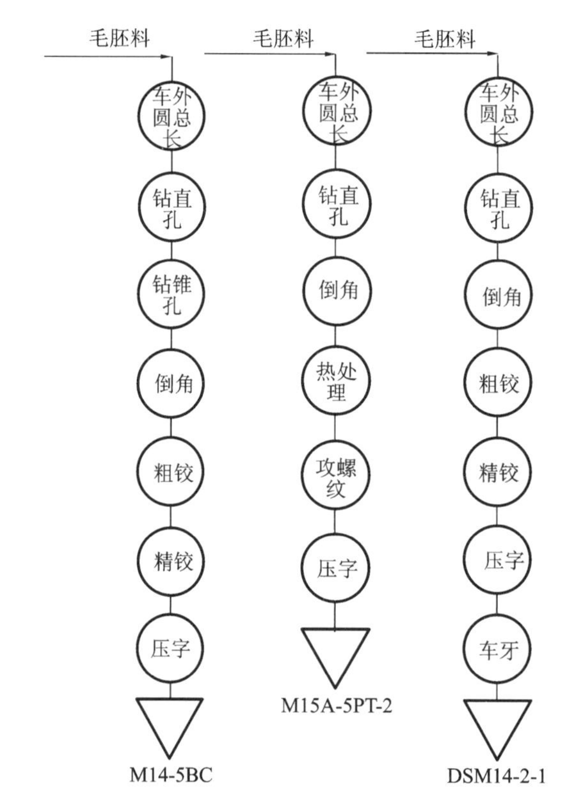

图 6-5　改善前几种产品型号的工艺流程

为了更好布局,根据表 6-5 的改善措施,在不影响质量的情况下,依据取消、合并、重组、简化的原则,将上面的工序重新进行排列组合,改善后几种产品型号的工艺流程如图 6-6所示。

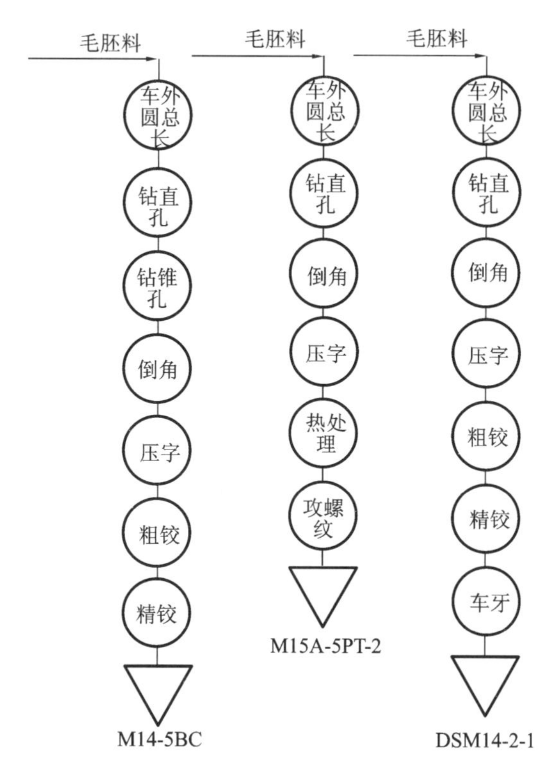

图 6-6　改善后几种产品型号的工艺流程

（二）车间问题分析

1. 存在的问题及问题的表现形式

车间的有效面积为长×宽＝60 m×34 m，经过之前的布局调整后，车间划分为杂夹片线成组单元和锚板线。由于锚板本身的质量很大，达 70～80 kg，按照目前的这种锚板线的布局，就要花费大量的人力和成本浪费在不增值的搬运上。

综上所述，车间目前比较突出的三个问题如表 6-6 所示。

表 6-6　现状问题分析

现状问题	问题表现形式
流动性不良	在制品积压大，制造周期长；部分工序之间的物流路线往复，流转距离长；物料摆放不合理，不方便取放，而且存在安全隐患；搬运速度慢，多次搬运，搬运强度大
车间产能较低	低回缩锚板在车间只有车牙工序，初加工工序可以回收；生产线不平衡，部分工序产出率高，整体产出率低
设备利用率低	增加 BC 锚板初加工单元；设备经常处于停机状态，而且维修不及时，容易对生产的安排、时间造成浪费

其中流动性不良是由设施布局不合理导致的，下面对这个问题进行具体分析。

2. 流动性不良现状分析

物流现状分析的目的是找出车间目前的这种布局对产品生产周期的影响，具体就体现在物料的搬运距离上，在精益生产归纳的 7 种浪费中就有搬运浪费。下面选取三种产品按照工艺加工路线绘制其物流现状图，见图 6-7～图 6-9。

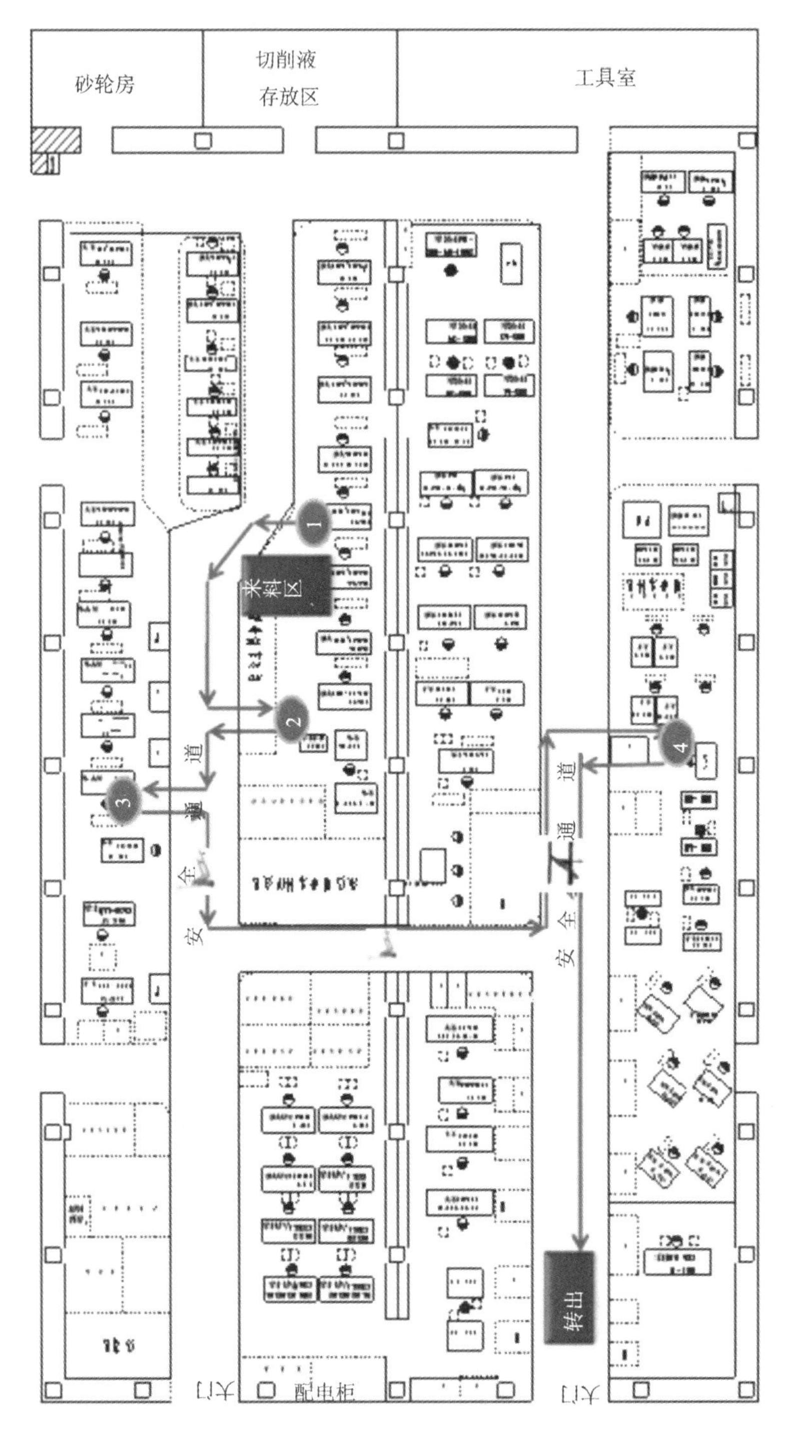

图 6-7　圆 P 锚的物流现状

从图 6-7 中可以看出圆 P 锚的物流状况。车间物流距离为 125 m，车间物流滞留 4 次，物料需要装卸 8 次，物料搬运的方式是叉车，这种布局导致了物料流动的呆滞。

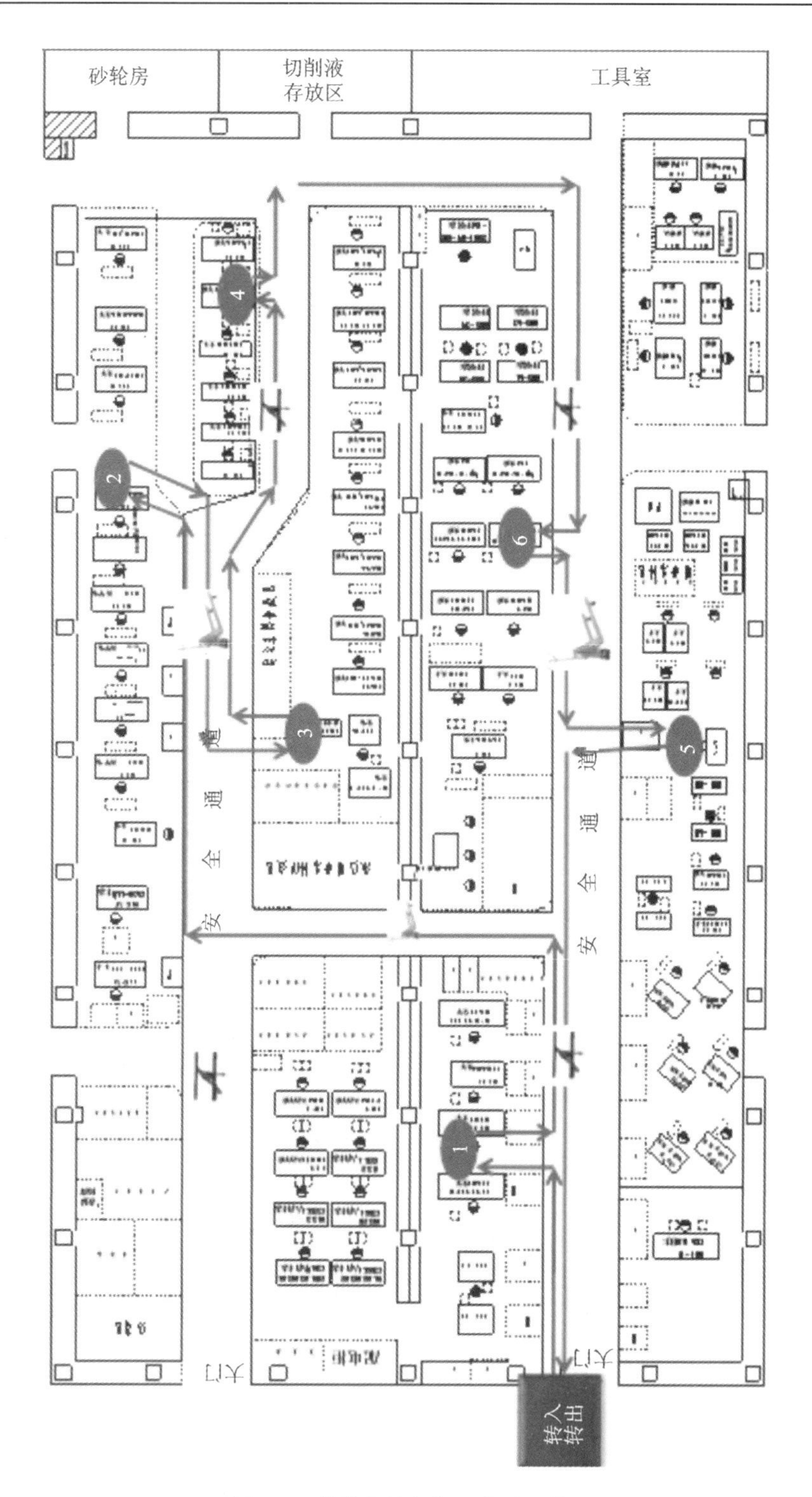

图 6-8　精轧螺纹钢螺母物流现状

从图 6-8 中可以看出精轧螺纹钢螺母的物流状况。车间物流路线距离为 210 m，车间物流滞留 6 次，而且存在迂回，上一道工序与下一道工序之间的距离最远的有 52 m，最近的也有 10 m。

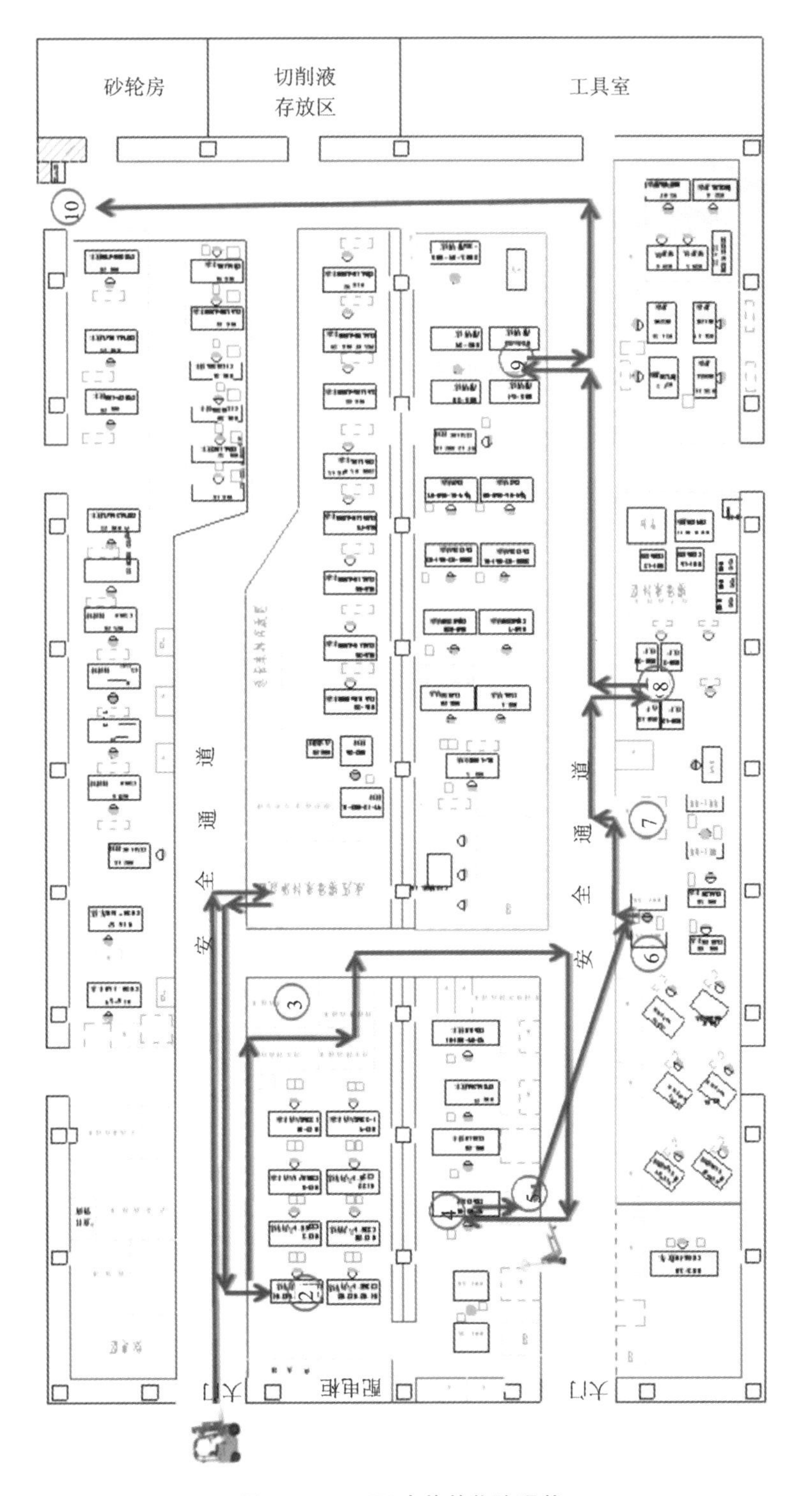

图 6-9　OA15V 夹片的物流现状

图 6-7 和图 6-8 选择的两种产品都是锚板的。图 6-9 则选择型号为 OA15V 的夹片来研究其在车间的物流状况，从图中可以看出夹片搬运存在来回交叉的情况。机加工完一个夹片需要搬运 13 次，停留 10 次，搬运距离 170 m。

现在的布局已经不能满足公司的发展要求，因此必须不断地提高生产效率，完善质量，改变这种落后的现状。

3. 问题形成的根本原因

问题形成的根本原因有两个：一是布局不合理，导致了流动性不良；二是生产组织管理水平有限和生产安排不合理，导致了车间产能较低和设备利用率低。

车间的设备布局之前是根据功能划分的原则布局的，即把相同类型的设备放在一起，比如说磨床放在一起，铣床放在一起，而没有按照生产工艺流程的要求布置，导致出现了物流路线过长、搬运不方便、工人的操作不安全等问题。

二、单元制布局在设施规划过程中的应用

（一）单元制布局方案的设计与选择

根据修改后的工艺原则和生产节拍平衡分析，在车间内可以设计两条单元生产线分别生产夹片和锚板。本案例主要对锚板线进行单元布局，后面再将这种布局模式复制到夹片线上，如图6-10所示。因为这两条生产线都没有共用的设备，所以对单元布局没有限制，主要是考虑一些约束条件，如车间的面积是否可以布置得下单元内的生产设备以及安全因素等。

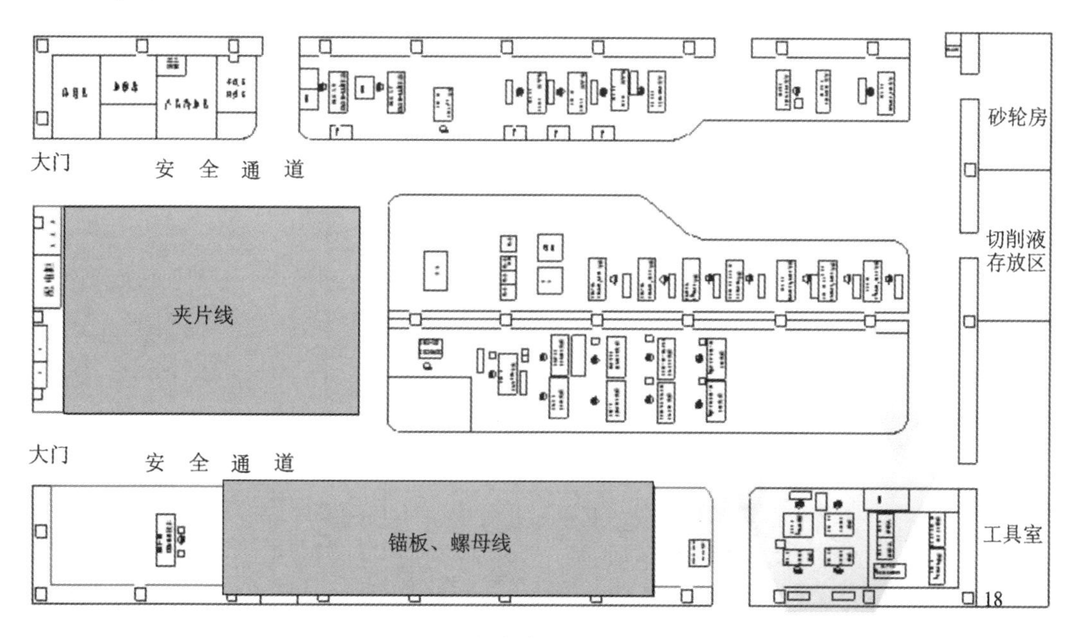

图6-10　综合车间单元布局规划

根据以上分析，考虑一些实际因素和修正因素对车间布局的影响，这些因素主要包括以下几个方面。

（1）车间可以利用的面积。通过测量，在车间的下方有一块长×宽＝18 m×6.4 m的地方可以利用设计锚板线。从车间门口进入的中间有一块长×宽＝21 m×15 m的地方可以利用设计夹片线。

(2)设备的尺寸大小。型号为 002-24、002-26、002-27 的数钻长宽均为 1.7 m×1.6 m,型号为 001-25 的数车长宽为 2.6 m×1.27 m,型号为 001-26 的数车长宽为 2.75 m×1.6 m,型号为 001-104 的数车长宽为 2.65 m×1.42 m,型号为 002-28 的倒角机长宽为 1.35 m×1.13 m,压字机的长宽为 0.8 m×0.73 m。

(3)物料的搬运方式。根据锚板的特征,一般都是外观为圆形,质量比较大,所以在外部运输采用叉车和吊车的方式,内部搬运采用斜槽的原理以减少员工的直接搬运工作量。或者最好是上一道工序的终点就是下一道工序的起点,这样就省去了搬运的时间。

(4)通道的布置和设备的间距设计。根据人因工程学的要求和安全因素的考虑,人与设备的通道设置为 1.8 m,设备间距设为 1 m。

根据以上的分析和考虑的因素得到两套布局优化方案。

1. 优化方案一

优化后的布局方案一见图 6-11。优化方案一圆 P 锚的物流图见图 6-12,5BC 锚板的物流图见图 6-13。

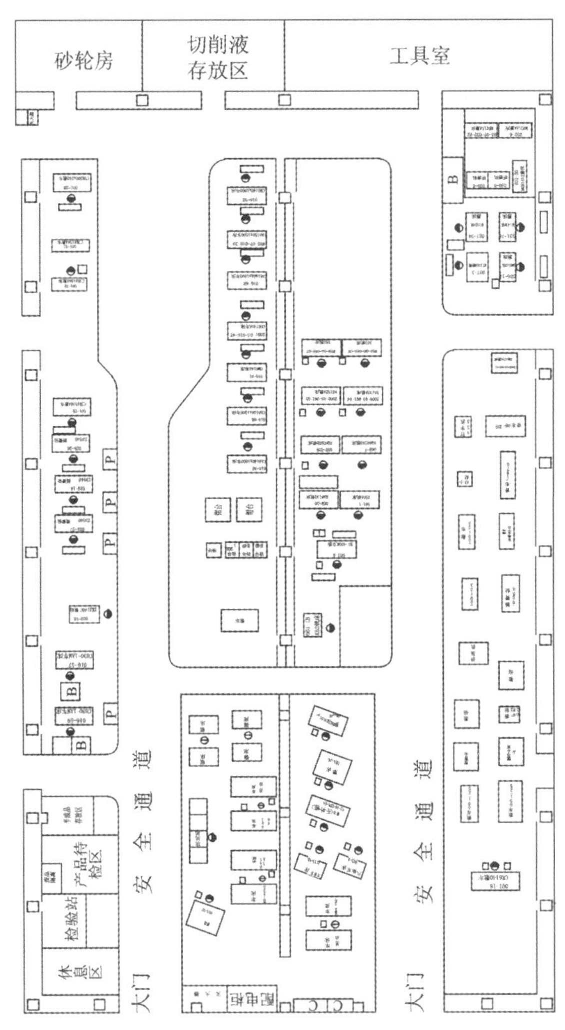

图 6-11　优化后的布局方案一

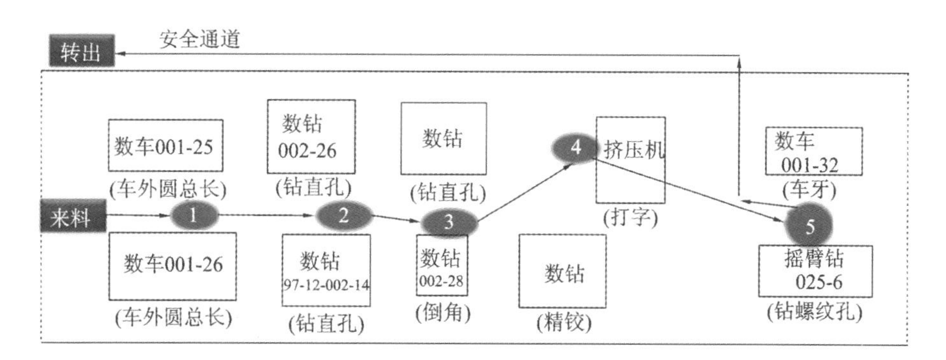

图 6-12　优化方案一圆 P 锚的物流图

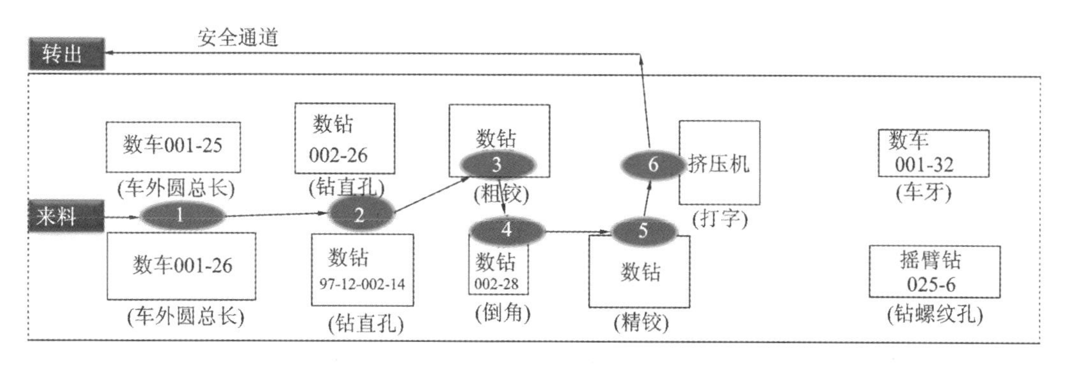

图 6-13　优化方案一 5BC 锚板的物流图

2. 优化方案二

优化后的布局方案二见图 6-14。优化方案二的几种产品的物流线路见图 6-15。

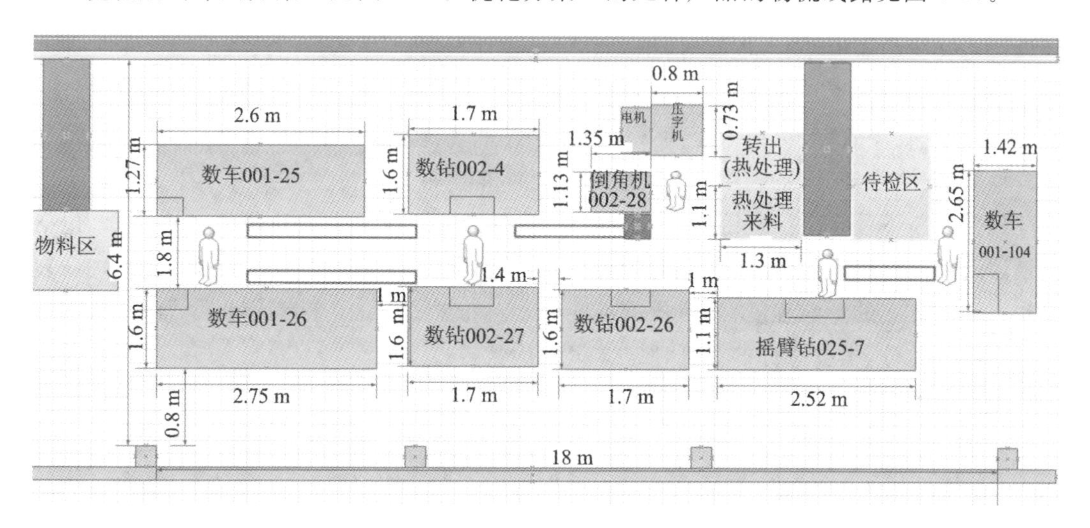

图 6-14　优化后的布局方案二

3. 方案的评价与选择

方案一与原布局相比，已经有了质的飞跃，在布局方式上采用了单元成组布局，使相关工艺的设备距离靠近了，能缩短运输距离至少 150 m，节省搬运时间 30 min，提高了搬运的效率。另外，场地由之前的 250 m^2 减少为 198 m^2，节约租金 3000 元。人员由之前的

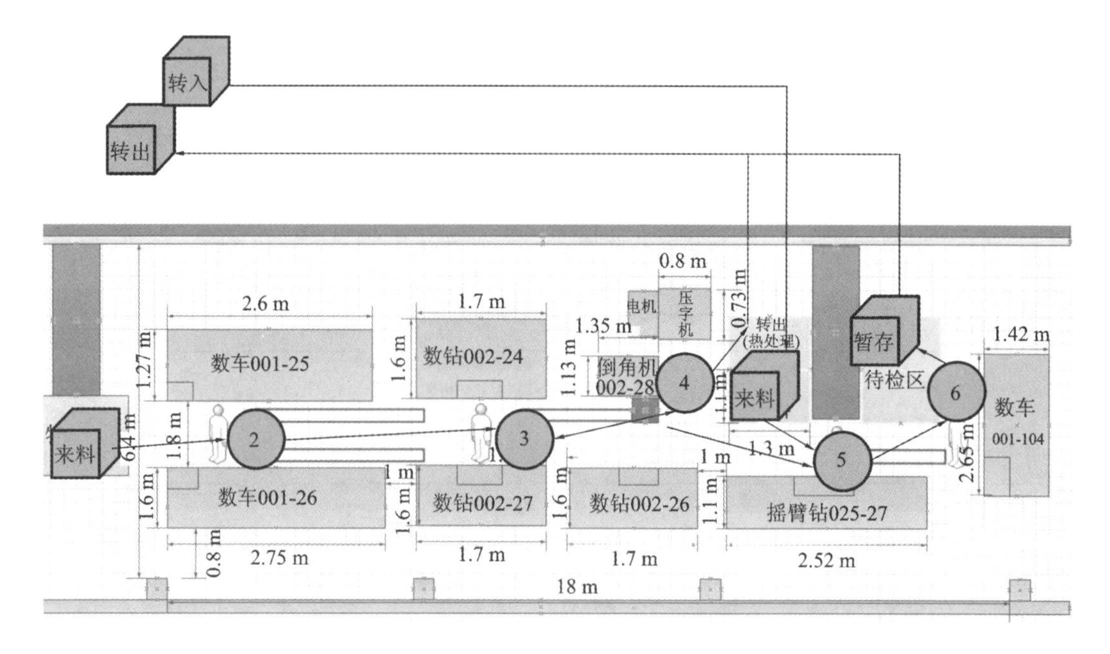

图 6-15　优化方案二的几种产品的物流线路

9 人减为 5 人，如果每年付给一名工人的报酬是 40000 元，一年可以节省 160000 元。但是方案一也增加了物流的流动强度，可能会导致部分工艺的生产能力不足，造成流动不畅，最终影响整条生产线的效率。

方案二除具备方案一的优点外，还具有以下几个优点：①内部物料的传送直接采用了半自动化的方式，减轻了工人的工作量；②设置了物料的在制品的最低安全库存缓冲区；③设置了安全的通道，发生危险时，工人可以迅速地撤离。

现采用加权因素法对这两个方案进行评价，如表 6-7 所示。评价的因素有生产周期、改善的成本、物流效率、物料搬运的效率、储存效率、场地利用率、生产柔性、工作环境及员工满意度、安全管理、设备利用率、实施的可行性，得出最佳方案为方案二。

先介绍一下什么是加权因素法。加权因素法是指把布置方案的各种影响因素，包括定量因素和定性因素，根据主观意愿划分为不同级别，并给每一个等级设定一个分值，表示该因素对方案的影响程度；然后根据不同因素对布置方案的影响程度设立加权值，求出布置方案的总分，根据总分的高低评定方案的优劣。

加权因素法的计算公式见式(6-1)。

$$U = \sum_{i=1}^{n} W_i f_{ij} \tag{6-1}$$

式中　U——方案的总分；

f_{ij}——第 i 个因素对方案 j 的评价等级分值；

W_i——第 i 个因素的权系数。

表 6-7 方案一与方案二的加权因素计算

序号	考虑因素	权数	两方案等级及分数	
			方案一	方案二
1	生产周期	10	A/20	A/20
2	改善的成本	8	A/24	A/32
3	物流效率	6	A/24	E/24
4	物料搬运的效率	5	A/10	A/15
5	存储效率	4	I/8	I/4
6	场地利用率	6	A/12	A/18
7	生产柔性	7	A/21	A/21
8	工作环境及员工满意度	8	E/16	E/24
9	安全管理	8	I/8	O/16
10	设备利用率	7	A/14	A/21
11	实施的可行性	9	A/18	I/18
合计(U)			175	213

注：表中 A、E、I、O 分别对应 4、3、2、1 分。

加权因素法的优点就是可以把各项因素进行综合比较，但是往往带有主观性。下面进一步优化方案二。

（二）单元内物流系统的设计

单元内物流之间的流动与传统生产流水线的最大区别就是抛弃了传送带，依靠物体的重力等特点进行工位之间的物料传递。物流优化的目的是减少物料的停顿，实现生产的顺畅，为实现单件流创造条件。实现单件流要求各工作地及工位间的距离尽可能短，物流尽可能连续。根据物流工程的原理，按照产品不落地、流动化、自动化的原则，对方案二进行以下几个方面的改进。

1. 搬运的方式

单元生产是用手传递物品的，距离远的话可以利用重力的原则设计简单的滑道，在车外圆工位和钻直孔工位之间设计两条滑道。该设计能够得以实现还有一个很重要的原因就是利用锚板本身是圆形，滑动过程中产生的摩擦力相对于其他形状的物体要小得多，这就使得不需要设计很大的斜度就能够满足要求。物流间传送的滑道设计如图 6-16所示。

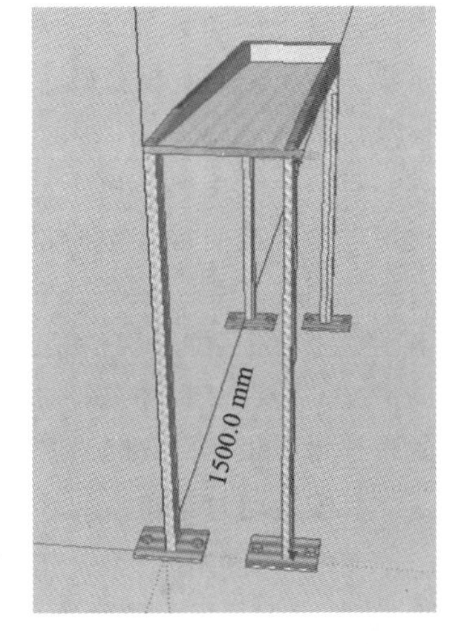

图 6-16 物流间传送的滑道设计

根据人因工程学的原理，为了符合人的习惯和身体机能的承受范围，设计滑道的始端高度为 1.5 m，末端高度为 1.4 m，斜度为 15°。

2. 工位器具的设计

要保证物流的准时化流动必须尽可能地减少工人在寻找器具上的时间浪费，同时还要减少换工装的时间，提高检测的效率。因为一台机床可能要完成几道工序的加工，所以就必须准备不同的型号刀具。工人经常犯的错误就是把刀具乱放，开工之前要花几分钟甚至十几分钟寻找所需要的刀具。为此，设计装夹刀具的容器，如图 6-17 所示。有了这个容器，工人在使用完刀具之后只需要按照定置的要求放回原处，下次使用时就不用花很多时间寻找了。

针对机床装夹工件困难、在加工过程中容易出现松动造成质量不合格等问题，设计液压卡盘(图 6-18)代替之前的手动卡盘，装夹工件时间由原来的 1 min 减为现在的 15 s，效率提高 75%。

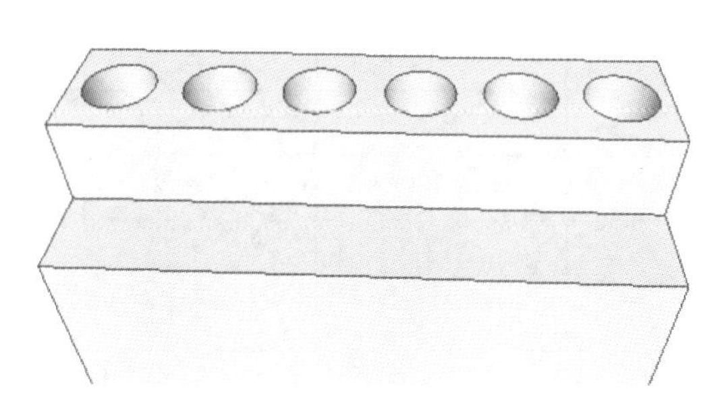

图 6-17　装夹刀具的容器

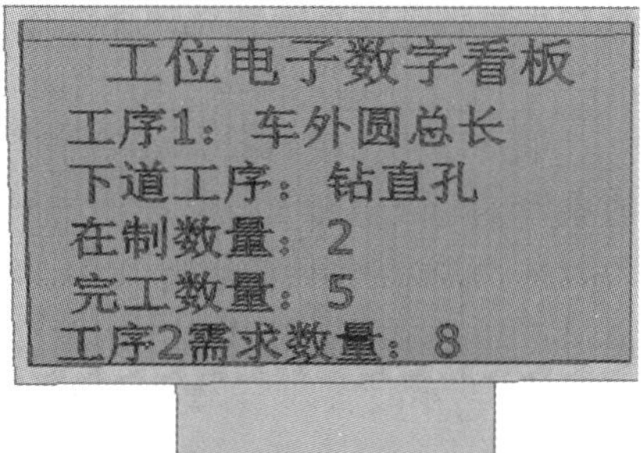

图 6-18　液压卡盘

3. 物流信息的传送

单元内工位之间信息与单元之间、外面的信息如何传递，目前比较科学和快速的方法就是建立电子数字看板。看板的信息可以传达“何物，何时，生产多少的数量，以何方式生产、搬运”等信息。精益生产的思想就是要在适当的时间生产适当的产品，以防过量生产和过量运送，是进行“目视化管理”的工具。电子信息看板打破了以前依靠大量的纸质和口头传递信息的方式，真正实现了“无纸化”生产管理。有一个缺点就是由于缺少面对面的沟通，不知道工人是否按照规定按时准确地更新数据，可能会对生产调度产生一定的影响。图 6-19 所示的工位电子数字看板，可以很清楚地知道工序 1 正在生产的情况，以及工序 2 的需求情况，通过这种实时更新的目视化看板，可以准确地掌握生产的情况。

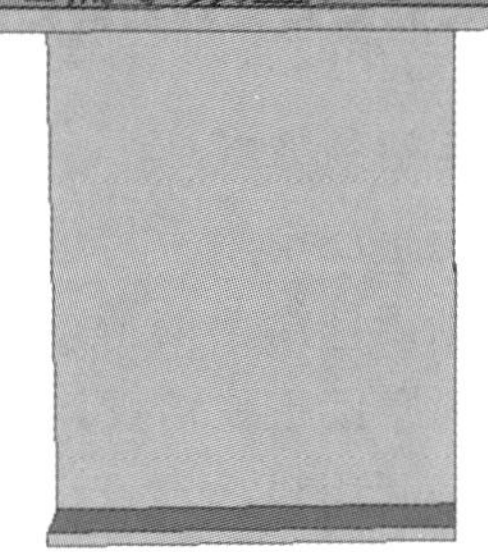

图 6-19　工位电子数字看板

4. 安装暗灯系统

暗灯系统(图 6-20)是指当生产线出现故障，需要别人帮助解决时，必须将生产线停下来，待技术人员把问题解决之后才可以重新启动生产线的一套装置。这样做的目的是把问题解决在当前而不往后流动，可以提高产品的质量和避免浪费。在这个问题的解决的过程中也可以促进团队协调和合作，有助于问题的解决。

1	2	3
4	5	6
7	8	9

区域暗灯板

图 6-20　暗灯系统

（三）单元内生产的运行规则

1. 对人员的要求

在成组单元里面，要求每一个工人都是一专多能的合格工人，能够操作不同类型的机床。对车间的部分工人进行相关技能的调查，发现 80%的工人都不能胜任多个岗位，只有少数工人技能比较好，能够胜任多个岗位，调查结果如表 6-8 所示。

表 6-8　员工技能现状调查

工人编号	普车	数车	摇臂钻	数钻	铣床	磨床	锯床	挤压机	加工中心
1	⊕	⊕	●	⊕	⊕	⊕	⊕	⊕	⊕
2	◕	◕	●	◕	◔	◔	◕	⊕	⊕
3	⊕	⊕	●	⊕	⊕	⊕	⊕	⊕	⊕
4	◔	◔	●	⊕	⊕	◔	◕	⊕	⊕
5	⊕	⊕	◕	⊕	⊕	⊕	⊕	⊕	⊕
6	◔	◔	◕	⊕	◔	◕	⊕	⊕	⊕
7	◕	⊕	●	⊕	⊕	◔	⊕	⊕	⊕
8	⊕	⊕	●	⊕	●	⊕	⊕	⊕	⊕
9	⊕	⊕	●	⊕	⊕	◑	◕	⊕	⊕
10	◑	⊕	◕	◔	◕	⊕	⊕	⊕	⊕
11	⊕	◑	●	⊕	⊕	⊕	◕	⊕	⊕
12	⊕	⊕	◕	⊕	⊕	⊕	⊕	⊕	⊕
13	◔	⊕	⊕	⊕	⊕	⊕	◕	⊕	⊕
14	⊕	⊕	●	⊕	⊕	⊕	⊕	⊕	⊕

续表

工人编号	普车	数车	摇臂钻	数钻	铣床	磨床	锯床	挤压机	加工中心
15	⊕	⊕	●	⊕	⊕	⊕	⊕	⊕	⊕
16	⊕	⊕	●	⊕	⊕	⊕	⊕	⊕	⊕

注:⊕表示完全不懂;◔表示初步了解(正在培训);◑表示能安全、保质完成工作,但不能按节拍;◕表示在没人指导下能安全、按节拍、按规范完成工作;●表示能培训他人。

要实现一专多能的目标,就要定期对工人进行交叉培训,同时也要采取相应的激励措施。为了让工人学习更多的知识,现针对锚板线的单元布局制订一个培训课程计划,如表 6-9所示。

表 6-9 培训课程计划

讲师	授课内容	授课对象	时间安排
车间领导	组织建设	班组全体员工	周一下午 3:00—3:30
班组长	工作安排		每天早上 7:50—8:05
车工工程师	车工技术		每周至少一次
钻工工程师	钻工技术		每周至少一次
铣工工程师	铣工技术		每周至少一次
磨工工程师	磨工技术		每周至少一次

2. 对制造机器设备的要求

为改变原有的刚性流水线不适应多品种少批量生产的状况,需要公司的工艺部门的配合,对数控车床、钻床的工装和夹具等进行改进,达到自动送料的目的,缩短准备时间。建立简易刀库,能够在一台机床上进行多种工艺的加工。

3. 对组织管理的要求

要打破以前那种复杂的组织流程,满足企业高效率高柔性的需求。例如,目前的生产信息的传递是通过营销部、生产部和车间三个部门进行的,如图 6-21 所示。由于市场的变化是不可预测的,营销部的预测如果是不准确的,车间在生产过程中如果完全按照生产部下达的生产计划进行组织生产,就会可能造成生产出来的产品没有人需要,造成损失。如果营销部做的计划很大,而没有考虑车间目前的生产能力,就会造成不能按期交货的损失。针对这种情况,在组织管理方面进行柔性化的设计,并取消生产部,如图 6-22 所示,让生产跟市场真正接轨,以满足市场的需求变化。图 6-23 所示是车间内部的生产计划流程,从图中可以明晰每位员工的职责。

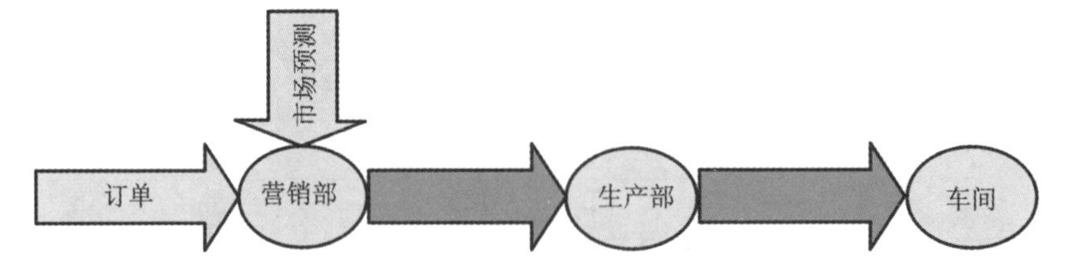

图 6-21 目前的生产计划流程

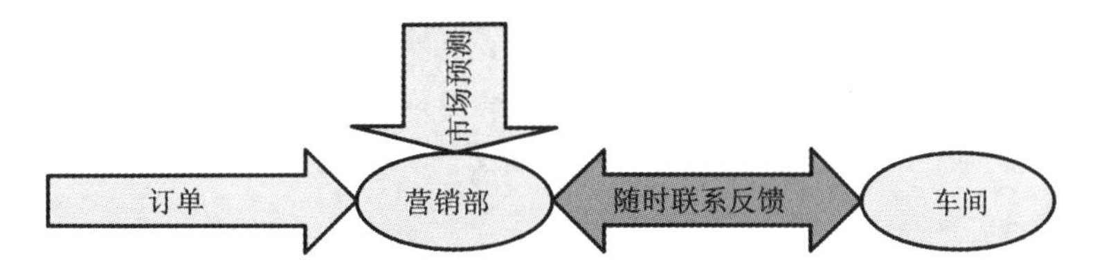

图 6-22　改进后的生产计划流程

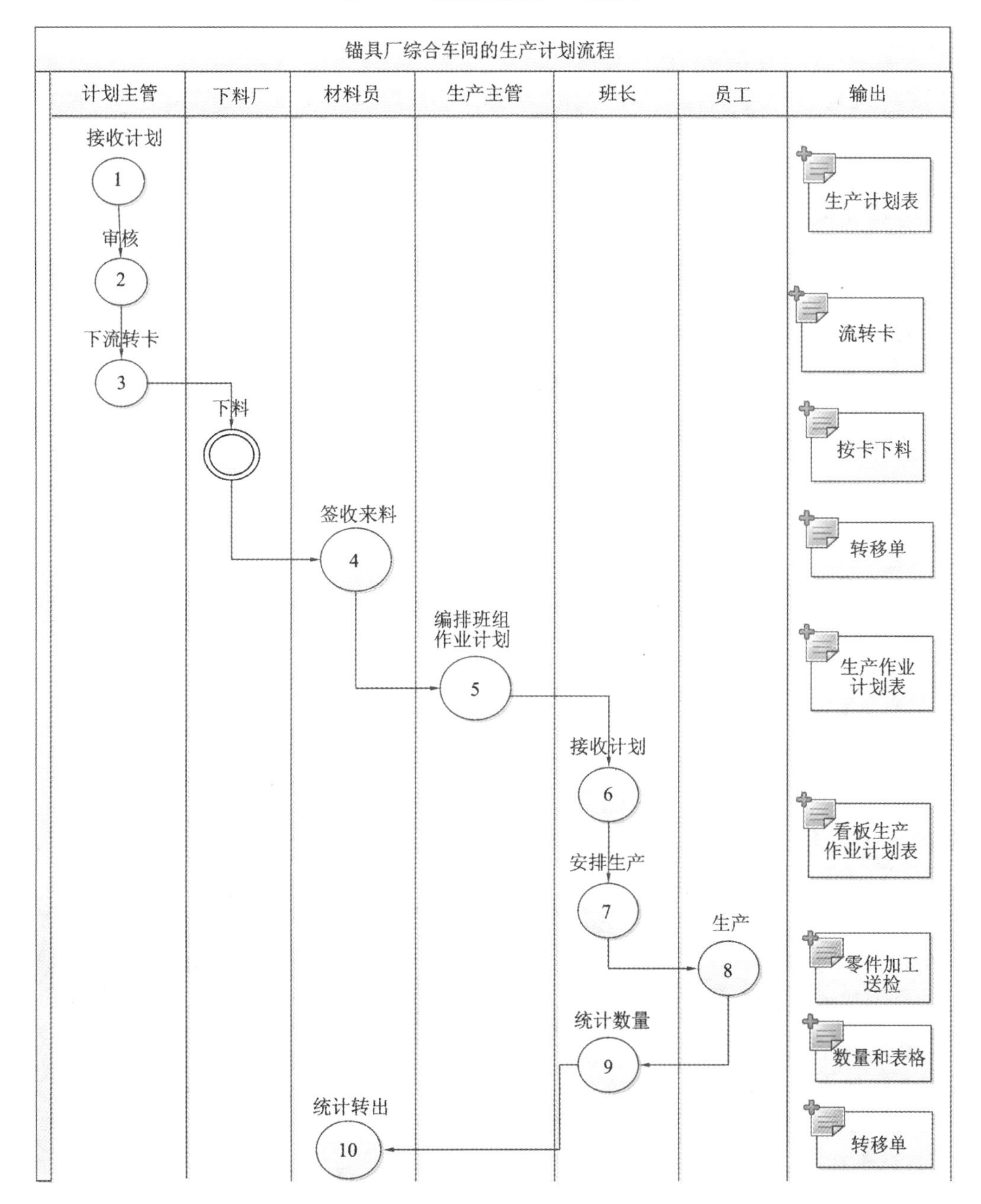

图 6-23　车间内部的生产计划流程

4. 对办公区域的要求

单元生产的要求是把办公地点设在生产现场，以便管理者可以随时监控生产现场的异常，这也是精益企业的一个特色。办公区域如图 6-24 所示。

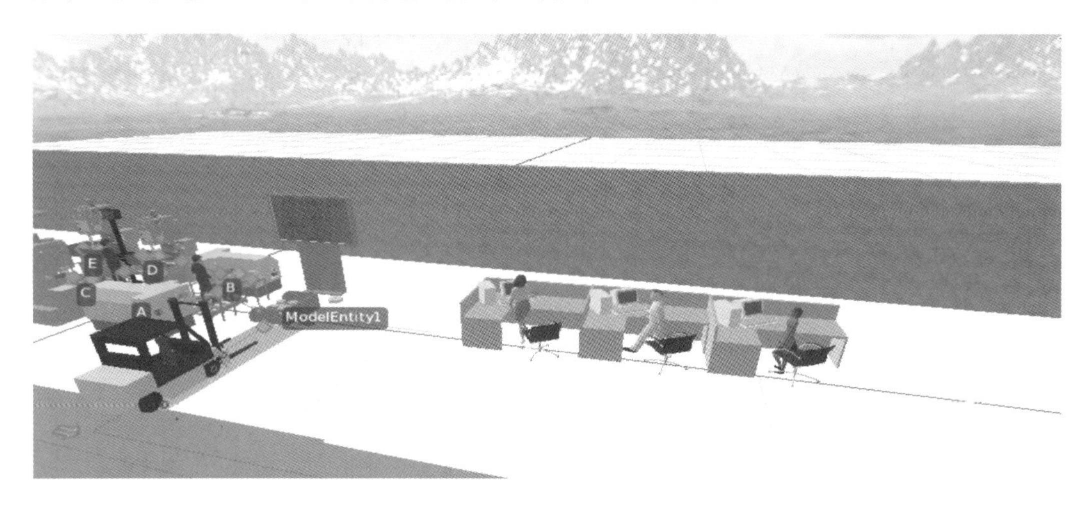

图 6-24　现场办公区域

（四）仿真优化

仿真就是为了能够真实地反映车间的生产现状，并对车间的物料流动方式、机器使用情况、故障率等进行真实的再现，观察仿真的结果是否满足设计的要求。因此必须对车间模型逻辑参数等进行恰当的设置，才能真实地反映车间的现状，帮助管理人员监控，为管理者决策提供准确的依据。锚具厂综合车间的总体仿真如图 6-25 所示。

图 6-25　锚具厂综合车间的总体仿真

1. 调研系统，建立物理模型和数学模型

根据上文的布局和优化后得到图 6-26 所示的仿真模型，图中所有的设备模型都是根据实际测得的尺寸仿真绘制出来的，可以说是真实地再现了现场的情况。

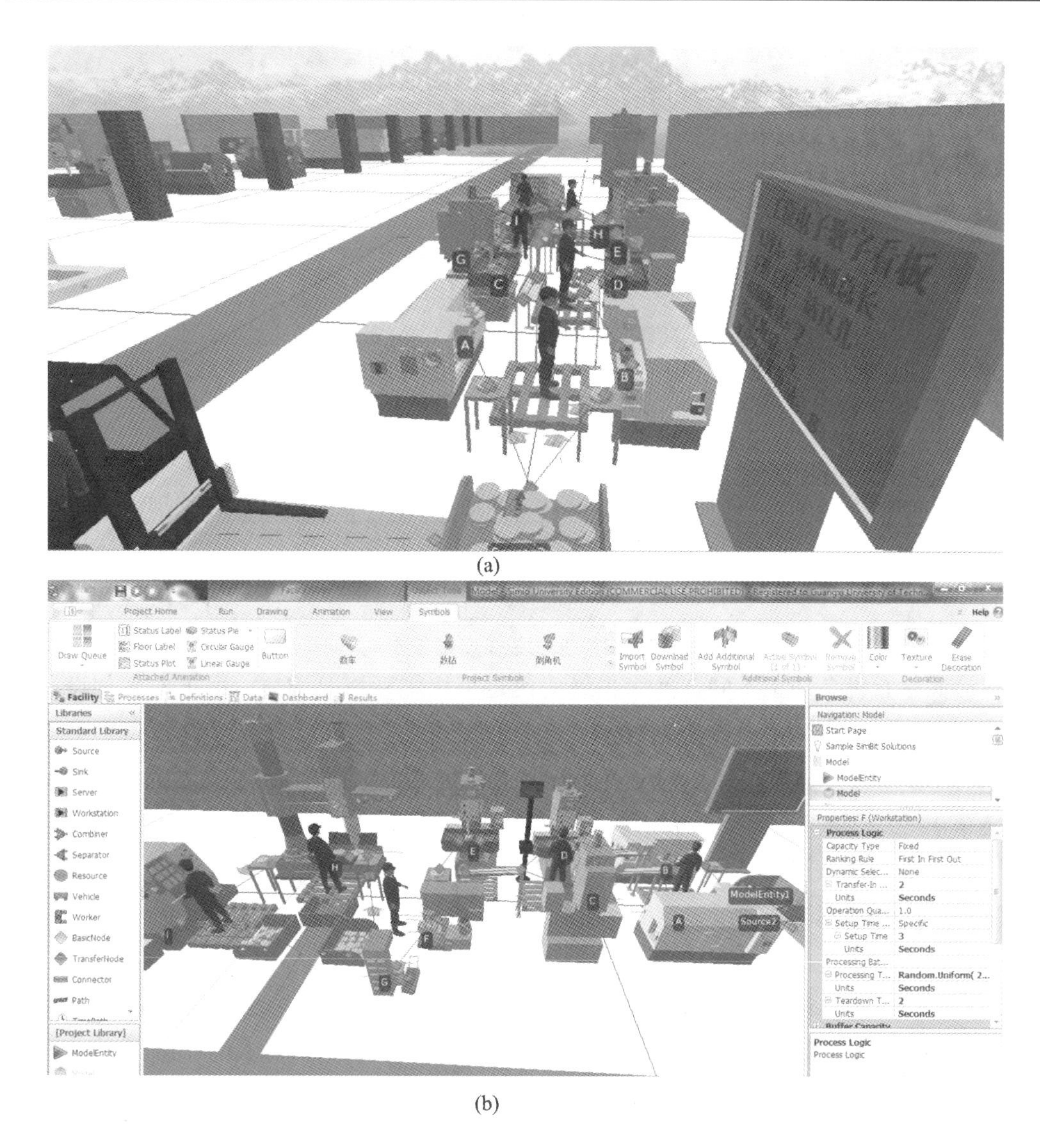

(a)

(b)

图 6-26　锚板线的布局仿真

2. 仿真参数的设定

(1)叉车的运送能力为每次一大料倒,料倒的容量为长×宽×高=1.3 m×1.1 m×0.7 m,每次可以装 70～80 个 5BC 锚板,叉车的最大速度为 2 m/s,加速度为 1 m/s^2。

(2)工序与工序之间的缓冲容量设定为 5 个锚板,由于各工序的加工时间不同,不可能达到完全的平衡,多余的零件就积压在缓冲区。设备故障率服从泊松分布,故故障修复率为 97%。

(3)各种待加工零件到达车间的时间间隔为 1800 s。

(4)上一工序零件流出到下一工序的移动时间(travel time)为 6 s,采用人工传递的方法。设备处理时间(processing time)、加工准备时间(setup time)、拆卸时间(teardown time)、转移时间(transfer-in time)的设定,如图 6-27 所示。

Properties: B (Workstation)	
Capacity Type	Fixed
Ranking Rule	First In First Out
Dynamic Selection Rule	None
⊟ Transfer-In Time	**5**
Units	**Seconds**
Operation Quantity	1.0
⊟ Setup Time Type	Specific
⊟ Setup Time	**10**
Units	**Seconds**
Processing Batch Size	
⊟ Processing Time	**Random.Uniform(55 , 73)**
Units	**Seconds**
⊟ Teardown Time	**7**
Units	**Seconds**

图 6-27　加工设备参数设定

(5)同一台设备加工不同产品优先级的设定可按实际情况调整。由于本案例设计的是单件流的生产方式,因此不会同时加工不同的产品,这样可以避免混料和频繁更换刀具。我们也可以根据生产计划的急件做一些修改。例如,上午 8:00—12:00,生产 A 产品;下午 1:30—4:30,生产 B 产品。

(6)设置物流监视器,以便随时监控每个工位的加工数量,以及对设置状态标签进行可视化的描述,如图 6-28 所示。

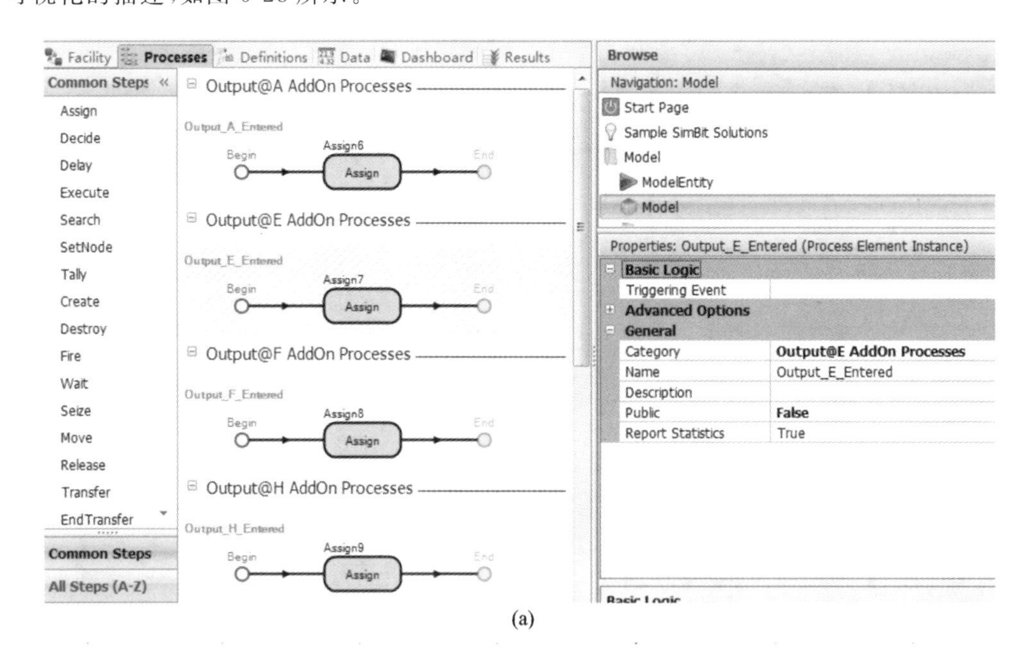

(a)

图 6-28　监视器的触发过程和状态标签

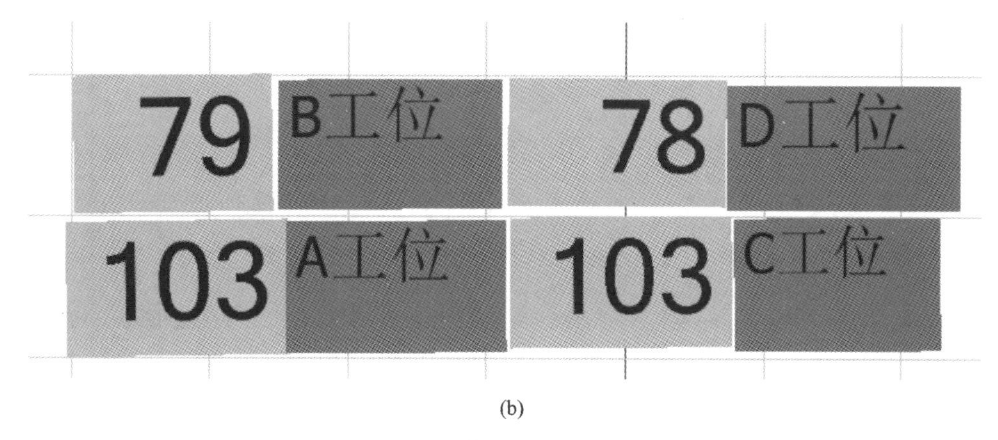

(b)

续图 6-28

3. 仿真结果的输出和分析

仿真结果用这条锚板线总的加工时间即生产周期、每个工位加工时间、加工零件的总等待时间、设备的使用率、搬运的距离和次数、生产节拍、瓶颈工序等结果来衡量这条生产线布置的可行性和合理性。图 6-29 所示为仿真时间 8 小时的输出报告的部分数据。

NumberEntered - Total

Object Name	Data Source	Category	Average	Half Width	Minimum	Maximum
Path12	[Travelers]	Throughput	245	非数字	245	245
Path13	[Travelers]	Throughput	209	非数字	209	209
Path14	[Travelers]	Throughput	454	非数字	454	454
Path15	[Travelers]	Throughput	454	非数字	454	454
Path16	[Travelers]	Throughput	391	非数字	391	391
Path17	[Travelers]	Throughput	391	非数字	391	391
Path18	[Travelers]	Throughput	391	非数字	391	391
Path19	[Travelers]	Throughput	390	非数字	390	390
Path2	[Travelers]	Throughput	249	非数字	249	249
Path20	[Travelers]	Throughput	390	非数字	390	390
Path21	[Travelers]	Throughput	389	非数字	389	389
Path22	[Travelers]	Throughput	389	非数字	389	389
Path23	[Travelers]	Throughput	379	非数字	379	379
Path24	[Travelers]	Throughput	379	非数字	379	379
Path3	[Travelers]	Throughput	209	非数字	209	209
Path4	[Travelers]	Throughput	209	非数字	209	209
Path5	[Travelers]	Throughput	249	非数字	249	249
Path6	[Travelers]	Throughput	246	非数字	246	246
Path7	[Travelers]	Throughput	209	非数字	209	209
Path8	[Travelers]	Throughput	246	非数字	246	246
Path9	[Travelers]	Throughput	209	非数字	209	209
Sink1	InputBuffer	Throughput	320	非数字	320	320
Sink2	InputBuffer	Throughput	378	非数字	378	378
Source1	OutputBuffer	Throughput	320	非数字	320	320
Source2	OutputBuffer	Throughput	458	非数字	458	458
A	InputBuffer	Throughput	249	非数字	249	249
A	OutputBuffer	Throughput	246	非数字	246	246
A	Processing	Throughput	247	非数字	247	247
B	InputBuffer	Throughput	209	非数字	209	209
B	OutputBuffer	Throughput	209	非数字	209	209

图 6-29　仿真报告输出表

NumberEntered - Total

Object Name	Data Source	Category	Average	Half Width	Minimum	Maximum
B	Processing	Throughput	209	非数字	209	209
C	InputBuffer	Throughput	246	非数字	246	246
C	OutputBuffer	Throughput	245	非数字	245	245
C	Processing	Throughput	246	非数字	246	246
D	InputBuffer	Throughput	209	非数字	209	209
D	OutputBuffer	Throughput	209	非数字	209	209
D	Processing	Throughput	209	非数字	209	209
E	InputBuffer	Throughput	454	非数字	454	454
E	OutputBuffer	Throughput	391	非数字	391	391
E	Processing	Throughput	392	非数字	392	392
F	InputBuffer	Throughput	391	非数字	391	391
F	OutputBuffer	Throughput	391	非数字	391	391
F	Processing	Throughput	391	非数字	391	391
G	InputBuffer	Throughput	391	非数字	391	391
G	OutputBuffer	Throughput	390	非数字	390	390
G	Processing	Throughput	391	非数字	391	391
H	InputBuffer	Throughput	390	非数字	390	390
H	OutputBuffer	Throughput	389	非数字	389	389
H	Processing	Throughput	390	非数字	390	390
I	InputBuffer	Throughput	389	非数字	389	389
I	OutputBuffer	Throughput	379	非数字	379	379
I	Processing	Throughput	380	非数字	380	380

续图 6-29

通过图 6-29 可以看出每台设备一天工作 8 小时的输入输出量，以及每台设备之间的物流流动量。图 6-30 所示为 5BC 锚板的各机床的生产数量，A、B 机床是车外圆的，C、D 机床是钻直孔的，E 机床是钻锥孔的，F 机床是倒角的，G 机床是压字的，H 机床是粗铰和精铰的，在 8 小时内基本可以实现拉动式的生产。前面设定 5BC 锚板的目标班产量是 400 件，而最后一道工序 H 的产出量为 389 件，基本满足了设定的生产要求。

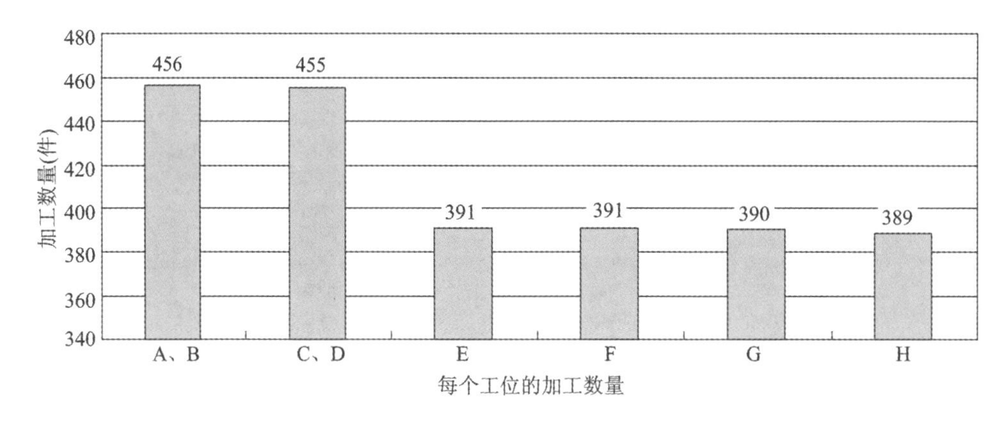

图 6-30　5BC 锚板的各机床的生产数量平衡墙

图 6-30 中的人员配置是 1 人操作 A、B 数控车床，1 人操作 C、D、E 数控钻床，1 人操作 F 倒角和 G 压字机床，1 人操作 1 台 H 摇臂钻。从精益生产的角度考虑，这条锚板生产线体现了当初的设计构想，经过仿真的验证也说明该布局方案的可行性。

（五）改善前后的对比

1. 厂内生产周期缩短了35%

在改善前的产能分析中，锚板的生产节拍是108.4 s，按每天有效工作时间7.5 h计算，生产常规锚板1000件一个批量的生产周期是4.0天，经过改善，仿真结果表明在单元生产中，节拍为70.04 s，生产1000件产品需要20.4小时，约2.6天，生产周期缩短了35.0%。缩短生产周期能够更好地保证产品的交货期，加速流动资金的周转，提高经济效益。改善前后的生产周期对比如图6-31所示。

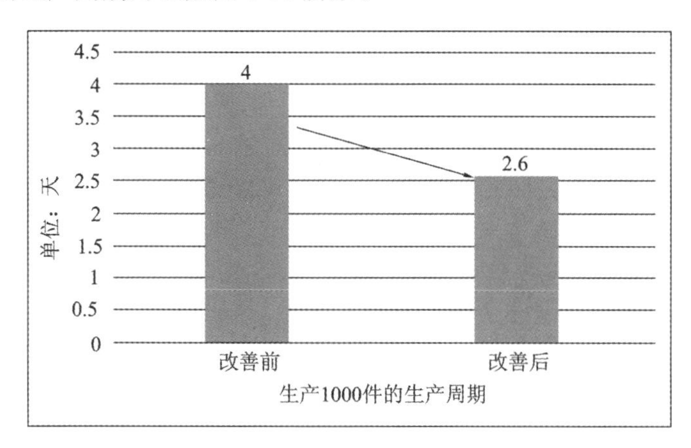

图6-31　改善前后的生产周期对比

2. 物流距离缩短了10.4%

从圆P锚的物流现状分析图（图6-7）中，可知其在车间的物流距离是125m，而在单元内的最长物流距离也就13m。

3. 人工成本降低了44.4%

之前的岗位分配是一人一机的，现在改为单元布局后，一人可以操作多台机床，由之前的9人减为4人，每年可以减少大约16万元的人工成本。

4. 基本实现了单件流，物料没有滞留

之前是按批量加工和批量搬运的，不仅生产周期长，而且需要使用叉车和行吊等搬运工具，成本高而效率低。在单元生产线内部，竟是用手一件一件地把加工零件流转到下一工位。

5. 生产柔性提高了

单元生产布局使产品的生产周期缩短了，也就是说产品的切换时间变短了，可以适应多品种小批量的生产。

本案例通过大量的研究和资料分析，综合车间的具体情况，运用精益生产的理念以及现场改善的一些方法，对车间的情况进行了系统的分析和改善。SLP理论是分析车间物

流比较好的方法，物料流和库存是发现车间布局是否合理最直接的途径。再结合精益生产的思想，建立了锚板生产线的平衡生产、拉动式的生产，一人多机操作，基本实现了单件流的生产方式。结合计算机仿真技术，提出了一种基于虚拟仿真的制造车间设备布局的方法。本案例的研究也是在公司大力推行精益生产项目的背景下有效开展的，主要对车间的设备布局方法和仿真技术实现方面进行了研究。

本案例是基于精益生产理念的单元生产设施布局，并结合计算机仿真技术对目前的机械加工车间的设备进行优化布局的研究。这种方法对于解决目前很多相对简单的车间布局问题都是很有效的，因为这种方法不需要进行大量烦琐的数学运算和编程，对于缩短方案的研究周期很有帮助。但是在涉及比较复杂的生产系统布局的时候，可以从下面几个角度来思考问题：

①涉及较为复杂的生产布局，可以先考虑建立模型，在仿真的基础上进行研究，避免改善的盲目性。

②车间的布局问题一直以来都没有一种好的方法或理论可以一次性解决，所以在布局方案之前要对比多种理论，在布局的过程中要根据实际情况做出修正。

③精益生产理念可以有效解决企业的浪费问题，提高生产效率和降低生产成本。但是在企业的实际推行中，阻力很大而且很难长期保持下去，所以要求企业要对员工进行精益生产的相关培训，树立这种思想，形成一种积极改善的文化氛围。

1. 在定性因素转化为定量因素的过程中，除了加权因素法之外，还有其他方法吗？请说说它们的步骤。

2. 在系统布置设计(SLP)中，要对五种基本要素进行分析，这五种要素分别是什么？其分析的目的分别是什么？

案例7 大型结构件精益流制造的应用与研究

引言

通过对工艺流程分析、工作研究分析、线平衡分析、物流动线分析等的研究和导入，将精益流贯穿到生产线的整个改进过程中，从信息流、实物流、工艺流程、产线布局、制造周期及节拍控制、存量控制等方面对生产系统进行系统的改进。结果表明，精益流的实施，为打破离散型的大型结构件生产开辟了新的运用方式，更好地满足多品种小批量的产线需求，以更小的面积、更大的效率、更小的存量，实现了精益制造，为公司其他大型结构件的生产建立了样板，研究成果对行业大型结构件的制造具有一定的参考价值。

一、大型结构件生产线及其生产现状

大型结构件是装载机产品的核心部件，是装载机大型钢结构件（前车架、后车架及动臂），其生产线的构件制造水平和产品性能目前居于国内同行领先水平。后车架因结构复杂，部件多，制造流程长，一直是需要不断提升的核心产品。近年来，市场对装载机的需求持续增加，对产品质量的要求不断提高，面对激烈的市场竞争，离散型的生产过程已经无法满足市场需求。因此，迫切需要改善制造生产流程，引入精益流的概念和方法，对现有的生产过程进行分析，不断优化工艺流程和工序，对产线进行精益布局，使制造生产流程能以更低的成本、更高的效率提升产品竞争力。

（一）典型产品

由于后车架质量问题而影响整机的装配，在整机装配影响因素中排名第一，占比37%；产能不足影响整机装配占比21%，排名第二，如图7-1所示。公司预测后车架的年产量为16141件，而C系列后车架年产量为13236件，占总产量的82%，按每月22.5天工作制，每天有效作业时间420分钟，产能需求为49件/天，所以C系列后车架质量及产能急需提升。

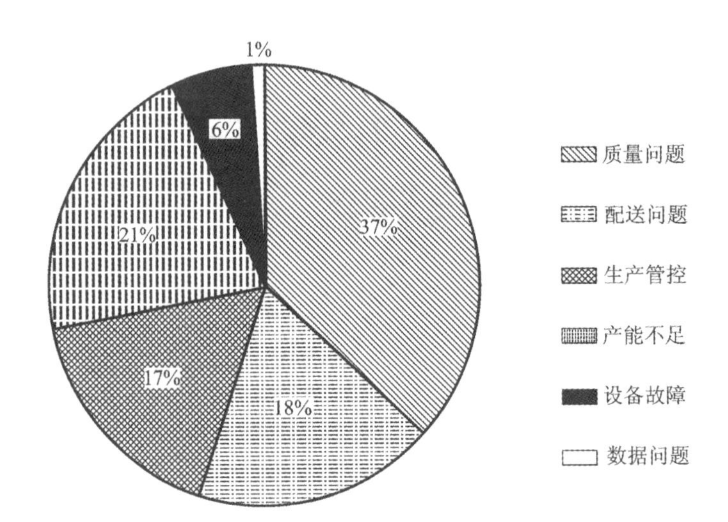

图 7-1　后车架年生产影响整机装配因素占比

（二）C系列后车架生产系统分析

针对C系列后车架的质量和产能问题，研究的对象是C系列后车架生产系统，它由来料投入，通过生产系统的活动过程，产出C系列后车架。进一步分析，其生产系统由大梁拼焊、拼搭、焊接、镗铰接孔、钻孔、拼焊圆钢、手电钻及攻丝、修磨、涂装等九大工作要素组成，如图7-2所示。九大工作要素是一个增值过程，每个作业过程均对C系列后车架的质量和产能产生影响，因此需要进一步分析工艺流程来进行改善。

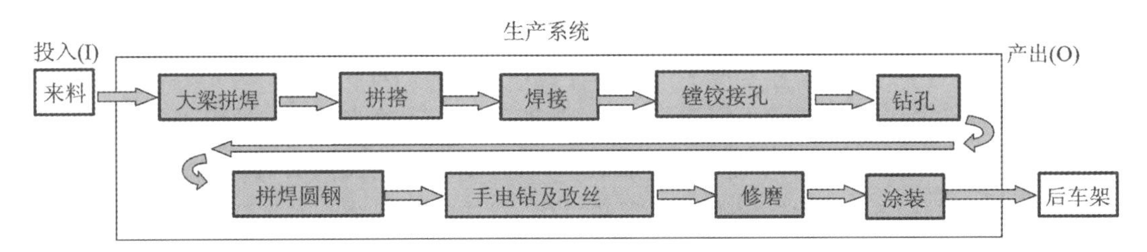

图 7-2　C系列后车架生产系统构成

（三）工艺流程分析

详细记录整个工艺流程，是系统性、全面性改进生产系统的重要技术和方法。因此，对C系列生产系统所有的工艺流程进行调查、记录，发现加工活动有18次，搬运活动有43次，缓存停滞有15处，质检有2处，其工艺流程如图7-3所示。通过对工艺流程的分析，可看出加工活动比较多，生产过程相对复杂，因此要针对加工过程进行详细的记录和研究。其次是搬运活动占据了整个活动的一大半，是完全不增值的过程，需要重点加以改进。缓存位置多，物料停滞多，对生产周期的影响较大，不利于快速生产并提供给客户，需要尽可能消除。过程检验点少，只放在一头一尾，对过程的质量控制偏弱，极容易到最后环节才发现不合格品，影响生产质量和成本。

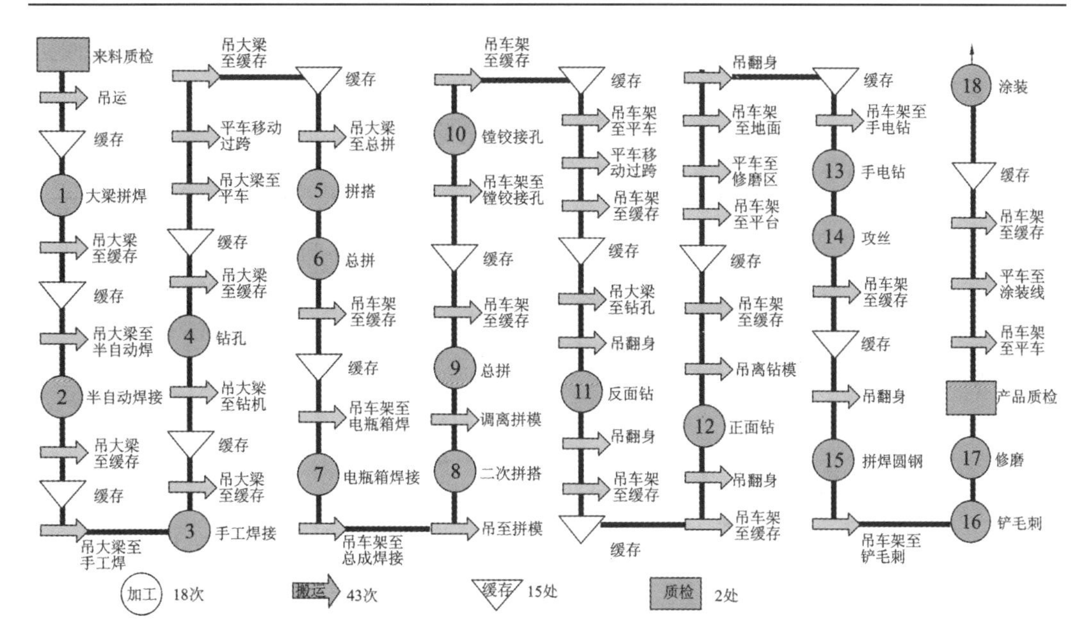

图 7-3　C 系列后车架工艺流程

（四）整体生产布局经路分析

根据 C 系列后车架生产布置及后车架的移动路线，发现后车架离散作业多，起吊多，停滞点多，生产区域占用了 4 个大厂房车间，占地面积高达 4904 m^2；物流交叉及逆流多，流转跨度大，流转距离达到 177 m，产品生产路径如图 7-4 所示。对每个缓存区域进行半成品数量记录和统计，连续记录 7 天的库存量，制品平均日存量高达 150 台，是目标日产量的 2.88 倍。

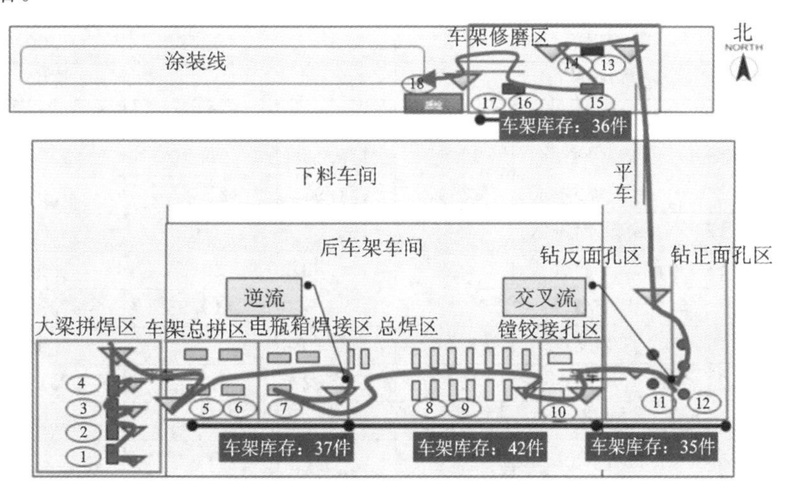

图 7-4　C 系列后车架生产路径

（五）生产过程进行时间测量

AST 是 MTM 方法的一种，对动作要素进行时间赋值，结合设备标准用时，循环作业后进行时间汇总，获得作业循环时间。通过 AST 动作分析，如表 7-1 所示，确定每个工序的增值时间、非增值时间，为绘制线平衡墙提供基础数据，为精益流的生产布局提供改进依据。通过对各工序的时间测定，整个作业周期的平均增值时间比为64.3%，见表7-2，非增值主要由吊运、行走、调整时间长造成，所以需要消除各工序不必要的非增值时间。

表7-1　工序动作研究分析

动作研究分析(时间:分钟)							
工步	操作		时间		对时间的分析		
	No	操作步骤	每一步	累计	增值时间	非增值时间	备注
吊装车架	1	吊车架	1.57	1.57		1.57	串行
	2	固定车架	1.43	3.00		1.43	串行
	3	涂飞溅液	5.00	8.00		5.00	串行
工步小计						8.00	
吊装驾驶室支座拼搭工装	4	吊装驾驶室支座工装	0.75	8.75		0.75	串行
工步小计						0.75	
拼焊驾驶室支座	5	加支撑板	0.50	9.25	0.50		串行
	6	装驾驶室前支撑	0.67	9.92	0.67		串行
	7	点焊	1.20	11.12	1.20		串行
工步小计					2.37		
卸下驾驶室拼搭工装	8	卸模	0.90	12.02		0.90	串行
	9	放回原地	0.58	12.60		0.58	串行
工步小计						1.48	
焊接车架	10	翻转焊反面	41.27	53.87	39.93	1.33	串行
	11	焊耳板	4.33	58.20	4.33		串行
	12	翻转焊右面	7.52	65.72	6.52	1.00	串行
	13	翻转焊左面	6.73	72.45	5.73	1.00	串行
	14	翻转焊正面	44.93	117.38	43.93	1.00	串行
	15	翻转焊右面	22.07	139.45	21.07	1.00	串行
	16	翻转焊左面	22.47	161.92	21.47	1.00	串行
	17	翻转正面补焊	4.63	166.55	3.63	1.00	串行
	18	翻转反面补焊	4.25	170.80	3.25	1.00	串行
工步小计					149.86	8.33	
打磨焊缝接头	19	打磨反面	3.90	174.70		3.90	串行
	20	打磨正面	2.12	176.82		2.12	串行
工步小计						6.02	
卸下车架	21	检查，填写点检表	5.95	182.77		5.75	并行
	22	等待行车	5.75	188.52		5.75	串行
	23	松开卸下车架	1.83	190.35		1.83	并行
工步小计						13.33	

表 7-2　作业时间统计

工序名称	工位数	CT(分钟)	单台时间(分钟)	增值时间比
大梁拼焊	2	13.8	6.9	55%
大梁半自动焊	2	19.2	9.6	68%
大梁手工焊	2	17.9	9.0	83%
大梁钻孔	2	12.2	6.1	79%
拼搭、总拼	3	28.7	9.6	45%
电瓶箱焊	3	26.8	8.9	66%
二次拼、总拼	15	190.7	12.7	80%
镗铰接孔	2	16.4	8.2	51%
反面钻	2	18.4	9.2	52%
正面钻	3	37.1	12.4	69%
手电钻	1	11.8	5.9	72%
攻丝	1	6.0	6.0	76%
拼焊圆钢	2	35.7	17.9	42%
铲毛刺	2	36.9	18.5	64%
修磨	2	25.6	12.8	75%
涂装	11	88.0	6.9	52%
合计		585.2		

(六)线平衡现状及分析

将所有工序时间测量完成后,绘制成生产线平衡分析图,见图 7-5。通过对 C 系列后车架的比较分析,发现生产线节拍时间为 18.5 分钟/件,不能满足 8.6 分钟/件的顾客节拍要求,超出顾客需求节拍 8.6 分钟/件的瓶颈工序集中体现在拼焊圆钢、铲毛刺、修磨(瓶颈 1),反面钻、正面钻、手电钻(瓶颈 2),二次拼、总拼(瓶颈 3),大梁半自动焊(瓶颈 4),拼搭、总拼(瓶颈 5)。

通过分析可知,线平衡率仅为 56.5%,平衡损失率高达 43.5%,生产过程存在严重的不平衡,需要进行瓶颈和平衡的改善。

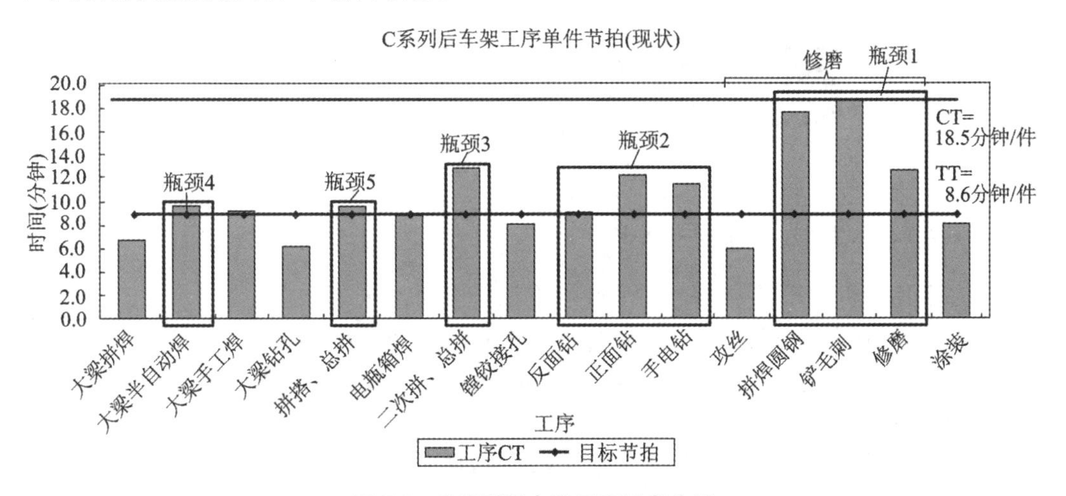

图 7-5　C 系列后车架工序平衡分析

(七)质量内反馈前3位问题分析

质量是影响整机装配的第一因素。通过质量内反馈数据分析,C系列后车架内反馈的问题主要是孔偏,尺寸超差,漏拼、错拼,占总反馈率的88.8%,见表7-3。这也是后车架质量问题影响整机装配的主要原因,其返修的影响时间高达54.7分钟。

表7-3 质量内反馈分析

顾客质量内反馈		缺陷					
		目的	名称		反馈数	占比(%)	单件平均返修时间(min)
装配工厂	装配内反馈率3.3%,孔偏、尺寸、间隙大、漏拼、错拼等问题反复出现	降低ZL50CN后车架车间内反馈率	1	左右封板孔位偏	211	43.0	15.3
			2	油箱至龙门架孔尺寸超差	135	27.5	30.6
			3	圆钢漏拼、错拼	90	18.3	8.8

(八)安全风险分析

安全一直是有效作业的前提,作业安全风险高,也极易造成重大安全事故。通过对物的不安全因素和人的不安全行为的观察,如图7-6所示,员工在整个作业过程中的行为均合理,但使用大行车对后车架吊运和翻转次数明显较高,达39次,这样员工就处于高风险的作业环境中,使用行车进行车架流转安全风险高。

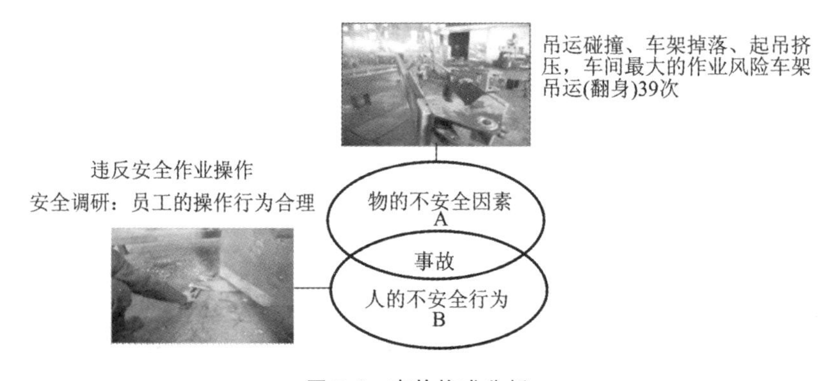

图7-6 事故构成分析

(九)生产系统主要存在的问题

经过上述分析可知,生产系统中主要存在以下问题:

(1)装配质量反馈率高,反馈率为3.3%,高于1.9%的指标要求。

(2)生产节拍时间长,平均18.5分钟/件,装配工厂1天1班需求49件,需求节拍TT为8.6分钟/件。

(3)车间在制品存货量高,通过现场存量统计,日平均库存150件。

(4)吊运频繁(作业风险最高),单台工件行车使用次数39次。

二、改进目标设定：质量Q、安全S、效率R、成本C

为达成装配工厂对质量和产能目标，需要确定整体项目的目标，以目标导向来实现生产系统的整体提升。

(1)质量内反馈率，降低42%，达成公司年度质量内反馈率1.9%的目标，见图7-7。

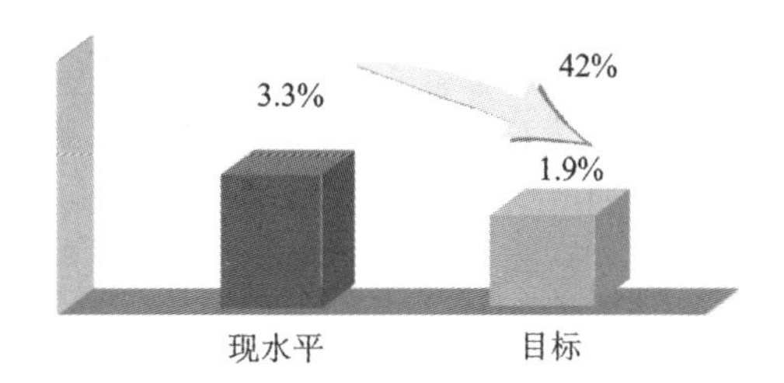

图7-7 质量内反馈率

(2)生产节拍时间，降低54%，实现顾客需求节拍内准时完成后车架的生产，见图7-8。

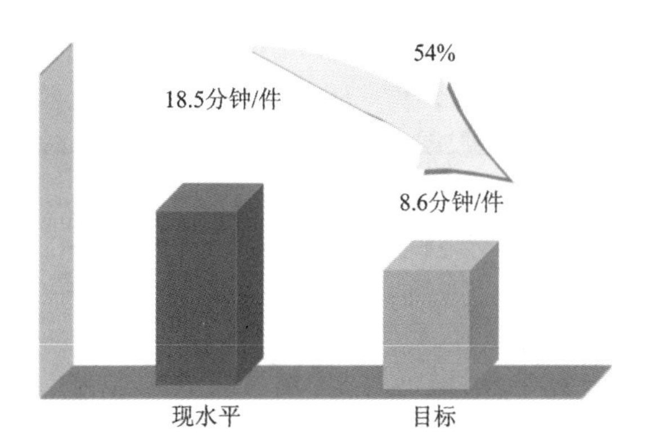

图7-8 生产节拍时间

(3)日平均库存，降低30%，减少库存资金的占用，见图7-9。

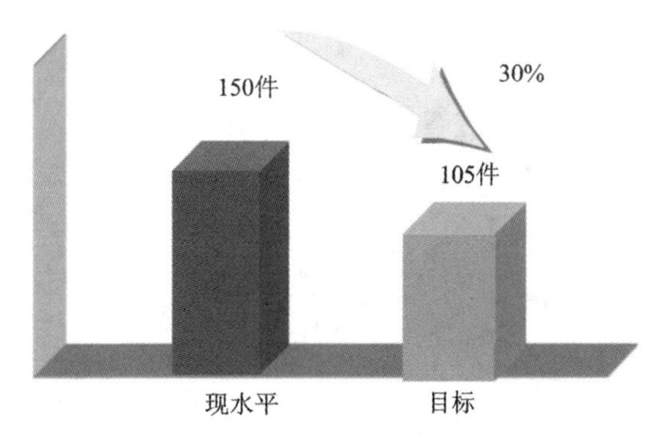

图7-9 日平均库存

(4)单台工件大行车使用次数，降低30%，降低行车高风险作业的作业位数，见图7-10。

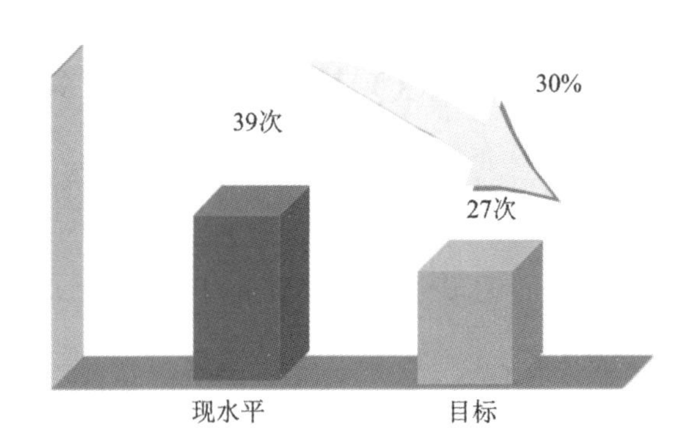

图 7-10 单台工件大行车使用次数

三、改进方法

（一）整体改进思路

图 7-11 所示为改进思路框架。

第一步，针对工艺流程需要工业工程 ECRS 四大原则，优化后车架生产工艺流程。首先取消可以取消的工序，然后再进行合并、重排、简化。运用工作研究和设备改善来优化工序，使得工序作业时间缩短，达成同步作业，提高增值时间占比率。运用线平衡优化方法，提高生产系统的平衡率，减小平衡损失。

第二步，在实现同步化作业的基础上，实现精益流布置，完成一个工序作业，产品可以快速流到下一道工序，逐步形成单元化生产，同时改进流转的方式，取消部分行车吊运。

第三步，在实施同步化生产和布置完精益流以后，进行部分设备的自动化改造，减少工序之间不必要的物料存量。

第四步，优化工序，优化布局，优化设备，需要进一步保证工艺和工装的保障能力，工艺标准化、工装的便捷化、员工技能的良好发挥，实现安定化的生产，减少生产过程中的波动。

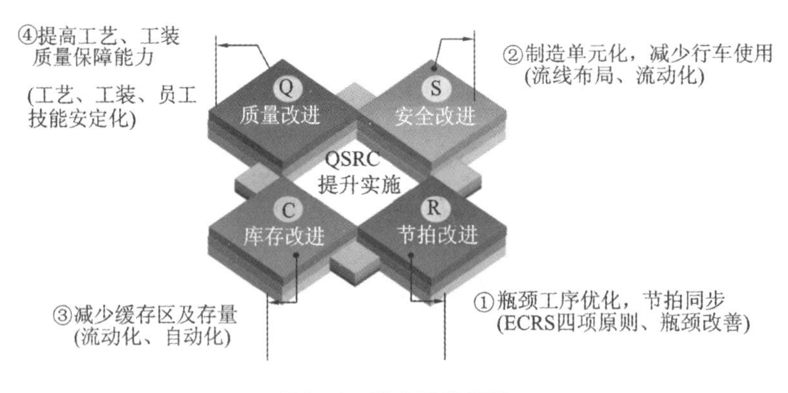

图 7-11 改进思路框架

（二）瓶颈工序优化，节拍同步

运用ECRS原则，进行工艺流程系统化改进，如图7-12所示，优化数据如图7-13所示。通过一体化设计优化，直接下料形成电瓶箱部件，取消电瓶箱焊接的工序。将反面钻的工序前移到供应商。二次拼搭合并到拼搭工序中，在一道工序就将所有的拼搭作业完成。将大梁钻孔的工序前移到大梁拼焊，减少钻孔的定位时间。优化总拼的工艺，减少人工画线定位拼搭，设计一体化的拼搭工装，员工直接进行拼搭点焊，作业效率提升，拼搭的质量获得了较大的提高。正面钻作业时间长，进行拆分，形成多个工位串联作业。修磨和铲毛刺的作业时间较长，进行拆分作业。大梁的半自动焊时间长，需要人手推设备进行焊接，劳动强度大，存在着非增值时间，可采用全自动化的焊接，人工不再进行干预。

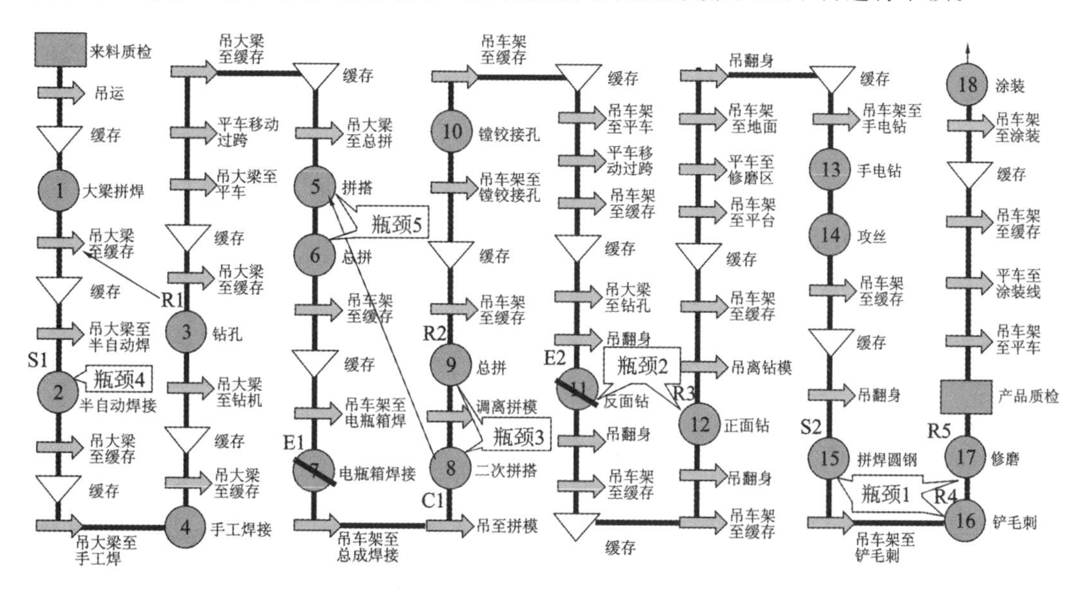

图7-12　工艺流程优化

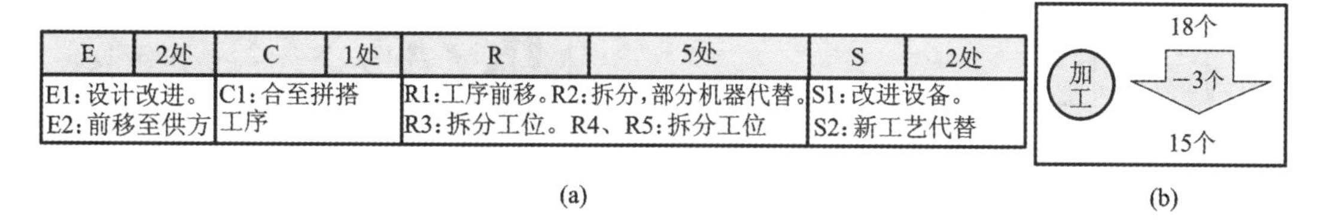

E	2处	C	1处	R	5处	S	2处
E1：设计改进。 E2：前移至供方		C1：合至拼搭工序		R1：工序前移。R2：拆分，部分机器代替。 R3：拆分工位。R4、R5：拆分工位		S1：改进设备。 S2：新工艺代替	

(a)　　(b)

图7-13　工艺流程优化数据

经过工序优化之后，瓶颈工序的作业时间得到优化，各作业时间进行观测确认，将作业时间形成新的线平衡，如图7-14所示。经过线平衡率的计算，各工序的作业时间基本同步化，生产线节拍时间为8.4分钟/件，满足8.6分钟/件的顾客节拍要求，消除了多个瓶颈工序。线平衡率从56.5%提高到87.0%，平衡损失率仅为13%。

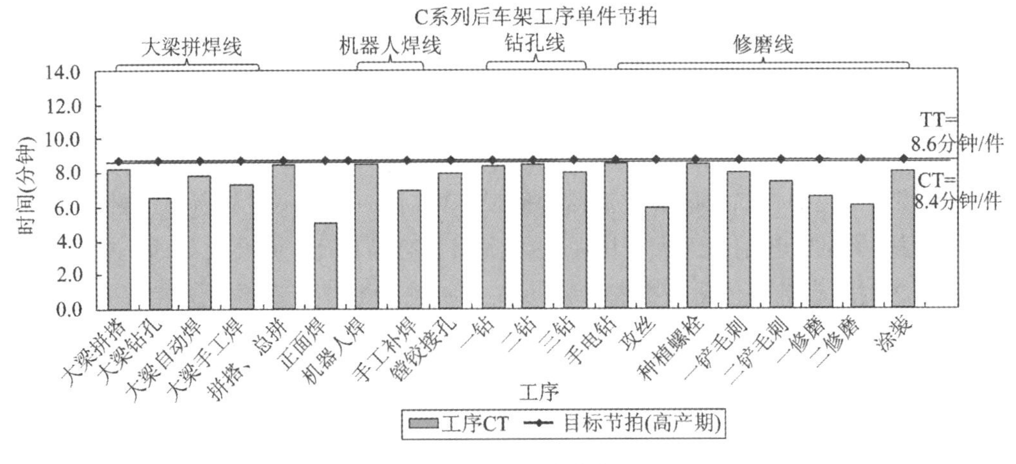

图 7-14　线平衡优化

（三）制造单元化，减少行车使用，减少缓存区及存量

工序同步化，奠定了实现精益流布局的基础，通过工业工程的产品布置方法运用，将各工序尽可能集中在一个小区域形成流的作业方式，部分工序形成一个流。部分工序和工序之间取消行车的吊运。通过精益布局的设计，如图 7-15 所示，存放处从 15 处减少到 7 处，库存数减少到 68 件，基本消除逆流和交叉流的现象。整个后车架生产物流距离从 372.3 m 减少到 153 m，占地面积从 4904 m^2 减小到 3166 m^2，行车台数从 9 台减少到 5 台，吊运次数由 39 次减少到 10 次。

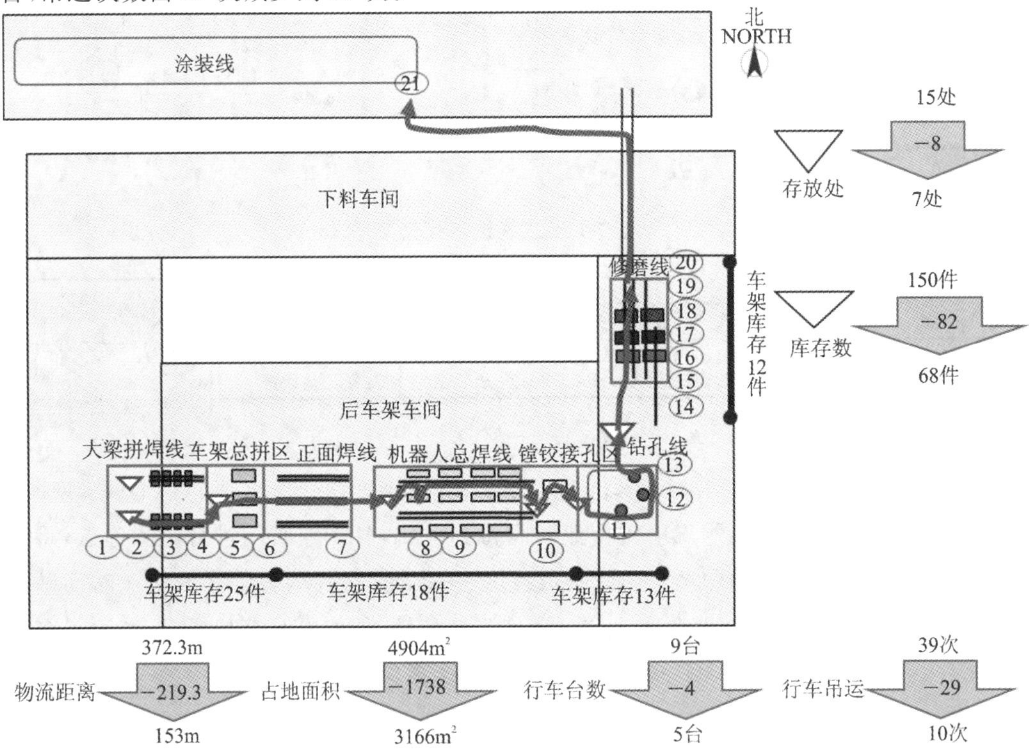

图 7-15　生产布局优化

(四)提高工艺、工装质量保障能力

大梁半自动化焊接设备进行自动化改造,如图 7-16 所示,自动夹紧,滑轨流动,减少停滞,整个过程都不需要人工干预,实现全增值化生产,作业时间从 9.6 分钟/件降低到 7.9 分钟/件。

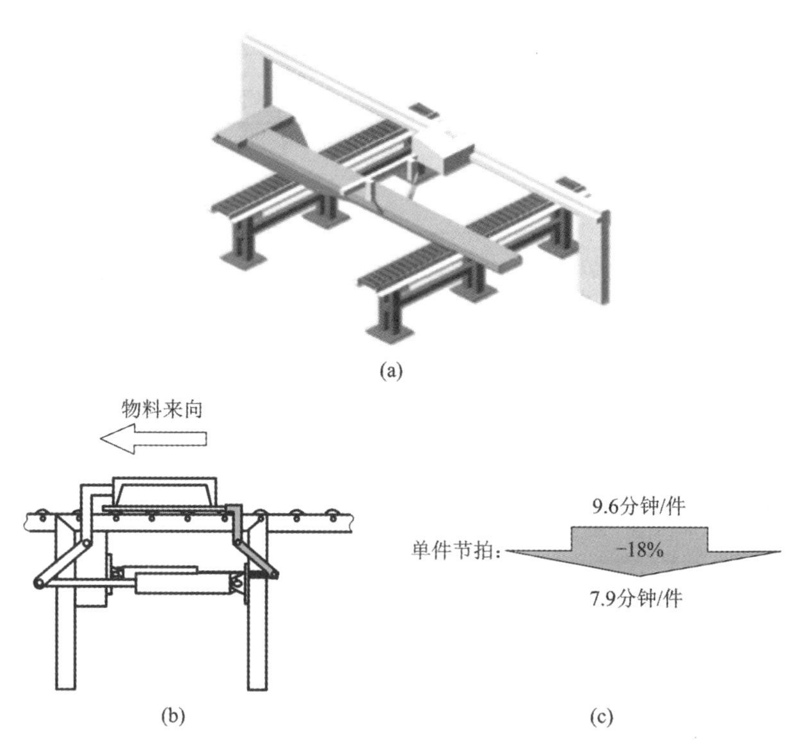

图 7-16　大梁全自动化焊接设计

总焊机器人化(见图 7-17),自动夹紧焊接,自动流转小车,减少停滞。

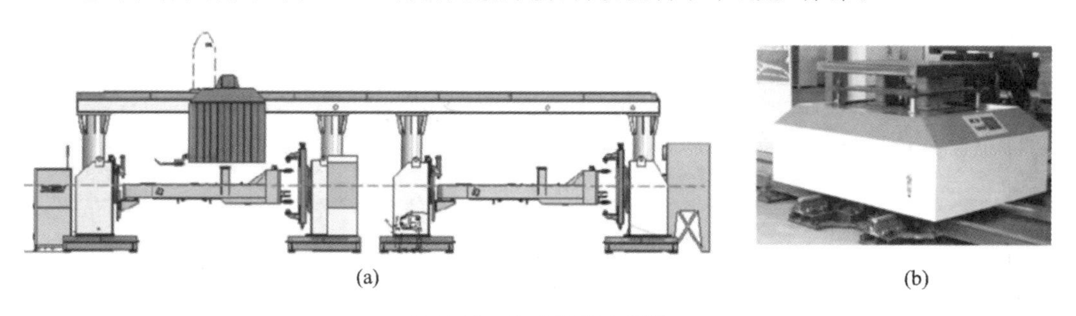

图 7-17　总焊机器人设计

(五)识别质量缺陷的根本原因,进行工艺优化

通过分析质量工具树图(见图 7-18),识别出后车架内反馈率的主要原因。如左右封板孔位偏的原因,一是员工画线技能不足,定位与标准存在着偏差,因此需要对员工的技能进行进一步的培训,消除技能作业的偏差;二是画线定位样板尺寸存在着偏差,造成定位基准不符合标准,需要对拼焊模板进行修复。又如油箱至龙门架孔尺寸超差的原因,经

过对工装的三坐标检测，发现总拼工装定位磨损，造成定位尺寸不符合标准，因此需要对总拼工装进行修复。再如圆钢漏拼、拼错的原因，一是无拼焊工艺文件，员工拼焊没有标准，因此需要增加圆钢拼焊工艺文件进行指导；二是拼焊物料没有点检表，在拼焊前没有进行检查，因此需要增加拼焊物料点检表进行拼焊前检查。

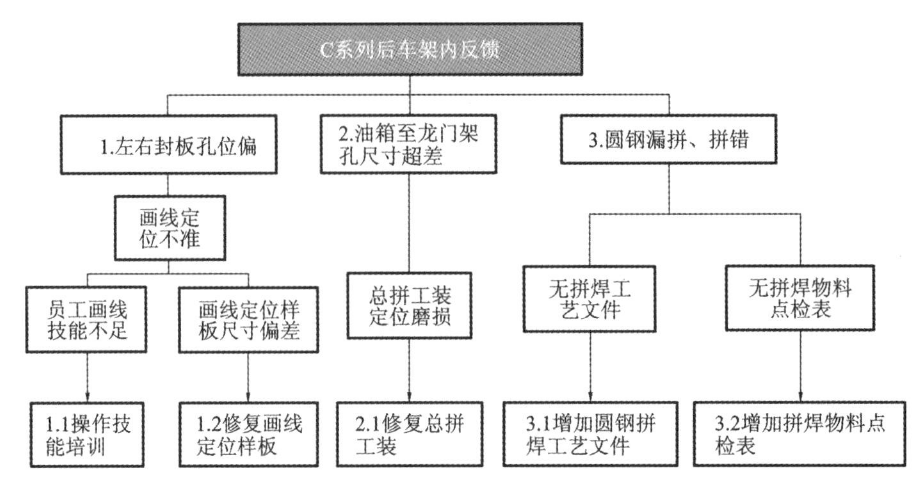

图 7-18　质量分析树图

四、实施

（一）编制改进计划

确定改进专项，安排负责人组织改进，项目改进计划如表 7-4 所示。

表 7-4　项目改进计划

项目		改进计划	负责人	支持人	完成情况
R	①瓶颈工序优化，节拍同步	瓶颈 1：拆分铲毛刺、修磨，种植螺栓工艺代替手工焊圆钢。 瓶颈 2：合并二拼搭工序，总焊拆分为正面焊、机器人焊、手工焊。 瓶颈 3：反面钻工艺前移供方，正面钻拆分为三个工位。 瓶颈 4：半自动焊改造为自动焊。 瓶颈 5：总拼工序减少行车干涉，增加 KPK	××	××	完成
S	②制造单元化，减少行车使用	建立大梁拼焊线、总拼单元、总焊线、钻孔线、修磨线，不同机型可以混线生产	××	××	完成
C	③减少缓存区及存量	增加滑道和自动流转小车，改造设备，快速定位，现场物料定置，进行物料齐套配送	××	××	完成
Q	④提高工艺、工装质量保障能力	进行质量改进，提高工艺、工装质量保障	××	××	完成

（二）瓶颈 1 改进

建立修磨线，工序之间增加滑道，将离散型的铲毛刺方式改进成了流线化的铲毛刺方式，如图 7-19 所示。员工不再弯腰作业，作业时间从 18.5 分钟/件降低到 7.5 分钟/件，如表 7-5 所示。

离散作业，走动操作，频繁吊运，节拍时间长；员工长时间下蹲作业，劳动强度大

(a) 改进前

拆分铲毛刺、修磨；种植螺栓工艺代替手工焊圆钢；增加滑道，流线化单元，员工固定操作，无须频繁吊运

(b) 改进后

图 7-19　瓶颈 1 改进前后对比

表 7-5　瓶颈 1 改进前后对比数据

项目	改进前	改进后	改进效果	
库存(件)	36	12	减少 24	经过改进，最终铲毛刺及修模工序 CT 由 18.5 分钟/件降低至 7.5 分钟/件
单件工件流转距离(m)	87.7	43.4	减少 44.3	
占地面积(m^2)	1680	984	减少 696	
行车(台)	2	1	减少 1	

（三）瓶颈 2 改进

建立制造单元——总焊线，焊接的过程全部由机器人来进行操作，人工只进行补焊，如图 7-20 所示。整个过程仅由自动流转小车流转，焊接时间由原来的 13 分钟/件降低到 8.3 分钟/件，如表 7-6 所示。

吊运集中、频繁，总拼全部人工焊接，焊接时间长，劳动强度大

(a) 改进前

合并二拼工序，总焊拆分为正面焊、机器人焊、手工焊，自动装夹料、流转，减少吊运

(b) 改进后

图 7-20　瓶颈 2 改进前后对比

表 7-6 瓶颈 2 改进前后对比数据

项目	改进前	改进后	改进效果	
操作人员(人)	11	6	减少 5	减少了吊运、装夹时间，CT 由原来 13 分钟/件，缩减为 8.3 分钟/件
单台工件流转距离(m)	88.3	81.6	减少 6.7	
占地面积(m^2)	680.6	540.6	减少 140	
库存(件)	42	18	减少 24	
行车数(台)	2	1	减少 1	

(四)瓶颈 3 改进

将离散型的钻孔工序改进成制造单元——钻孔线，设备和设备之间增加滑道，所有的钻孔在滑道上进行，如图 7-21 所示。这样既保证了钻孔的稳定性又保证了钻孔效率，作业时间由原来的 12.5 分钟/件降低到 8.4 分钟/件，如表 7-7 所示。

钻孔需要车架频繁翻身、吊运，从加工工位上方经过，加工周期长、安全风险较大

(a) 改进前

反面钻前移供方，正面钻拆分为3个工位，降低周期时间，滑道流水作业，无须车架吊运翻身

(b) 改进后

图 7-21 瓶颈 3 改进前后对比

表 7-7 瓶颈 3 改进前后对比数据

项目	改进前	改进后	改进效果	
人员(人)	6	3	减少 3	经过改进，减少翻身、吊运等时间，CT 时间由原来的 12.5 分钟/件降低至 8.4 分钟/件
库存(件)	35	13	减少 22	
单台工件流转距离(m)	75.9	51.7	减少 24.2	
占地面积(m^2)	589.2	340.6	减少 248.6	
行车数(台)	3	2	减少 1	

(五)瓶颈 4 改进

将离散型的大梁焊接工序改进成制造单元——大梁拼焊线，工序和工序之间增加滑道，如图 7-22 所示。所有的作业过程均可在滑道上完成，作业时间从 9.8 分钟/件减少到 8 分钟/件，如表 7-8 所示。

地摊式作业，行车吊运物料，制品停滞多，库存量大

(a) 改进前

半自动焊改为自动焊，滑道流水作业，库存量小，部件生产后可直接到达总拼工序

(b) 改进后

图 7-22 瓶颈 4 改进前后对比

表 7-8 瓶颈 4 改进前后对比数据

<table>
<tr><th>项目</th><th>改进前</th><th>改进后</th><th colspan="2">改进效果</th></tr>
<tr><td>操作人员(人)</td><td>12</td><td>8</td><td>减少 4</td><td rowspan="4">经过对吊运等的减少及动作优化,CT 由原来的 9.8 分钟/件降低至 8 分钟/件</td></tr>
<tr><td>单件工件流转距离(m)</td><td>87.9</td><td>30.1</td><td>减少 57.8</td></tr>
<tr><td>占地面积(m^2)</td><td>478.5</td><td>445.3</td><td>减少 33.2</td></tr>
<tr><td>行车数(台)</td><td>2</td><td>1</td><td>减少 1</td></tr>
</table>

(六)瓶颈 5 改进

将一个总拼工装只能拼搭一种产品的工装,进行柔性化改造,改进成一个工装可以拼搭多个产品,逐步形成了所有 C 系列的单元总拼区,取消大行车的使用,改造成更小更灵活的 KPK 葡萄架独立吊运流转,如图 7-23 所示。作业时间由原来的 9.5 分钟/件降低到 8.4 分钟/件,如表 7-9 所示。

行车交叉作业频繁，造成大量干涉等待，工序间滞留大量成品，工装尺寸精度差

(a) 改进前

总拼工序减少行车干涉，增加KPK，来料和出产方向不干涉，调整并提高工装尺寸精度

(b) 改进后

图 7-23 瓶颈 5 改进前后对比

表 7-9　瓶颈 5 改进前后对比数据

项目	改进前	改进后	改进效果	
库存(件)	37	25	减少 12	经过改进,节约过程的等待和干涉时间,CT 由原来的 9.5 分钟/件降低至 8.4 分钟/件
单台工件流转距离(m)	32.5	10.5	减少 22	
占地面积(m^2)	1182	559.1	减少 622.9	

(七)提高工艺、工装质量保障能力

质量改进的过程主要抓工装工艺、员工技能的培养、标准作业指导书的增补和完善,效果如图 7-24 所示。针对性地开展员工技能操作培训,重点提高员工的操作稳定性,即每做一次基本上都符合标准。重新修复画线模板,关键部位的模板进行多次确认,画线一次性合格率达 100%。增加圆钢拼焊的工艺操作文件,目视化到工位,让员工掌握更高效更标准的工艺操作方法。拼焊前将零件成套配送,执行物料点检,防止拿错物料,遗漏物料。经过改进,质量内反馈率降低到了 1.44%,如表 7-10 所示。

(a) 开展员工操作技能培训

(b) 修复划线定位样板

(c) 修复总拼工装

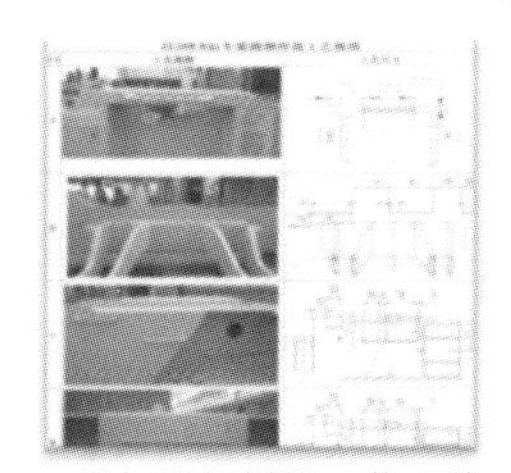
(d) 增加圆钢拼焊工艺文件

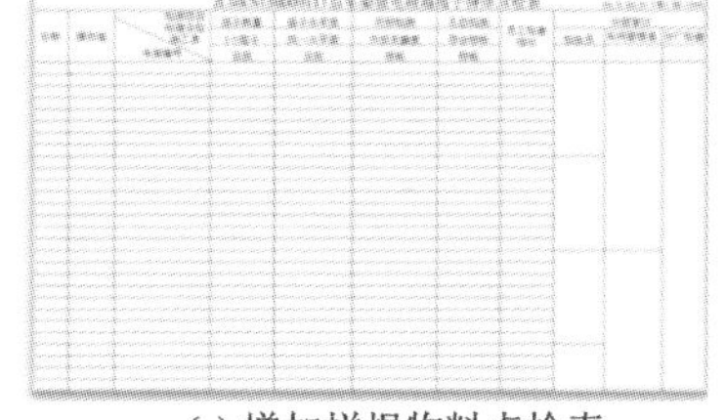
(e) 增加拼焊物料点检表

图 7-24　质量改进过程效果

表 7-10　质量改进前后对比数据

内反馈	改进前	改进后	改进效果	
左右封板孔位偏(个)	211	84	减少 127	经过改进,质量装配内反馈率从 3.30%降低至 1.44%
油箱至龙门架孔尺寸超差(个)	135	53	减少 82	
圆钢漏拼、拼错(个)	90	35	减少 55	

(八)形成精益流布局

尽可能地实现精益流布局,即流线化生产,每个过程都可以让产品得以快速流动,减少产品的不增值等待时间或停滞时间,使现场区域更加清晰,路线更加明了,员工操作更加顺畅,管理者管理更加轻松高效,现场效果如图 7-25 所示。

(a) 拼、焊、镗工序单向流

(b) 钻、磨工序单向流

图 7-25　现场效果

五、效果验证

经过近10个月的改进，质量Q得到提升，安全S风险下降，效率R得到提高，成本C的资金占用也下降了。经过2个月的数据跟踪，改进效果如图7-26所示。

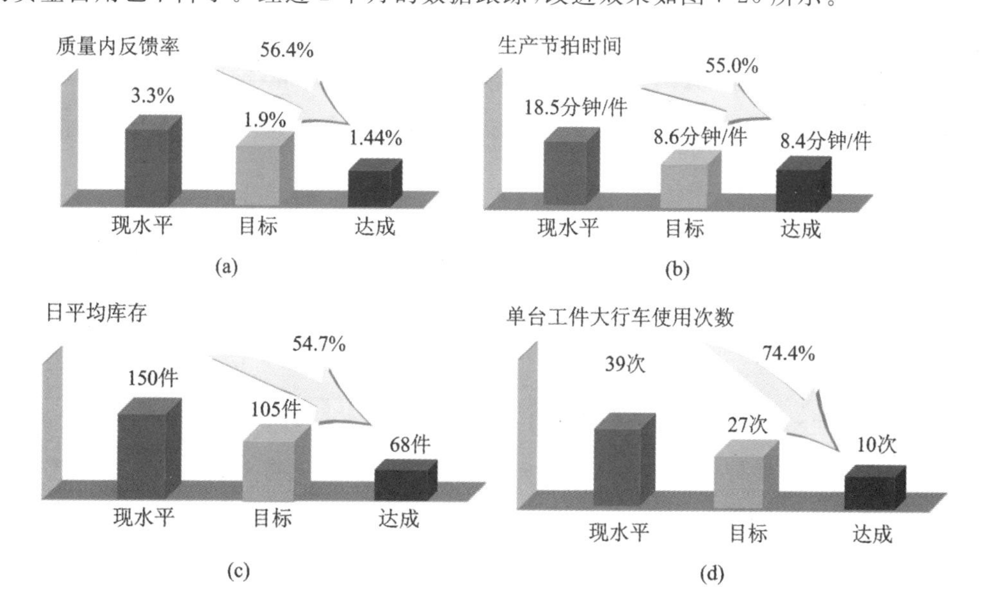

图 7-26　改进效果

项目改进思路和改进方法有效，目标提升效果显著。

六、财务收益

统计项目总收益，年收益高达79.4万元，如表7-11所示。

表 7-11　改进效益统计

项目	收益项目	公式	元
效率 R	提高效率 R 收益	单台节约时间×小时人工费×年生产台量=(585.1−463.4)/60×23.4×3515	+166832
质量 Q	减少返修收益	(改善前返修率−改善后返修率)×年生产台量×单台返修工时×小时工缴费=(3.3%−1.44%)×3515×54.7/60×73.34	+4371
安全 S	安全收益	减少行车数×年运行成本(维修费、电费)=4×(15000+11×7×21.5×12×0.64)	+110857
成本 C	库存减少收益	年财务成本减少 =(改善前日库存−改善后日库存)×单价×年利率 =(150−68)×8680×5%	+35588
	减少用人收益	减少人员×年工资=12×51340	+616080
投入费用		设备采购、改造费用/10 年折旧=1396289.67/10	−139629
合计			794099

同时也获得了其他无形收益，如作业的场地面积从 4904 m^2 减少至 3166 m^2，减少35%；提高了车间的安全性，改善车间的作业环境；员工的参与热情得到激发，培养了 IE 意识，提高了操作技能等。

大构件的生产方式在中国制造业中普遍存在，面对市场的多品种小批量的需求，以什么样的生产系统更好地满足市场竞争的需求，就需要进行企业生产系统的调整及转型。本案例着重研究了大型构件的工序流程改进和精益流布置。通过自主导入工业工程和精益生产系统方法研究和运用实践，从柔性、平衡、流线化方面对工序同步化，生产线精益流化，设备改进，工艺方法优化等方面进行。结果表明，总体效果获得了较为明显的提升，项目达成预期目标。

精益流的研究和运用才处于较初级的阶段，离国际标杆企业的全面、深入运用还有较大的差距，特别是智能化的深度运用，需要经工业工程和精益生产进行深入研究和系统运用，结合不同阶段的推进重点，继续努力、持续改进，提升制造运营能力，逐步实现生产制造的信息化、智能化。

通过项目实施，各级人员深入了解 IE 知识，能更灵活地运用 IE 技术。今后将从高度智能化、高度自动化、高度无人化方向进行进一步的研究，以获得中国离散型制造业典型生产方式的突破运用。

1. 什么是精益流？如果企业导入精益流，作为管理者应该做哪些准备？

2. 针对日平均库存过高的问题，案例中的企业是如何解决的？

3. 案例中企业改善目标表的设置是否合理，对您未来的工作有哪些启示？

案例8 基于精益生产的GC公司发动机装配线的优化研究

引言

GC公司是一家柴油发动机制造企业，虽然国外的咨询公司在精益生产管理模式上提供了很好的理论支持，但对于GC公司本身而言，如何建立适合其自身发展的精益生产管理体系成为企业成功的关键。GC公司发动机生产装配线均衡化程度不够，装配线平衡率不高，各工序作业内容分配不均，停工等待现象时有发生。为从根本上解决公司在生产过程中存在的问题，本案例以精益思想为指导，对装配线进行分析，发现问题并提出解决方案。

一、公司简介及问题现状描述

（一）GC公司简介

GC公司是全球最大的独立柴油机制造商，于2012年6月27日注册成立。GC公司发动机总装车间包括A区装配线、T区测试线、P区喷漆线和U区辅装线各一条，生产区域占地面积为44989 m^2。

A区装配线为一个自动化程度较高的生产线，生产线全部使用Atlas电动拧紧工具保证扭矩及控制精度，并使用Toolsnet系统管理和分析拧紧效果，系统具有自动防错及数据收集功能，还使用了多台全自动在线检测设备，有效地保证发动机关键特性受控。T区测试线用于发动机终检，其主要检查设备为全自动AVL热试台架、黑光检测及热试工装前后预装线，实现100%检测，充分保证每一台发动机检测质量。P区喷漆线主要包括前处理、喷漆和喷漆后处理三部分。采用ABB喷漆机器人自动喷漆和手动补漆结合，能自动识别发动机型号信息，自动选择喷漆的轨迹和颜色，可以兼容7种不同的颜色并实现自动切换。U区辅装线主要用于装配发动机外部零件，在生产线上所有的最终力矩拧紧采用的都是Atlas的电动拧紧枪，可以有效保证紧固件的拧紧效果。

（二）发动机生产现状描述

1. 总装车间现状描述

GC公司发动机生产过程大致是：缸体从装配线第一个工位上线组装，经过一系列装配工序后下线，随着悬链自动进入T区测试线，进行模拟运行测试。测试合格的发动机将进入P区喷漆线，完成外观喷漆后，发动机流入U区辅装线，进行发动机外部零件的装配，最后发动机在U区下线。由质检员进行终检，终检合格的发动机，由叉车将发动机运到成品库打包，等待出厂。

公司的生产方式为半自动流水线生产，全线设127个工位，A区装配线设94个工位，约70%为人工操作，自动化程度达30%，从发动机上线到最终下线，超90%的工序为流水作业。目前，公司只有一条总装生产线，主要生产的发动机的型号有三种，分别为Q、L和B发动机，属于混线生产。其中，Q发动机市场需求量最大，且装配零件最多，工艺最为复杂。因此，本案例主要以Q发动机为例，研究其生产过程在A区装配线平衡的问题。发动机总装车间现场布局如图8-1所示。

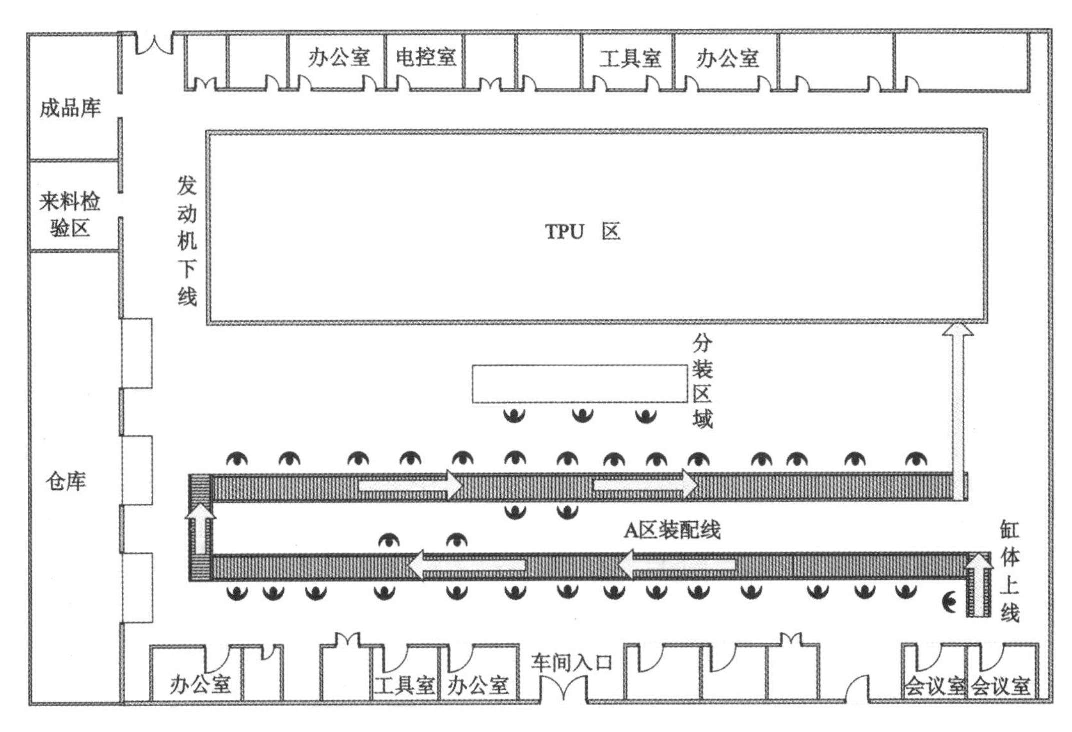

图8-1 发动机总装车间现场布局

装配线作为发动机生产过程的龙头环节，同时也是GC公司总装车间人数分布最多的一条线，实际产量能否达到计划产量将直接影响着测试线、喷漆线和辅装线的实际产能。据了解，装配线是生产车间目前产能最低的区域，因此本案例基于精益生产理论对该公司总装车间装配线生产状况进行分析研究，从中发现装配线存在的问题并对其进行优化改善。

2. 发动机装配线现状描述

1）发动机装配线工艺流程

以型号Q发动机为例，现将总装车间发动机装配线的装配工艺流程列出，该发动机装配线工艺流程如图8-2所示。

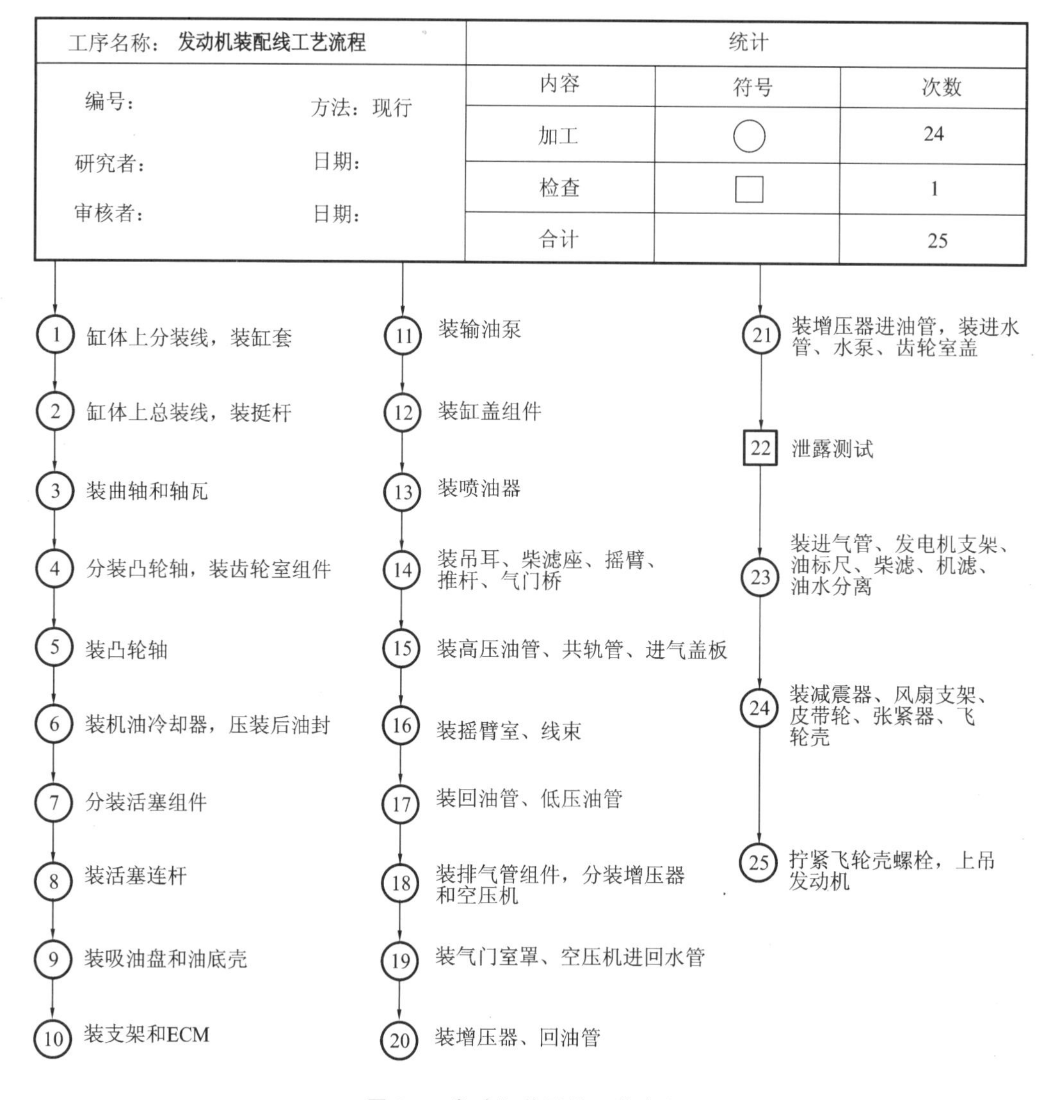

图 8-2　发动机装配线工艺流程

2)发动机装配线各工序介绍

Q 发动机在装配线上有 25 道主要工序，共有操作者 28 名，90%以上的操作者负责 2 个工位以上的装配任务。将装配线 94 个工位分为 6 个区，分别用 1、2、3、4、5、6 表示，包括主线工位和分装工位，其中 80%的作业都在主线工位上完成，每个工位的装配工序各不相同。为方便后续研究，对发动机装配线进行优化设计，现将发动机具体的作业流程及操作人数列出，如表 8-1 所示。

在确定该公司总装车间装配线的作业流程以及各个工序的作业内容之后，通过秒表测时法对各个工序的操作者进行观察、测时和记录，得到了整条装配线操作者完成各个工序的作业时间，以 OP1～OP28 分别表示线上 28 名操作者，如表 8-2 所示（表中以操作者为对象，对每个操作者完成各道工序的操作时间进行测量）。

表 8-1 GC公司发动机装配线作业流程

工序号	工序名称	操作人数(人)
1	缸体上分装线,装缸套	1
2	缸体上总装线,装挺杆	1
3	装曲轴和轴瓦	1
4	分装凸轮轴,装齿轮室组件	1
5	装凸轮轴	1
6	装机油冷却器,压装后油封	1
7	分装活塞组件	1
8	装活塞连杆	3
9	装吸油盘和油底壳	2
10	装支架和 ECM	1
11	装输油泵	1
12	装缸盖组件	1
13	装喷油器	1
14	装吊耳、柴滤座、摇臂、推杆、气门桥	1
15	装高压油管、共轨管、进气盖板	1
16	装摇臂室、线束	1
17	装回油管、低压油管	1
18	装排气管组件,分装增压器和空压机	1
19	装气门室罩、空压机进回水管	1
20	装增压器、回油管	1
21	装增压器进油管,装进水管、水泵、齿轮室盖	1
22	泄露测试	1
23	装进气管、发电机支架、油标尺、柴滤、机滤、油水分离	1
24	装减震器、风扇支架、皮带轮、张紧器、飞轮壳	1
25	拧紧飞轮壳螺栓,上吊发动机	1
合计		28

表 8-2　GC 公司发动机装配线各工位名称及操作时间

原操作者	工位号	工位描述	现作业时间(s)
OP1	1	缸体上分装线,装螺堵、膨胀塞	715
	2	吊装缸套	
	3	压装缸套	
OP2	4	缸体上总装线	322
	5	装挺杆	
OP3	6	装上轴承	572
	7	装下轴承	
	8	装曲轴	
	9	压装曲轴齿轮	
OP4	10	齿轮室分装	398
	11	齿轮室涂胶	
	12	装齿轮室	
	13	压装凸轮轴齿轮	
	14	装凸轮轴	
OP5	15	备用工位	588
	16	安装凸轮轴齿轮、止推片	
	17	装机油泵、速度指示环	
	18	前罩涂胶	
	19	装膨胀塞	
	20	装前罩	
OP6	21	装机油冷却器	602
	22	压装旁通阀	
	23	压装机滤接头	
	24	压装后油封	
OP7	25	活塞上托盘	945
	26	装活塞环	
	27	装活塞销	
	28	装连杆	
	29	装卡簧	
	30	装卡簧	
	31	装连杆瓦并检查	
OP8	32	装活塞连杆到发动机上	618
	34		
	36		
OP9	33	装活塞连杆到发动机上	628
	35		
	37		
OP10	38	装后油封座	568
	39	装吸油管	
	40	装油底壳	
	42	拧紧油底壳	

续表

原操作者	工位号	工位描述	现作业时间(s)
OP11	41	装油底壳	750
	43	拧紧油底壳	
OP12	44	刷ECM	771
	45	安装ECM支架和油泵支架、机油液位传感器	
	46	安装ECM	
OP13	47	分装输油泵	361
	48	安装输油泵	
	49	装输油泵齿轮	
OP14	50	装缸盖	523
	51	分装缸盖	
	52	装缸盖螺栓	
OP15	53	装喷油器	560
	54	拧紧喷油器	
OP16	55	安装柴滤座、后吊耳	674
	56	装推杆和摇臂	
	57	拧紧摇臂螺栓	
	58	调气门间隙	
OP17	59	检查气门间隙	894
	60	装进气管盖	
	61	装高压油管	
OP18	64	装摇臂室	960
	65	装线束	
	66	装空压机	
	90	分装摇臂室	
OP19	62	拧紧高压油管	455
	63	装回油管和其他高压油管	
OP20	67	装气门罩	731
	69	装空压机油管和水管	
	94	分装气门罩	
OP21	68	装排气管	822
	91	分装空压机	
	92	分装排气管	
	93	分装增压器	
OP22	70	装增压器	534
	71	装机滤头	
OP23	72	装水泵	958
	73	齿轮室盖涂胶	
	74	装齿轮室盖	
	75	拧紧齿轮室盖	
OP24	76	装油滤清管，加油口	560
	77	装呼吸器	

续表

原操作者	工位号	工位描述	现作业时间(s)
OP25	78	装支架、油标尺	925
	79	装柴滤	
	80	装机滤	
	81	刷 ETS	
OP26	82	泄露测试	408
OP27	83	装皮带轮、减震器	707
	84	装发电机支架	
	85	装飞轮壳	
	86	分装飞轮壳	
OP28	87	拧紧飞轮壳	522
	88	装适配器	
	89	上吊发动机	
合计			18071

根据表 8-2,将装配线目前各工序的 28 名操作者的作业时间绘制成山积图,如图 8-3 所示。图 8-3 中横轴代表负责各个装配工序的操作者编号,纵轴代表作业时间。

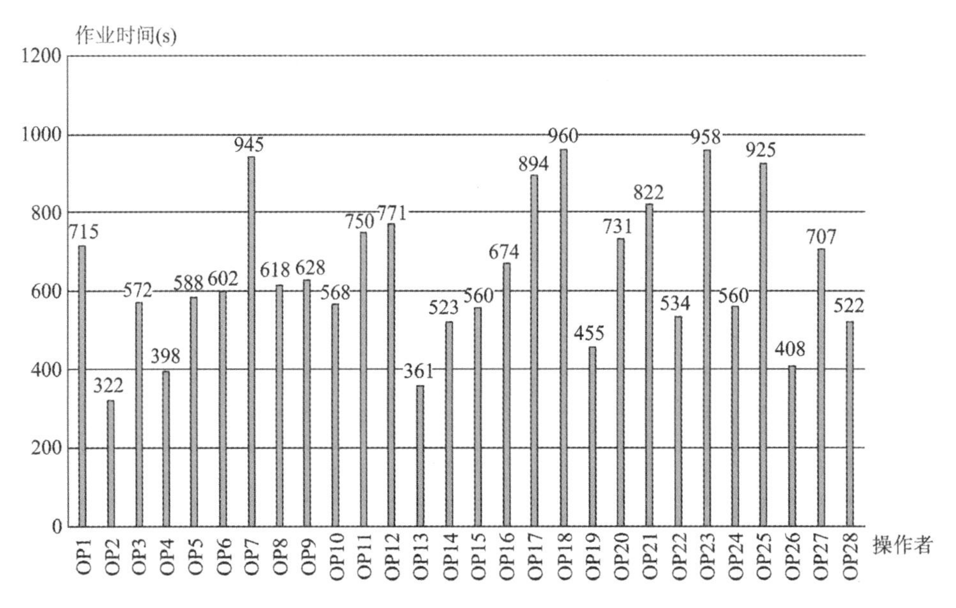

图 8-3 发动机装配线各工序操作者作业时间山积图

根据图 8-3 可知，GC 公司发动机装配线各个操作者作业时间分布非常不均衡，严重影响了装配线的平衡。在生产过程中，经常出现的一种情况是，前一个操作者完成其所有装配工序时，下一个操作者尚未完成其所负责的装配工序，或者已经完成并处于等待的状态，这对于流水生产线而言，势必会造成在制品积压，无法实现“单件流”，且部分操作者因提前完成装配任务而处在空闲等待状况，直接导致人员和设备的利用率降低，对产能提升造成很大的阻碍。

(三)发动机装配线现场存在的问题分析

1.装配线生产现状分析

1)装配线目前单日最大产能

单日最大产能等于每天有效工作时间除以理论生产节拍(取整数),以每天8h的有效生产时间计算。其中理论生产节拍(CT)取当前生产工序中最长的操作时间 T_{max},由图8-3知 T_{max} 为960s,则

$$装配线单日最大产能=\frac{8\times3600}{960}=30(台)$$

GC公司发动机装配线的最大生产能力为30台/天。

根据GC公司的生产计划,装配线每天生产的发动机数量应达到50台,目标的生产节拍为:

$$生产节拍\ TT=\frac{装配线有效工作时间}{目标产量}=\frac{8\times3600}{50}=576(s)$$

由图8-3知,目前装配线上存在着多个操作者的单位生产时间高于目标生产节拍TT,从而严重影响装配线的产能和生产效率。

2)装配线生产不平衡损失时间计算

生产不平衡损失时间 T_{loss},又称为总停顿时间,计算方法为各工序中最长的作业时间与各工序作业时间之差的和。数值越小,说明停顿时间就越小。计算公式如下:

$$T_{loss}=\sum(T_{max}-T_i)=8777(s)$$

其中,T_{max} 表示工序最长作业时间,T_i 表示第 i 个工序的作业时间。

3)装配线现行平衡率和平衡损失率

装配线平衡率的计算公式如下,其中 P 表示平衡率,T_i 表示意义同上,则 $\sum T_i$ 表示各工序作业时间总和,即为18071s;T_{max} 表示最长作业时间,即为960s;N 表示装配线总操作人数,即为28。

$$装配线平衡率\ P=\frac{\sum T_i}{T_{max}\cdot N}=\frac{18071}{960\times28}\times100\%=67.2\%$$

由此可计算出装配线生产平衡损失率 $d=1-P=32.8\%$。

根据装配线平衡效果评判标准表中的判定标准分析可知,GC公司生产车间装配线的生产平衡损失率大于30%,表明线平衡效果较差,存在很大的改善空间。

2.装配线生产不平衡的原因分析

1)工序作业内容分配不均衡

由图8-3可知,装配线上各个操作者的作业分配非常不均衡。根据表8-2的数据,计算出装配线生产现场共94个工位的28名操作工平均作业时间为:

$$T=\frac{\sum T_i}{N}=\frac{18071}{28}=645(s)$$

通过分析可以发现,当前GC公司发动机装配线上有很多操作工的作业时间与平均作业时间相差较大,其中偏离平均作业时间在100s以上的操作者见表8-3。

表 8-3 偏离平均作业时间较大的操作者明细表

操作者类型	操作者编号
超过平均作业时间 100s 以上的	OP7、OP11、OP12、OP17、OP18、OP21、OP23、OP25
低于平均作业时间 100s 以下的	OP2、OP4、OP13、OP14、OP19、OP22、OP26、OP28

其中编号为 OP7、OP17、OP18、OP21、OP23、OP25 的操作者的作业时间均超过了 800 s,其所负责的装配工序均为装配线的瓶颈工序,影响着装配线的平衡率并制约着产能的提升。相反,编号为 OP2、OP4、OP13 的操作者的作业时间均低于 400 s,存在大量的空闲时间。

2)装配线现场 5S 管理未完全开展

在装配线生产现场,5S 管理并没有真正落实到位。如存放物料的料架摆放不合理,使得操作者取料时走动距离增加;有些工装夹具和设备,如智能拧紧臂上布有灰尘,清洁度不够;有些员工在用完拧紧扳手、套筒等工具之后,因缺少固定的工装放置工具,就随手放到一旁,造成现场工具摆放混乱,再次使用时需要重新寻找,无形中增加时间成本,影响生产效率。

3)瓶颈工位现场布置不合理

生产过程中作业时间可以分为两种,一种是增值时间,即对生产起增值作用的时间;另一种是非增值时间,即非增值活动的时间,如等待、走动、休息引起的时间消耗。非增值时间由非增值活动造成,在生产中是无法完全消除的,但应该尽可能地减小其所占生产时间的比重。操作者工作现场的布置对非增值时间影响很大,经了解发现,大部分的瓶颈工位都存在料箱、料架、工装工具等布局和摆放不合理的问题,对操作者的走动路线和作业动作造成影响,从而积累了大量的非增值时间。

二、GC 公司发动机装配线优化方案研究

(一)优化思路及目标

精益生产的核心思想是通过消除生产中存在的各种浪费,从而实现降低成本、提高生产效率的目的。本案例从装配生产线平衡方面开展研究,结合企业实际的生产活动,找出生产过程中增值活动和非增值活动,想方设法减少或者消除非增值活动,从而优化装配线。运用精益生产中的 IE 改善方法,如 5W1H、ECRS 原则以及作业流程分析等,对装配线进行优化研究,结合取消、合并、简化和重组方法对装配线存在的问题进行作业分析和时间的优化,消除瓶颈工序,从而提高 GC 公司装配生产线的平衡率和产能。

本案例的主要优化目标为:①运用精益生产理论制订装配线优化方案,使装配生产线平衡损失率由目前的 32.8%降低到 10%以下,从而达到生产线平衡优秀级别;②装配线的产能从现在的日产 30 台提升到日产 50 台。装配线平衡优化目标如图 8-4 所示。

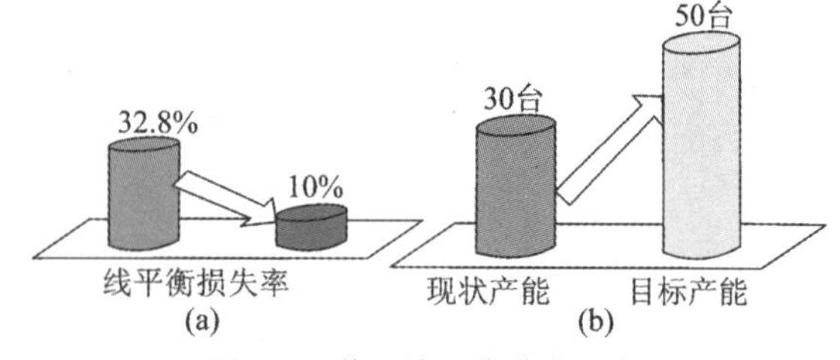

图 8-4 装配线平衡优化目标

(二)装配线平衡研究

1. 工序作业内容重新调整

在 GC 公司生产车间的装配线上,超过 90%的操作者负责 2 个以上的工位装配任务,装配工序繁多,步行距离远,员工工作积极性受到影响,抱怨现象频繁发生。根据公司实际生产状况及产能提升的需要,首先通过对工序内容进行取消、合并、重排和简化,对耗时较长的工序采用拆分部分工位的装配内容分给用时较短的相邻操作者,使得人员得到合理的利用;对于无法进行合理拆分或重组的工序,通过增加操作者使每个工序的作业时间都在目标生产节拍时间 576 s 以下,从而提高装配线平衡率,减少单件产品的工时消耗,减少在制品,提高产能。根据 ECRS 原则,对装配线上原操作者的作业内容(以工位作业内容为单元)进行调整,具体调整方案见表 8-4。

表 8-4 装配线各工位操作人员作业内容调整方案

<table>
<tr><th>原操作者</th><th>工位号</th><th>工位作业内容</th><th>工时(s)</th><th>方案说明</th></tr>
<tr><td rowspan="3">OP1</td><td>1</td><td>缸体上分装线,装螺堵、膨胀塞</td><td>515</td><td rowspan="5">将原操作者 OP1 分装缸套的工作分给操作者 OP2,吊装缸套的工作由两人共同完成,从而使操作者 OP1 减少 145 s 的作业时间,从而平衡两者的作业时间</td></tr>
<tr><td>2</td><td>吊装缸套</td><td>55</td></tr>
<tr><td>3</td><td>压装缸套</td><td>145</td></tr>
<tr><td rowspan="2">OP2</td><td>4</td><td>缸体上总装线</td><td>185</td></tr>
<tr><td>5</td><td>装挺杆</td><td>137</td></tr>
<tr><td rowspan="4">OP3</td><td>6</td><td>装上轴承</td><td>85</td><td rowspan="4">取消原操作者 OP3 的第 9 工位压装曲轴齿轮的工作,增加一名操作者专门做 1、2 区的分装工作</td></tr>
<tr><td>7</td><td>装下轴承</td><td>126</td></tr>
<tr><td>8</td><td>装曲轴</td><td>223</td></tr>
<tr><td>9</td><td>压装曲轴齿轮</td><td>138</td></tr>
<tr><td rowspan="5">OP4</td><td>10</td><td>齿轮室分装</td><td>65</td><td rowspan="11">取消原操作者 OP4 第 10 工位分装齿轮室的工作,交给专门负责分装的操作者去做;将原操作者 OP5 第 15 工位装凸轮轴的工作交给原操作者 OP4</td></tr>
<tr><td>11</td><td>齿轮室涂胶</td><td>86</td></tr>
<tr><td>12</td><td>装齿轮室</td><td>135</td></tr>
<tr><td>13</td><td>压装凸轮轴齿轮</td><td>112</td></tr>
<tr><td>14</td><td>备用工位(装凸轮轴)</td><td>0</td></tr>
<tr><td rowspan="6">OP5</td><td>15</td><td>装凸轮轴</td><td>88</td></tr>
<tr><td>16</td><td>安装凸轮轴齿轮、止推片</td><td>95</td></tr>
<tr><td>17</td><td>装机油泵、速度指示环</td><td>64</td></tr>
<tr><td>18</td><td>前罩涂胶</td><td>31</td></tr>
<tr><td>19</td><td>装膨胀塞</td><td>160</td></tr>
<tr><td>20</td><td>装前罩</td><td>150</td></tr>
<tr><td rowspan="4">OP6</td><td>21</td><td>装机油冷却器</td><td>429</td><td rowspan="4">取消原操作者 OP6 工位 22、23、24 的分装工作,交给专门负责 1、2 区分装工作的操作者去做;增加把活塞连杆取到生产线旁料架上并擦拭的工作</td></tr>
<tr><td>22</td><td>压装旁通阀</td><td>43</td></tr>
<tr><td>23</td><td>压装机滤接头</td><td>48</td></tr>
<tr><td>24</td><td>压装后油封</td><td>82</td></tr>
</table>

续表

原操作者	工位号	工位作业内容	工时(s)	方案说明
OP7	25	活塞上托盘	30	增加一名操作者，由两人共同分担原操作者 OP7 的工作，同时增加检查活塞连杆的工作
	26	装活塞环	136	
	27	装活塞销	114	
	28	装连杆	180	
	29	装卡簧	132	
	30	装卡簧	130	
	31	装连杆瓦并检查	223	
OP8	36	装活塞连杆	526	由原来的 6 个工位合并为 2 个工位，集中作业，保留第 36、37 工位，从而减少作业过程的走动时间
OP9	37	装活塞连杆	537	
OP12	44	刷 ECM	200	将原操作者 OP12 工位 44 刷 ECM 的工作分给原操作者 OP13，平衡两者的作业时间
	45	安装 ECM 支架和油泵支架、机油液位传感器	425	
	46	安装 ECM	146	
OP16	55	安装柴滤座、后吊耳	242	取消原操作者 OP16 第 58 工位调气门间隙和原操作者 OP17 第 59 工位检查气门间隙的工作，增加一名操作者，负责第 58、59 工位的工作
	56	装推杆和摇臂	128	
	57	拧紧摇臂螺栓	69	
	58	调气门间隙	215	
OP17	59	检查气门间隙	315	
	60	装进气管盖、共轨管	320	
	61	装高压油管	237	
OP18	64	装摇臂室	224	取消原操作者 OP18、OP20、OP21 全部的分装工作，增加两名操作者，负责 3～6 区全部的分装工作；取消原操作者 OP18 第 66 工位装空压机的工作，交给原操作者 OP20，将第 69 工位分割，由原操作者 OP20 和 OP21 共同承担
	65	装线束	245	
	66	装空压机	59	
	90	分装摇臂室	432	
OP20	67	装气门罩	233	
	69	装空压机油管和水管	301	
	94	分装气门罩	125	
OP21	68	装排气管	270	
	91	分装空压机	150	
	92	分装排气管	210	
	93	分装增压器	182	
OP23	72	装水泵	138	原操作者 OP23 和 OP25 的作业时间总和将近 2000 s，因此增加 2 名操作者，将原来 2 个人做的工作改为 4 个人做，平衡操作者的作业时间
	73	齿轮室盖涂胶	325	
	74	装齿轮室盖	95	
	75	拧紧齿轮室盖	380	
OP25	78	装支架、油标尺	520	
	79	装柴滤	173	
	80	装机滤	156	
	81	刷 ETS	62	

续表

原操作者	工位号	工位作业内容	工时(s)	方案说明
OP26	82	泄露测试	408	取消原操作者OP27第83工位装皮带轮、减震器的工作，交给原操作者OP26去做，从而平衡两者的作业时间
OP27	83	装皮带轮、减震器	150	
	84	装发电机支架	230	
	85	装飞轮壳	265	
	86	分装飞轮壳	62	

根据ECRS原则对各工序对应的操作者的作业内容进行初步的调整，主线工位和分装工位的全部操作人员由原来的28人增加到35人，对负责各装配工序的操作人员进行重新编号，以OP1～OP35表示，调整后各操作者的作业时间见表8-5。

表8-5　调整后装配线各操作人员作业时间

工序号	工序名称	现操作者	工时(s)
1	缸体上分装线、装缸套	OP1	555
2	缸体上总装线、装挺杆	OP2	461
3	装轴瓦和曲轴	OP3	434
4	装齿轮室、凸轮轴	OP4	421
5	装机油泵组件	OP5	500
6	装机油冷却器	OP6	435
7	装活塞连杆	OP7	526
8	装活塞连杆	OP8	537
9	分装活塞连杆	OP9	479
10	分装活塞连杆	OP10	521
11	装吸油盘和油底壳	OP11	565
12	装集滤器和油底壳	OP12	750
13	装ECM组件	OP13	571
14	装输油泵	OP14	568
15	装缸盖总成	OP15	523
16	1&2区分装	OP16	382
17	装喷油器	OP17	560
18	装吊耳、柴滤座、推杆、气门桥、摇臂	OP18	465
19	调气门、复紧摇臂螺栓	OP19	528
20	装进气盖板、共轨管、高压油管	OP20	565
21	装回油管和低压油管	OP21	455
22	装摇臂室、线束、空压机	OP22	480
23	装排气管、空压机进回水管	OP23	490
24	装气门室罩、空压机进回油管	OP24	490
25	装增压器、回油管	OP25	534
26	装水泵，涂胶到齿轮室盖	OP26	471
27	装齿轮室盖	OP27	482
28	装前油封、机油加油口、增压器进气管	OP28	560
29	装进气管、发电机支架、油标尺	OP29	524
30	装柴滤、机滤、刷ETS	OP30	403

续表

工序号	工序名称	现操作者	工时(s)
31	泄露测试,装减震器、皮带轮	OP31	566
32	装飞轮壳、风扇支架、张紧器	OP32	563
33	拧紧飞轮壳螺栓,上吊发动机	OP33	522
34	分装摇臂室、气门罩	OP34	567
35	分装排气管、增压器、空压机	OP35	556

经过对装配线操作人员作业内容的调整,使得各操作人员作业内容更合理均衡。根据表 8-5 各工序作业时间,得到调整后各操作人员作业时间山积图(图 8-5),横坐标表示操作者编号,纵坐标表示操作者完成对应装配工序的作业时间。

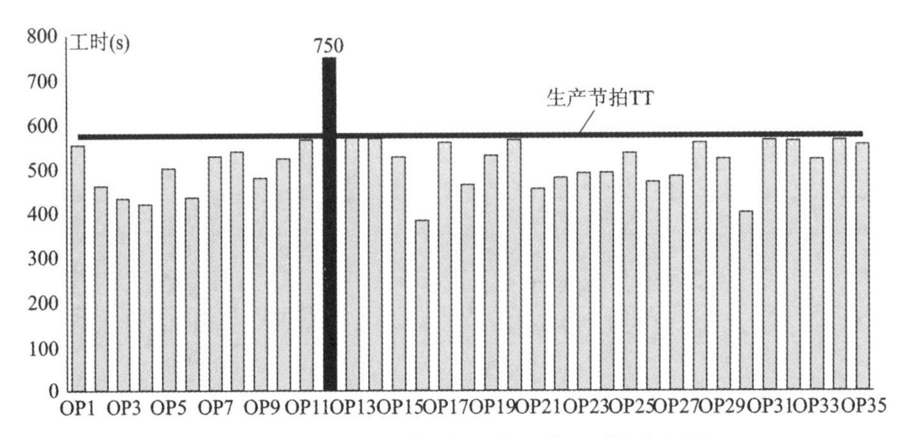

图 8-5　作业内容调整后操作人员作业时间山积图

从图 8-5 可以看出,调整作业内容后,每名操作人员的作业时间基本实现均衡。然而工序 12 的操作者 OP12 的作业时间仍为 750 s,超过了装配线的目标生产节拍 TT,成为装配线新的瓶颈工序,影响了装配线的平衡以及产能提升。下面利用流程程序分析对该瓶颈工序进行优化改善。

2. 瓶颈工序的优化

1) 瓶颈工序现状分析

对操作人员作业内容进行重新调整后,针对调整后出现的用时最长的瓶颈工序 12 进行改善。首先对完成该工序的操作者 OP12 的作业过程进行观察、记录,对其各个作业内容的作业时间做出统计,通过流程程序分析和操作分析,画出现行作业流程图,从中发现作业过程中存在的动作浪费、搬运浪费以及等待浪费等,进而进行改善以消除浪费现象。

作业流程图各个符号代表意思如下:

○:代表"操作"或称"加工",指操作者作业过程装配发动机的操作。

⇨:代表"移动"或称"搬运",指操作者作业过程中发生的走动。

D:代表"停顿"或称"等待",指操作者在作业过程中停止操作。

□:代表"检验",指在作业过程中检查零件是否装配正确。

▽:代表"储存",指在制品在生产过程需要暂时放置在某个位置。

通过对瓶颈工序 12 操作者的作业过程进行全程跟拍摄像、记录,绘制出工序 12 操作者的作业流程,见表 8-6。

表 8-6　改善前工序 12 作业流程

工作级别：　　　　编号：
工作名称：装集滤器和油底壳　编号：
开始：
结束：
研究者：______　日期：
审阅者：______　日期：

统计			
项目	次数	时间(s)	距离(m)
加工 ○	22	509	
检查 □	0	0	
搬运 ⇨	24	152	45
等待 D	8	89	
储存 ▽	0	0	

工作说明	距离(m)	时间(s)	工序系列：加工	检查	搬运	等待	储存
擦缸体		15	●	□	⇨	D	▽
放抹布拿扳手		2	○	□	➡	D	▽
拧下定位销钉		10	●	□	⇨	D	▽
放回扳手		2	○	□	➡	D	▽
取导向销		3	○	□	➡	D	▽
装导向销		7	●	□	⇨	D	▽
取纸垫	1	5	○	□	➡	D	▽
装纸垫		15	●	□	⇨	D	▽
步行取钢垫	5	15	○	□	➡	D	▽
取抹布		3	○	□	➡	D	▽
擦钢垫		10	●	□	⇨	D	▽
放回抹布		3	○	□	➡	D	▽
取垫片	1	4	○	□	➡	D	▽
装垫片到钢垫上		7	●	□	⇨	D	▽
取胶枪	4	4	○	□	➡	D	▽
垫片周圈打胶		120	●	□	⇨	D	▽
放回胶枪	4	4	○	□	➡	D	▽
等待		45	○	□	⇨	◗	▽
取胶枪	1	8	○	□	➡	D	▽
缸体贴合间隙涂胶		24	●	□	⇨	D	▽
放回胶枪	1	5	○	□	➡	D	▽
将钢垫和垫片装到缸体上		8	●	□	⇨	D	▽
取集滤器组件		10	○	□	➡	D	▽
拆包装		15	●	□	⇨	D	▽
分装集滤器		40	●	□	⇨	D	▽
来回料架取零件至工位	16	40	○	□	➡	D	▽
安装集滤器		18	●	□	⇨	D	▽
取电枪		2	○	□	➡	D	▽
拧紧螺栓		21	●	□	⇨	D	▽
放回电枪		3	○	□	➡	D	▽
等待		6	○	□	⇨	◗	▽
步行至下一工位	2	6	○	□	➡	D	▽
操作NG		5	●	□	⇨	D	▽
安装油底壳		10	●	□	⇨	D	▽
等待		3	○	□	⇨	◗	▽
走到料架取螺栓	2	8	○	□	➡	D	▽
预拧螺栓		73	●	□	⇨	D	▽
移除导向销		2	○	□	➡	D	▽
激活放行按钮		4	●	□	⇨	D	▽
等待下一个托盘		13	○	□	⇨	◗	▽

续表

工作说明	距离(m)	时间(s)	工序系列				
			加工	检查	搬运	等待	储存
步行至下一工位	2	3	○	□	➡	D	▽
取智能臂		5	●	□	⇨	D	▽
等待		6	○	□	⇨	◗	▽
操作NG		4	●	□	⇨	D	▽
等待		5	○	□	⇨	◗	▽
拧紧螺栓		85	●	□	⇨	D	▽
放回智能臂		5	○	□	➡	D	▽
等待		4	○	□	⇨	◗	▽
取力矩扳手		2	○	□	➡	D	▽
等待		7	○	□	⇨	◗	▽
拧紧螺栓		15	●	□	⇨	D	▽
放回力矩扳手		2	○	□	➡	D	▽
激活放行按钮		2	●	□	⇨	D	▽
步行回初始工位	6	7	○	□	➡	D	▽

对工序 12 操作动作现状分析可知,“操作”共 22 次,耗时 509 s;“移动”共 24 次,耗时 152 s,走动 45 m;“停顿”共 8 次,耗时 89 s。由此表明工序 12 中操作者在作业过程中不断走动,以便拿取和放回零件和工具。优化时应尽可能减少走动和停顿的时间。

2)工序 12 改善意见

运用 5W1H 方法以及 ECRS 原则对工序 12 进行优化研究。

①提问:存在大量的等待时间是否有必要?

答:不必要,等待时间是非增值的。

②提问:如何消除?

答:如在装钢垫前 45 s 的等待时间是由等待对面工位的操作者装好油封、旋转缸体才能装钢垫造成的,是可以消除的,此时操作者 12 应该开始分装集滤器。

③提问:拿取零件的走动时间过多,是否可以将零件存放在一个更加靠近工位的位置,减少往返拿放零件的时间?

答:可以。

④提问:能否将拆包装的工作交给别人?

答:可以,将该操作内容交给物料配送员。

⑤提问:能否取消电脑操作以及查看 NG 这些步骤?

答:不能,每一台型号对应装配的零件不同,操作工需要从电脑上获取装配的零件信息。

⑥提问:能否更换拧紧工装,如将手动扳手换为气动扳手或者气枪,减少拧紧油底壳堵塞的时间?

答:可以。

根据以上分析,对工序 12 做如下改进:

将手动扳手换成气动扳手,从而大量减少了拧紧油底壳堵塞的时间;设置一个专用工装存放胶枪,便于拿取,减少移动距离和时间,同时也降低了操作者的作业强度;在工序 12 第 39 工位的作业现场设置一个放置零部件的小料架,取消原来的大料架,小料架设置为三层,每层可放置 4 个小料盒,上层放置常用零件,从上往下依次归类零件,使用频度最小的零件放在底层,同时给每一种零件存放位置做标签,便于操作者根据装配信息拿取所需的零部件;取消擦拭钢垫的作业内容,此作业不影响产品装配工艺及质量。

改进后的工序 12 的作业流程如表 8-7 所示。

表 8-7　改善后工序 12 作业流程

工作级别：______　编号： 工作名称：装集滤器和油底壳　编号： 开始： 结束： 研究者：______　日期： 审阅者：______　日期：	统计			
	项目	次数	时间(s)	距离(m)
	加工 ○	20	468	
	检查 □	0	0	
	搬运 ⇨	22	90	16
	等待 D	2	12	
	储存 ▽	0	0	

工作说明	距离(m)	时间(s)	工序系列				
			加工	检查	搬运	等待	储存
擦缸体		15	●	□	⇨	D	▽
放抹布拿扳手		2	○	□	➡	D	▽
拧下定位销钉		10	●	□	⇨	D	▽
放回扳手		2	○	□	➡	D	▽
取导向销		3	○	□	➡	D	▽
装导向销		7	●	□	⇨	D	▽
取纸垫	1	5	○	□	➡	D	▽
装纸垫		15	●	□	⇨	D	▽
步行取钢垫	3	10	○	□	➡	D	▽
取垫片		2	○	□	➡	D	▽
装垫片到钢垫上		7	●	□	⇨	D	▽
取胶枪		2	○	□	➡	D	▽
垫片周圈打胶		100	●	□	⇨	D	▽
放回胶枪		2	○	□	➡	D	▽
取集滤器组件		10	○	□	➡	D	▽
分装集滤器		40	●	□	⇨	D	▽
取胶枪		2	○	□	➡	D	▽
缸体贴合间隙涂胶		24	●	□	⇨	D	▽
放回胶枪		2	○	□	➡	D	▽
将钢垫和垫片装到缸体上		8	●	□	⇨	D	▽
取零件		8	○	□	➡	D	▽
安装集滤器		18	●	□	⇨	D	▽
取电枪		2	○	□	➡	D	▽
拧紧螺栓		21	●	□	⇨	D	▽
放回电枪		3	○	□	➡	D	▽
步行至下一工位	2	6	○	□	➡	D	▽
操作NG		5	●	□	⇨	D	▽
安装油底壳		10	●	□	⇨	D	▽
走到料架取螺栓	2	8	○	□	➡	D	▽
预拧螺栓		73	●	□	⇨	D	▽
移除导向销		2	○	□	➡	D	▽
激活放行按钮		4	●	□	⇨	D	▽
步行至下一工位	2	3	○	□	➡	D	▽
取智能臂		5	●	□	⇨	D	▽
操作NG		4	●	□	⇨	D	▽
等待		5	○	□	⇨	◗	▽
拧紧螺栓		85	●	□	⇨	D	▽
放回智能臂		5	○	□	➡	D	▽
取气动扳手		2	○	□	➡	D	▽
等待		7	○	□	⇨	◗	▽
拧紧螺栓		15	●	□	⇨	D	▽
放回气动扳手		2	○	□	➡	D	▽
激活放行按钮		2	●	□	⇨	D	▽
步行回初始工位	6	7	○	□	➡	D	▽

改善前后工序 12 作业时间对比表，见表 8-8。

表 8-8　改善前后工序 12 作业时间对比

项目	○	⇨	D	总时间(s)
改善前	509	152	89	750
改善后	468	90	12	570

工序 12 改善前后作业现场对比，如图 8-6 所示。

(a) 无工装

(b) 设置工装

(c) 大料架

(d) 小料架

图 8-6　改善前后作业现场对比

三、GC 公司发动机装配线优化效果分析与评价

（一）优化效果分析

GC 公司发动机装配线经过优化后，各工序作业内容得到均衡分配，瓶颈工序 12 经过改善后，作业时间从 750 s 减至 570 s，消除了瓶颈。据表 8-5 绘制各工序作业时间山积图，如图 8-7 所示，横轴表示操作者编号，纵轴表示作业时间。

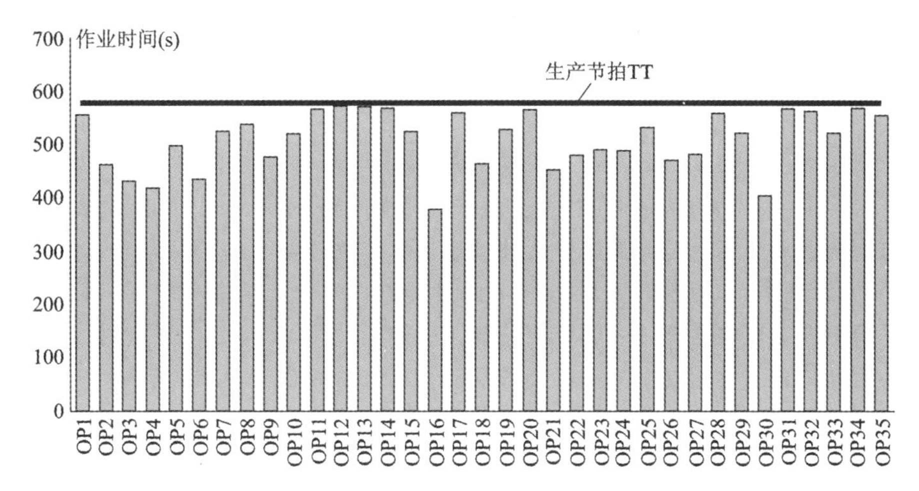

图 8-7　装配线平衡后各工序作业时间山积图

生产不平衡损失时间的计算，装配线优化后工序 13 的作业时间最长，为 571 s，而工序 16 的作业时间为 382 s(见图 8-7)，两者之差即生产不平衡损失时间，为 189 s。差值越小，说明改善效果越佳。经过优化方案后，装配线的总生产不平衡损失时间为：

$$T_{\text{loss}} = \sum (T_{\max} - T_i) = 2126(\text{s})$$

装配线经过优化方案后的生产平衡率为：

$$P = \frac{\sum T_i}{T_{\max} \cdot N} = \frac{17829}{571 \times 35} \times 100\% = 89.2\%$$

装配线经过优化方案后的生产平衡损失率为：

$$d = 1 - P = 10.8\%$$

装配线经过优化方案后单日最大产能为：

$$装配线单日最大产能 = \frac{8 \times 3600}{571} = 50(台)$$

注：理论节拍为最大工序作业时间，所以优化后的理论节拍时间为工序 13 的作业时间 571 s。

将改善前后的几项主要指标进行对比，结果见表 8-9。

表 8-9　装配线改善前后对比

项目	不平衡损失时间(s)	生产平衡率	生产平衡损失率	单日最大产能(台)	理论节拍(s)
改善前	8777	67.2%	32.8%	30	960
改善后	2126	89.2%	10.8%	50	571

(二)优化研究方案评价

经过优化研究 GC 公司发动机装配线后，从直观数据分析可知，装配线生产平衡率提高到 89.2%，生产平衡损失率降低到 10.8%，优化方案使得总装车间装配线瓶颈工位作业时间缩短，装配线生产节拍缩短，理论节拍由原来的 960 s 缩短为 571 s，提高了装配线的生产效率，使公司的单日最大产能从原来的 30 台提高到 50 台。虽然在生产平衡损失率方面,没有达到本案例预先设定的优化目标(不超过10%),但此次优化方案在提高整条装配线平衡率和生产能力的效果上十分显著。

案例小结

精益生产的核心思想是消除浪费和持续改进。实施精益生产可以为企业提高生产效率,以获得成本优势,缩短生产周期,实现准时化生产。对于大批量生产的企业而言,装配线平衡是有效实施精益生产的一条重要途径。

本案例研究的主要问题是对GC公司发动机装配线的精益优化与改善,成功运用精益生产方式的管理工具、基本手段和方法对GC公司发动机装配线开展了装配线平衡的研究。通过对优化方案改善后的装配线平衡进行分析和评价,并将优化方案改善前后的装配线平衡状况进行对比,可以看出优化方案明显提高了公司装配线的线平衡率和单日最大产能,成功解决了装配线产能不足的问题。不仅如此,本案例的创新点在于该优化方案在提高装配生产线平衡率和产能的同时,也考虑了产品的质量,严格按照工艺顺序进行作业调整,一方面采用了ECRS原则,另一方面严格遵守发动机装配线的工艺流程,确保了发动机质量不受影响。

对装配线进行线平衡的研究,不仅有利于提高企业的生产效率,也为GC公司另外三个区域的生产线——测试线、喷漆线和辅装线——提供了很好的借鉴意义,也为类似的制造型企业提供了改善方法。

本案例中存在尚待进一步完善的地方,具体有以下两点:

(1)对装配线各个工位上操作者做动作分析。发动机总装装配生产线长,工位很多,装配工艺复杂,各个工位具体操作顺序的优先关系的确定,是一个十分复杂且耗时的过程。

(2)以模特法制订更加合理的标准工时。因为秒表测时法确定的作业时间受较多主观因素的影响,往往与实际作业时间存在偏差。

思考题

1. 秒表测时法所确定的作业时间与实际作业时间存在偏差,这些偏差可能是由哪些主观因素或者客观因素引起的?

2. 案例中在计算流水线平衡率时,使用线上工人代替工作地数目(详见表8-2)是否合理?谈谈你的看法。

案例9 基于Flexsim的医院输液系统建模与仿真

引言

随着经济社会的不断发展，人们对生活服务质量有了更高的要求，而医院门诊输液系统“常排队，排长队”，资源配置不合理的问题尤为突出，直接影响到人们对医院服务质量的评价。面对这样的医疗竞争市场，如何利用经济、有效的方法优化输液系统的资源配置，提高输液系统的效率，合理安排护士的工作，提高病人的满意度和医院的服务质量，成为医院关注的焦点。运用 Flexsim 软件建立门诊输液系统工作流程的仿真模型，在门诊输液系统原有的资源配置的基础上，进行仿真分析，可以快速找到整个工作流程的瓶颈。通过建模仿真测试、比较可以得到合理的资源配置方案，提高护士的工作效率和病人的满意度。

一、输液系统模型建立

（一）某医院门诊输液系统的现状分析

通过对某医院门诊输液系统的实地调研分析，发现该输液系统存在以下问题。

1. 输液室就医环境不理想

输液室的病人特别多，陪伴家属更多，人员密集，人员的流动性很大，护士总是在配药区、扎针区、输液区来回忙碌。由于输液室的面积有限，整个大厅不能满足病人需求，急诊输液通道常被堵塞，特别是在每日 9:30—11:30 和 14:00—16:00 的输液高峰时段，人多嘈杂，以致病人需要护士换药和拔针时，护士不能及时为病人服务，导致病人对护士的工作不满意。另外，病人多时，座位爆满，无输液座位，这些均导致病人对就医医院环境不满意。

2. 病人等待输液的时间较长，且输液时间不确定

病人在等待核查病历本、取药、扎针等系列程序的时间普遍较长，身心憔悴，在等待过程中容易产生焦急、烦躁、愤怒等情绪，甚至引发护患矛盾。

3. 护士资源不够，护士工作量大

整个输液系统中的三个护士工作量大，有时工作都忙不过来，不能满足整个输液室的需要。

这些问题的存在关键是该输液系统没有针对输液高峰期的病人数量做合理的分析，没有合理地配置整个输液系统的资源，以致病人等待的时间过长，导致对医院的服务不满意。因此，通过收集数据分析病人的数量，合理配置护士工作人员和输液区的座位，使病人的等待时间最少，护士工作人员和座位利用率最高，从而提高医院的服务质量。

（二）输液系统现行工作流程简介

1. 输液系统的布局和人员配备

该输液系统分别设有病人等候接待区、接待处、配药区、病人等待扎针区、扎针区、输液区。接待处设1名接待护士，负责核对病历本，填写输液单和发放输液卡号。病人等待扎针区设有10张座位。输液区设有60张座位。配备3名护士，负责拿输液单到配药台配药，到扎针区给病人扎针，到输液区给病人换液、拔针和处理病人遇到的紧急情况。

2. 现行工作流程

具体工作流程如图9-1所示，病人到达门诊输液系统后，首先到达接待处，接待处护士核对病人的病历本、填写输液单，同时发放输液卡号，并引导病人进入等待扎针区；如果到达的病人较多，则病人在接待处排队等待。其他3名护士到接待处拿输液单，到配药区配药，配好药走到扎针区按输液卡号给相对应的病人扎针，扎针完毕后病人进入输液区输液。当病人需要更换另一瓶药液，或是需要拔针，又或是遇到紧急情况时，病人可按下座位旁边的呼叫按钮，此时，护士要立即进入输液区处理情况。病人输完液后，可以离开，有的要在观察区观察20分钟，如果没有什么异常反应就可以离开输液系统。

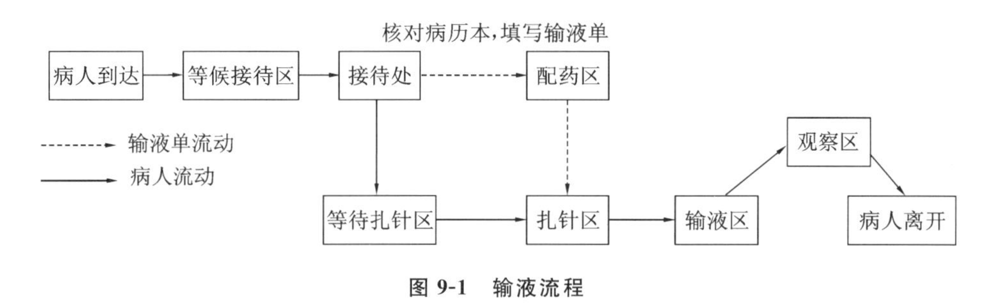

图 9-1 输液流程

（三）数据收集

通过连续两周对医院门诊输液系统的数据收集，得到了从上午8:30到下午4:30的相关数据，各时间段病人到达输液系统数量的情况如表9-1所示。

表 9-1 各时间段病人到达输液系统的数量

到达时间	人数（人）	到达时间	人数（人）
8:30—9:30	25	12:31—13:30	22
9:31—10:30	40	13:31—14:30	38
10:31—11:30	45	14:31—15:30	48
11:31—12:30	25	15:31—16:30	27

由表 9-1 可知，该门诊输液系统平均每天接待病人 270 名左右，平均每 96 s 到达 1 名病人，每日 9:30—11:30 和 14:00—16:00 是输液的高峰时段。

在到达输液系统输液的病人中，分三种类型，分别是输一瓶液、两瓶液和三瓶液。输一瓶液平均需要 30 min，接待处护士核对病历本、填写输液单和发放输液卡的平均时间为 70 s，护士配一瓶药平均需要 60 s，扎针平均时间为 50 s，拔针平均时间为 20 s，换液平均时间为 10 s。

二、输液系统建模

（一）模型要求

1. 系统描述

系统建立一个处理三种不同流动实体类型的模型，流动实体经过合成、分解、再合成的过程，每种流动实体的加工时间都不同。本系统模型使用的对象包括发生器、合成器、队列、分解器、处理器和复合处理器。

2. 基本要求

通过仿真模型能够模拟现行门诊输液系统的真实情况，直观地看到整个输液系统的工作过程。通过模型运行结束后的数据分析，验证该输液系统的资源配置是否合理，找到不合理的地方。通过仿真测试，合理配置护士和座位的数量，使病人的等待时间最少，护士的工作效率最高，座位的利用率最高，为医院管理者做出正确的决策提供参考。

3. 基本参数

约定时间单位为 s，长度单位为 m。发生器到达流动实体间隔：exponential(0,96,0)s，即均值 96 s 的指数分布。接待处接待时间：平均 70 s。配药台配药时间：按不同的流动实体类型执行不同的配药时间。类型 1 平均配药时间为 60 s，类型 2 平均配药时间为 120 s，类型 3 平均配药时间为 180 s。扎针台扎针时间为 50 s。护士步行速度为 1.5 m/s。基本参数如表 9-2 所示。

表 9-2　基本参数

类型	输液瓶数（瓶）	输液时间（min）	占病人到达比例（%）	护士接待时间（s）	护士配置药液时间（s）	护士扎针时间（s）	护士换液时间（s）	护士拔针时间（s）
类型 1	1	30	30	70	60	50	0	20
类型 2	2	60	50	70	120	50	10	20
类型 3	3	90	20	70	180	50	20	20

（二）模型布局

1. 模型描述

本模型研究病人达到输液系统完成输液的过程。有三种不同类型的病人按照指数分布时间间隔到达。病人的类型在类型 1、类型 2、类型 3 之间均匀分布。病人到达接待处，接待护士核对病历本和填写输液单，护士根据输液单配药，病人进入等待扎针区，然后进入扎针区，病人扎针完成后进入输液区就座输液。病人若需要换液、拔针或是遇到紧急情况可呼叫护士处理。病人输完液后离开输液系统。图 9-2 是系统流程图。

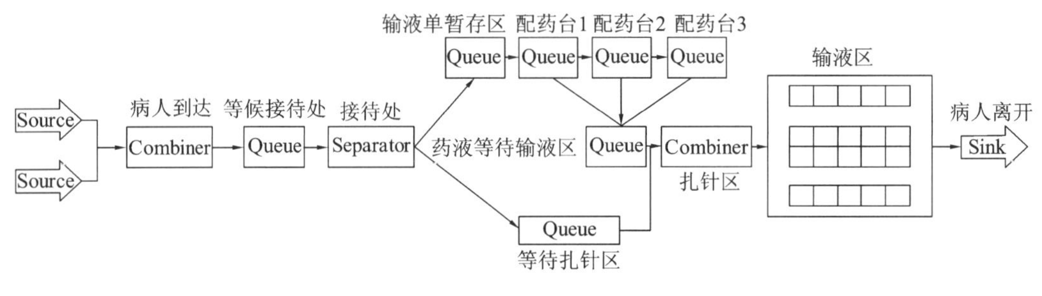

图 9-2　系统流程

2. 实体模型搭建

根据输液系统原有的工作流程以及布局建立系统模型，各个工作流程在 Flexsim 中表示为操作实体，病人到来和病历本的生成由“发生器”来表示，病人输液完成离开医院由“吸收器”来表示，病人携带病历本到达接待处排队等候用一个“合成器”来实现，病人排队等待用“暂存区”表示，接待处护士核对病人病历本和填写输液单后，需要病人和病历本分离，因此可以用一个“分解器”来实现，护士在配药区配药由“处理器”来表示，根据病人需要输液的瓶数设置配药时间，病人在等待扎针区用一个“暂存区”表示。护士配好药后到达扎针区给输液卡上相对应的病人扎针，同时把病历本返还给病人，这里就需要用一个“合成器”来表示。病人扎完针后进入输液区就座输液，在输液的过程中包括护士给病人换液、拔针和处理紧急情况等工作流程，需要用“复合处理器”来实现，护士由操作员来表示，由任务分配器按优先级给护士分配任务。

打开 Flexsim 仿真软件，从左边实体库中依次拖拽两个发生器，两个合成器，三个暂存区，一个分解器，三个处理器，一个任务分解器，三个操作员，六十个复合处理器和一个吸收器。把各个实体用 a 或者 s 连接。固定资源类实体之间用 a 连接，中间端口用 s 连接，如任务分配器和固定实体以及操作员之间的连接。

（三）基本参数设置

1. 设置病人到达时间间隔

双击发生器 3，打开属性窗口，在选项卡中，到达方式选择“到达时间间隔”，“临时实体种类”选择“Person”，在“到达时间间隔”下拉列表中选择统计分布，将分布设置为指数分布“exponential(0.0,96,0)”，如图 9-3 所示。

图 9-3　设置病人到达时间间隔

2. 设置病人到达类型和颜色

在发生器3的属性窗口选择触发器页，在“创建触发”下拉列表选择设定临时实体类型和颜色，选择按百分比设置病人到达的类型，类型1为30%，类型2为50%，类型3为20%，按不同的case值设置实体类型的颜色，分别为红色、蓝色和绿色，即表示3种不同的病人的到达人数，如图9-4所示。

图 9-4　设置病人到达的类型和颜色

3. 设置合成器

双击打开合成器 5 属性窗口，设置“加工时间”为 0，表示病人拿着病历本到达输液系统，如图 9-5 所示。

图 9-5　设置合成器 5 的加工时间

4. 设置接待处接待时间和输出端口

双击打开分解器的属性窗口，在“加工时间”选项卡上设置护士核对病人的病历本和填写输液单的工作时间为 70s，如图 9-6 所示。

图 9-6　设置接待处接待时间

点击分解器临时实体流属性窗口，在"发送至端口"下拉列表选择"默认分解器选项"，如图 9-7 所示。此时输液单就会和病人分开，病人自动走到等待扎针区，输液单由护士拿到配药区。

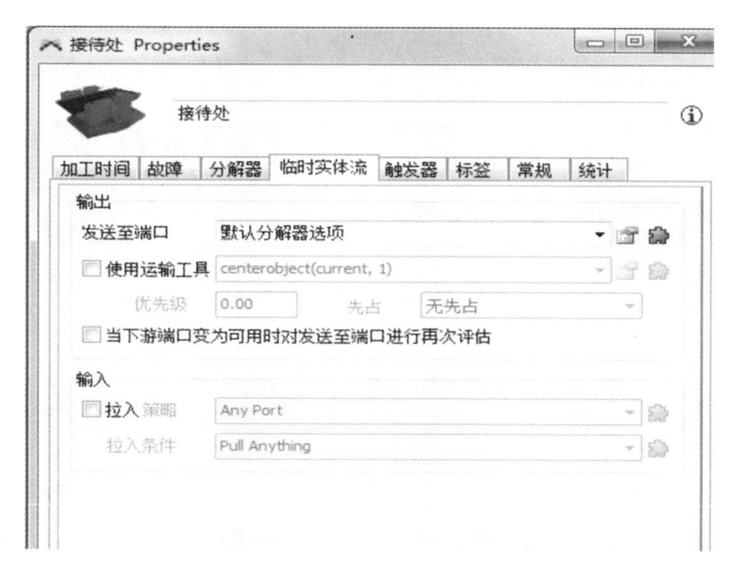

图 9-7　设置输出端口

5. 设置配药时间

双击打开配药台处理器的属性窗口，在"加工时间"下拉列表中选择"根据返回值执行不同的 Case"：case 1 设置加工时间为 60 s；case 2 设置加工时间为 120 s；case 3 设置加工时间为 180 s。勾选"使用操作员进行加工"的选项卡，在"捡取操作员"下拉选项中选择"按照名称"，指定任务分配器 11，优先级设置为 3。具体设置如图 9-8 所示。

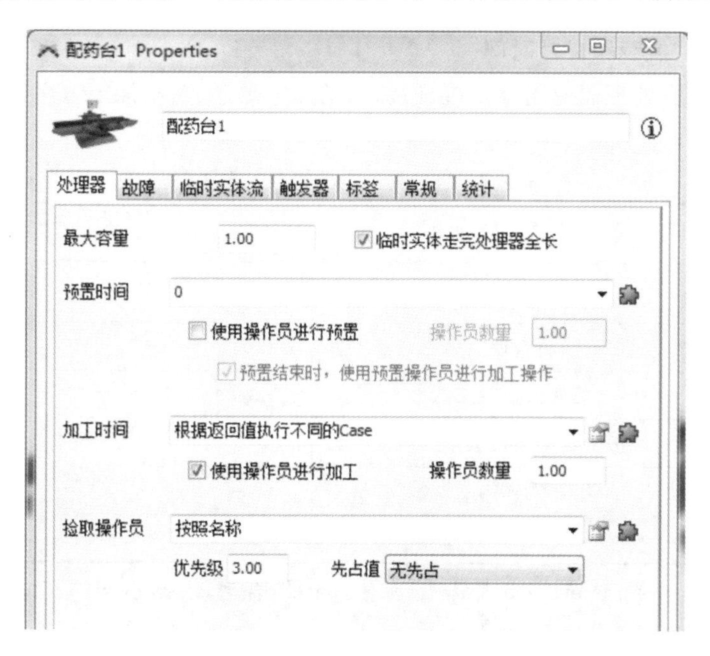

图 9-8　设置配药时间

另外两个配药台的配药时间也同样设置。

6. 设置扎针时间

双击打开合成器的属性窗口,设置"加工时间"为50s,勾选"使用操作员进行加工"的选项卡,在"捡取操作员"下拉选项中选择"按照名称",指定任务分配器11,优先级设置为10,具体设置如图9-9所示。

图 9-9 设置扎针时间

7. 设置输液、换液和拔针时间

双击打开复合处理器的属性窗口,添加6个加工工序,每个加工工序所表示的功能如表9-3所示。

表 9-3 每个加工工序所表示的功能

加工工序	所表示的功能	时间(s)	需要护士人数(人)	优先级
Process 1	给病人输第一瓶液	1800	0	0
Process 2	护士给病人换上第二瓶液	10	1	100
Process 3	给病人输第二瓶液	1800	0	0
Process 4	护士给病人换上第三瓶液	10	1	100
Process 5	给病人输第三瓶液	1800	0	0
Process 6	护士给病人拔针	20	1	100

工序Process 2到Process 5都需要运用switch语句,根据不同的实体类型值,返回不同的case,设置加工时间,如表9-4所示。

表 9-4　加工工序根据不同的返回值设置加工时间

加工工序	设置 case 1 加工时间(s)	设置 case 2 加工时间(s)	设置 case 3 加工时间(s)
Process 2	0	10	10
Process 3	0	1800	1800
Process 4	0	0	10
Process 5	0	0	1800

Process 1 表示给病人输第一瓶液，设置加工时间为 1800 s，如图 9-10 所示。

图 9-10　设置 Process 1 的加工时间

Process 2 表示护士给病人换液，在"加工时间"下拉列表中选择"根据返回值执行不同的 Case"：case 1 设置加工时间为 0；case 2 设置加工时间为 10 s；case 3 设置加工时间为 10 s。勾选"使用操作员进行加工"的选项卡，在"捡取操作员"下拉选项中选择"按照名称"，指定任务分配器 11，优先级设置为 100。

Process 3 表示给病人输第二瓶液，在"加工时间"下拉列表中选择"根据返回值执行不同的 Case"：case 1 设置加工时间为 0；case 2 设置加工时间为 1800 s；case 3 设置加工时间为 1800 s。

Process 4 表示护士给病人换液，在"加工时间"下拉列表中选择"根据返回值执行不同的 Case"：case 1 设置加工时间为 0；case 2 设置加工时间为 0；case 3 设置加工时间为 10 s，其他参数设置与 Process 2 一致。

Process 5 表示给病人输第三瓶液，在"加工时间"下拉列表中选择"根据返回值执行不同的 Case"：case 1 设置加工时间为 0；case 2 设置加工时间为 0；case 3 设置加工时间为 1800 s。

Process 6 表示护士给病人拔针，设置加工时间为 20 s，其他参数设置与 Process 2 一致。

(四)系统主要功能的实现

1. 设置病人与病历本的到达类型一致

首先在合成器5中建立一个标签type,设置初始值为0,在进入触发中编写代码,代码如图9-11所示。利用if语句设置标签值,if(type==0)则设置标签值为itemType;否则设置类型为0。然后利用switch语句根据不同的case设置病人类型的颜色。

```
Combiner9 - OnEntry
 9
10 double type=getlabelnum(current,"type");
11 double itemType=getitemtype(item);
12
13 if (type==0)
14 {
15     setlabelnum(current,"type",itemType);
16
17 }
18 else
19 {
20     setitemtype(item,type);
21     setlabelnum(current,"type",0);
22 }
23
24 ; // leave a no-op statement in case they leave it empty
25 } //******* PickOption End *******\\
26 { //************* PickOption Start *************\\
27
28
29 int value = getitemtype(item);
30
31 switch (value) {
32     case 1:  colorred(item);break;
33 case 2:  colorblue(item);break;
34 case 3:  colorgreen(item);break;
35
36     default: colorarray(item, value);break;
37 }
38
39 } //******* PickOption End *******\\
```

图9-11 设置病人与病历本类型一致的代码编写

2. 利用switch语句设置护士配药的时间

由于病人的输液有三种类型,类型1表示输一瓶液,类型2表示输两瓶液,类型3表示输三瓶液,这就需要护士根据病人的输液类型进行配药和换液。这里利用switch语句可以实现这样的功能。例如设置护士配药时间,代码编写如图9-12所示。int case_val = getitemtype(item)表示返回流动实体类型item,switch根据返回的不同类型,执行不同的case值。case 1表示病人的输液是类型1,则执行配一瓶药的时间为60 s;case 2表示病人的输液是类型2,则执行配两瓶药的时间为120 s;case 3表示病人的输液是类型3,则执行配三瓶药的时间为180 s。

/配药区1 - Process Time

配药区1 - Process Time

```
1 /**Custom Code*/
2 treenode current = ownerobject(c);
3 treenode item = parnode(1);
4
5
6
7 int case_val = getitemtype(item);
8
9 switch (case_val)
10 {
11
12     case 1: return 60;
13     case 2: return 120;
14     case 3: return 180;
15     default: return 1;
16 }
17 return 0;
18
```

图 9-12 设置护士配药时间的代码编写

3. 护士根据优先级的大小执行任务

整个输液系统中，护士要执行以下任务：拿输液单、配药、把药液放到药液放置处、拿药液、给病人扎针、换液和拔针。护士根据优先级的大小执行任务，优先执行优先级高的任务。其中护士给病人换液和拔针的任务最要紧，设置优先级最高，为100；其次是扎针的任务，优先级设置为10；配药和拿、放药液的优先级为3；拿输液单的优先级最低，为1。优先级具体设置如表9-5所示。

表 9-5 护士工作过程的优先级

护士工作过程	优先级
护士拿输液单	1
护士配药	3
护士拿药液和放置药液	3
护士给病人扎针	10
护士给病人换液	100
护士给病人拔针	100

三、输液系统仿真运行与分析

（一）现行的输液系统仿真

模型实体参数设置完成后，设置仿真运行28800 s，即8 h。运行仿真模型，运行结束后的模型如图9-13所示。

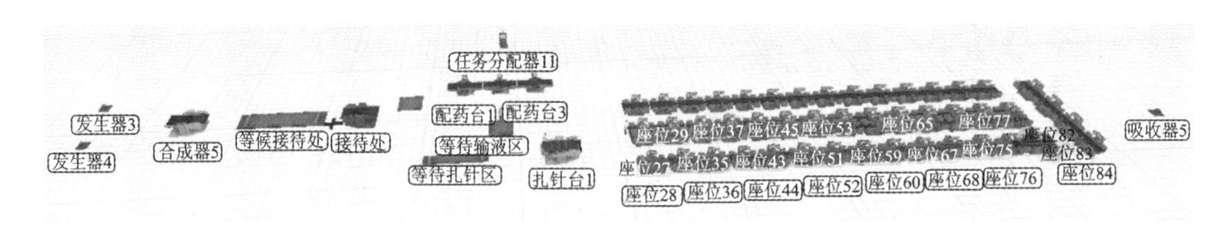

图 9-13　运行结束后的模型

（二）现行输液系统仿真结果输出和分析

通过对现行的输液系统进行仿真，得到运行结束后输液系统各工作流程的主要数据，如表 9-6 所示。

表 9-6　系统模型各环节队列等待时间及队列长度

项目	最多等待人数或瓶数	平均等待人数或瓶数	最长等待时间(s)	平均等待时间(s)
等候接待处	5	0.53	299.33	55.33
输液单暂存区	6	0.79	425.41	82.69
等待扎针区	13	4.59	1159.08	481.06
等待输液区	10	2.47	841.17	259.30

对扎针台 1 的状态进行分析，如图 9-14 所示。

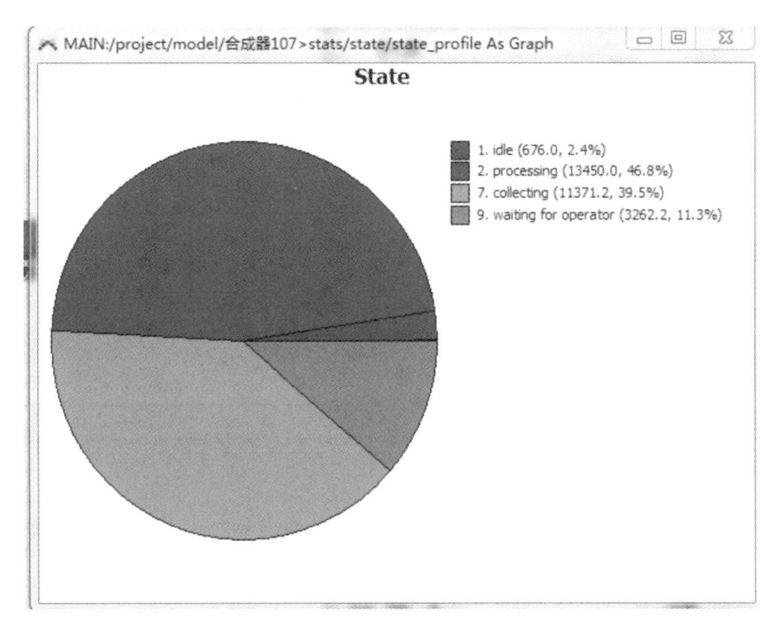

图 9-14　扎针台 1 状态分析

从表 9-6 可以看出，病人等待输液的最长等待时间为 841.17 s，平均等待时间为 259.30 s，并且药液在等待配药和等待输液的队列较长，等待时间较长。其次，病人在等候接待处的平均等待时间为 55.33 s，虽然队列中最多等待人数为 5，然而平均等待人数为 0.53，小于 1，说明接待护士的资源配备能够完成现有的工作量。

直接从运行后的模型也可以看出，等待扎针区的病人很多，从表9-6中可以看到等待扎针区病人的最多等待人数为13人，最长等待时间为1159.08 s，平均等待时间为481.06 s。同时，在等待输液的队列较长，最长等待时间为841.17 s，平均等待时间为259.30 s。

从图9-14可以看出，扎针区的闲置时间只有2.4%，说明扎针区的资源配置不够合理，在病人到达的高峰期，一个扎针台还不能够满足现有的工作需要。

表9-7 护士的利用率和空闲率

护士编号	空闲率(%)	空载行走占用率(%)	工作时间率(%)
1	5.5	20.1	74.4
2	11.5	19.3	69.2
3	20.0	19.2	60.8

从表9-7可以看出，在现有的工作流程中，负责配药、扎针、换液和拔针的3名护士的闲置率分别为5.5%、11.5%、20.0%，平均闲置率达到12.33%，表明护士的利用率还不够高。

图9-15所示为座位利用率统计分析。

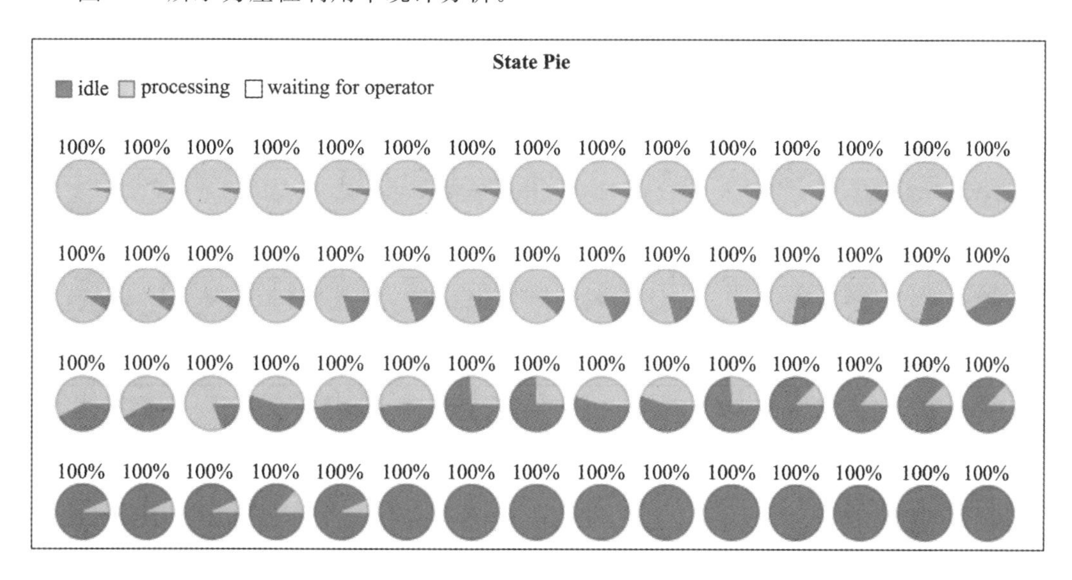

图9-15 座位利用率统计分析

从图9-15中可以看到前面30个座位在一天内一直被利用，一天内座位最大占用量为50个，说明座位的资源配置比较合理，能够满足每天输液病人的需要。

病人在输液过程中等待护士换液或拔针的平均时间为26.68 s，表明门诊输液系统中负责配药、扎针、换液和拔针的3名护士能够满足工作的需要，使病人等待换液和拔针的时间不致过长，能及时地解决病人在输液过程中发生的意外事故。

综合上面的分析可以得出，现行输液系统的护士利用率还不够。病人在输液高峰期的等待时间较长主要是由于扎针区的资源配置不够合理，导致药液在等待区等待给病人输液，而病人要在等待扎针区等待护士过来扎针。在这样的情况下，增加一个扎针台能减少病人在输液高峰期的等待时间。

（三）资源优化配置后的输液系统仿真

1. 资源优化配置

资源优化配置指的是能够带来高效率的资源使用，主要体现在“优化”，它包括企业内部的人、财、物、信息、科技等资源的使用和安排的优化，也包括社会范围内人、财、物等资源配置的优化。如企业的人力资源的优化配置、生产制造企业内部资源的配置、改善企业经营管理等都属于资源优化配置的范畴。资源的优化配置是以合理配置、经济和社会的可持续发展及整个社会经济的协调发展为前提的。通过资源的优化配置，合理配备企业资源，提高生产率和企业经济效率。

在医院、火车站、餐厅等一些公共服务领域，也在运用资源优化配置的理念和方法，合理地配置资源，从而改善经营管理，提高服务质量。

2. 资源再配置

根据上面的仿真结果分析，重新配置输液系统的资源。通过测试在现行的模型下增加一个扎针台，其他基本参数的设置不变，得到病人的等待输液时间。运行模型，得到相关的数据，如表 9-8 和表 9-9 所示。

表 9-8　增加一个扎针台后系统模型各环节队列等待时间及队列长度

项目	最多等待人数或瓶数	平均等待人数或瓶数	最长等待时间(s)	平均等待时间(s)
等候接待处	5	0.55	301.74	56.38
输液单暂存区	6	1.42	582.34	146.46
等待扎针区	7	2.25	738.03	232.64
等待输液区	2	0.19	170.81	20.32

表 9-9　增加一个扎针台后护士利用率和空闲率

护士编号	空闲率(%)	空载行走占用率(%)	工作时间率(%)
1	6.0	22.2	71.8
2	9.1	21.2	69.7
3	14.3	19.6	66.1

从表 9-8 中可以看到，经过资源再配置后药液等待输液的平均等待时间减少了，进而病人等待扎针的时间减少了，说明增加一个扎针台可以减少病人等待输液的时间。

（四）资源优化配置前后的对比分析

1. 病人等待输液时间

病人的平均等待输液时间和最长等待输液时间如表 9-10 所示，其柱形图分析见图 9-16。从表 9-10 中可以看到，病人的平均等待输液时间减少了 4.14 min，最长等待输液时间减少了 7.02 min。通过增加一个扎针台，减少了病人在等待扎针区的等待时间，进而减少了病人整个等待输液的时间。

表 9-10　病人的平均等待输液时间和最长等待输液时间(min)

流程	平均等待输液时间	最长等待输液时间
现行流程	8.95	24.32
资源优化配置后的流程	4.81	17.30

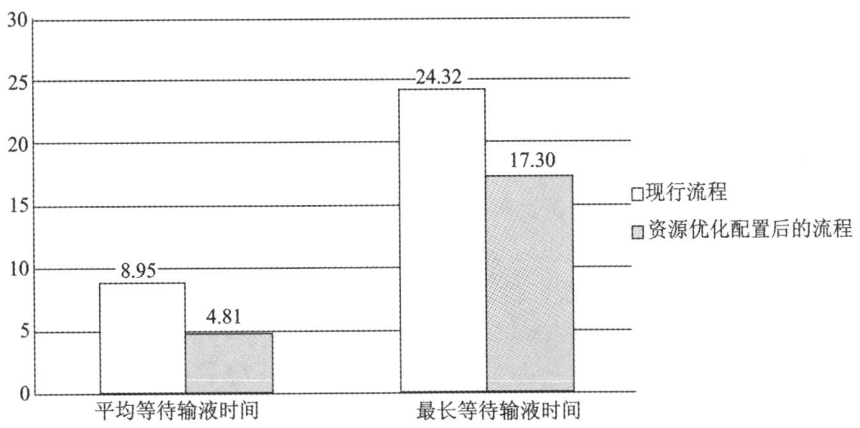

图 9-16　病人的平均等待输液时间和最长等待输液时间柱形图分析(min)

2. 护士的平均空闲率

护士的平均空闲率如表 9-11 所示，其柱形图见图 9-17。从表 9-11 中可以看到，护士的平均空闲率由原来的 12.3%减小到 9.8%。说明通过增加一个扎针台，可以合理地配置整个输液系统的资源，减少了护士的空闲时间，从而提高了护士的工作效率。

表 9-11　护士的平均空闲率(%)

流程	平均空闲率
现行流程	12.3
资源优化配置后的流程	9.8

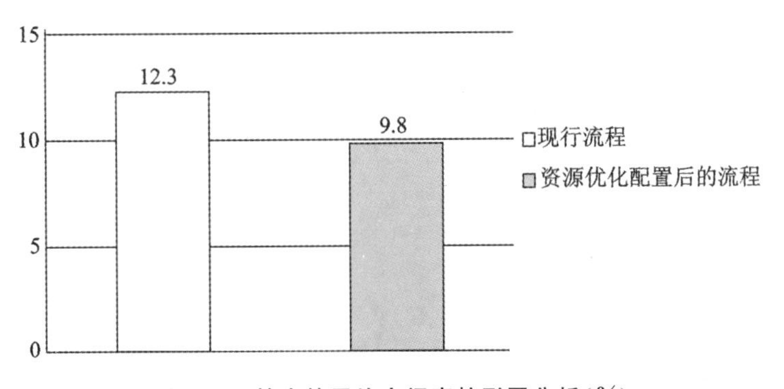

图 9-17　护士的平均空闲率柱形图分析(%)

案例小结

随着我国经济社会的不断发展，人们对生活服务质量有了更高的要求。人们在为接受服务而排队的过程中，往往希望排队的时间越短越好；但是由于种种原因，现实中不得不忍受着排队的煎熬，尤其是医疗服务行业。医院门诊输液系统“常排队，排长队”，资源配置不合理的问题尤为突出，直接影响到人们对医院服务质量的评价。面对这样的医疗竞争市场，就要求医院的输液系统更安全、更高效。因此，通过进一步优化输液系统的资源配置，提高输液系统的效率，合理安排护士的工作，使病人的平均等待时间最少，从而提高病人的满意度和医院的服务质量。

本案例通过对某医院输液系统的考证研究，运用 Flexsim 仿真软件，对原工作流程进行仿真，分析仿真结果，找到导致病人等待时间较长的瓶颈环节，再合理配置输液系统的资源，使病人的平均等待时间最少。通过对医院门诊输液系统的资源配置进行调查分析，运用 Flexsim 软件建立门诊输液系统工作流程的仿真模型，在门诊输液系统原有的资源配置的基础上，进行仿真分析，通过记录表，导出每个工作站的平均利用率、滞留病人的人数、病人在每个等待区域的平均等待时间和护士的工作效率，从而找到整个工作流程的瓶颈。通过仿真测试，合理配置护士和座位的数量，进而提高整个输液系统的工作效率，减少病人的平均等待输液时间，提高病人的满意度和医院的服务质量。

本案例运用 Flexsim 软件对整个输液运行系统进行仿真，通过实验的方法找出影响系统运行效率的问题，在此基础上提出改进的方案，并用实验验证方案的有效性。其不足之处在于对改进方案的设计不够详尽。如果能进一步在确保安全的前提下从流程重构的角度进行优化，相信能更有效地解决问题。

思考题

1. 实地调研，绘制并记录出医院注射流程的流程图及每个流程的大致时间。
2. 在利用仿真软件进行实验的过程中，为什么要记录足够多次的实验数据？
3. 运用仿真软件在生产系统建模和服务系统建模，它们的侧重点分别有哪些？

案例10 基于精益六西格玛的生产线分析与改善

引言

制造企业已经开始从大批量的生产方式转变为中小批量的个性化生产方式。目前的生产方式和管理手段已不能满足生产实际的要求，适合于多品种小批量生产方式的精益六西格玛管理方式也越来越得到企业的认可。精益六西格玛管理模式不仅可以改善企业经营中的效率、成本和质量，也可以快速地生产出令顾客满意的产品，创造最大的顾客价值，还可以改进不合理的业务流程，减少浪费，降低成本，减小产品的缺陷，最终促使企业提高管理水平。本案例探讨应用精益六西格玛的方式对生产线进行分析与改善。

一、OVM 公司现状与问题分析

OVM 公司产品基本分为四大类、三十几个系列、四百多个品种，包括 OVM 锚固体系（包括核电锚固体系、低温锚固体系）、缆索制品、橡胶支座和伸缩缝等产品。

锚具是 OVM 公司的主打产品，是 OVM 生产量最高的产品之一。通常所说的锚具四件套是指锚板、工作夹片、锚垫板、弹簧四种。而夹片也被分为常规夹片与非常规夹片，常规夹片顾名思义是经常生产的且产量大的夹片，非常规夹片则与之相反。本案例主要研究非常规夹片。

（一）公司现状分析

公司由设备事业部、缆索事业部、锚具事业部三大事业部组成，锚具事业部的总产能占全部总产能的55%，锚具厂有三个车间，分别是锚板车间、夹片车间和综合车间。锚板车间已经推行了精益生产项目，该车间工艺简单，主要特点是生产小品种大批量的产品。综合车间生产的是多品种小批量的夹片产品，车间工艺复杂，设备按工艺原则布置，物流路线长。因此，选择对综合车间进行分析。

（二）综合车间现状分析

综合车间生产的是种类多而复杂，并且是小批量不常加工的产品，该车间主要是加工非常规夹片，夹片与锚板分别有独立的生产区域。由于在夹片之前已经有了初步的成组单元布局，因此主要分析非常规夹片的生产线。

夹片的种类和型号有几十种，车间主任每天要安排生产几十种产品的生产计划，这是一个既复杂又耗时的工作，有时还会因临时接到急件而改变生产计划，之前的计划被打乱，造成大量在制品累积。通过价值流图来分析增值与非增值活动，进而找出在制品的积压原因，如图10-1所示。

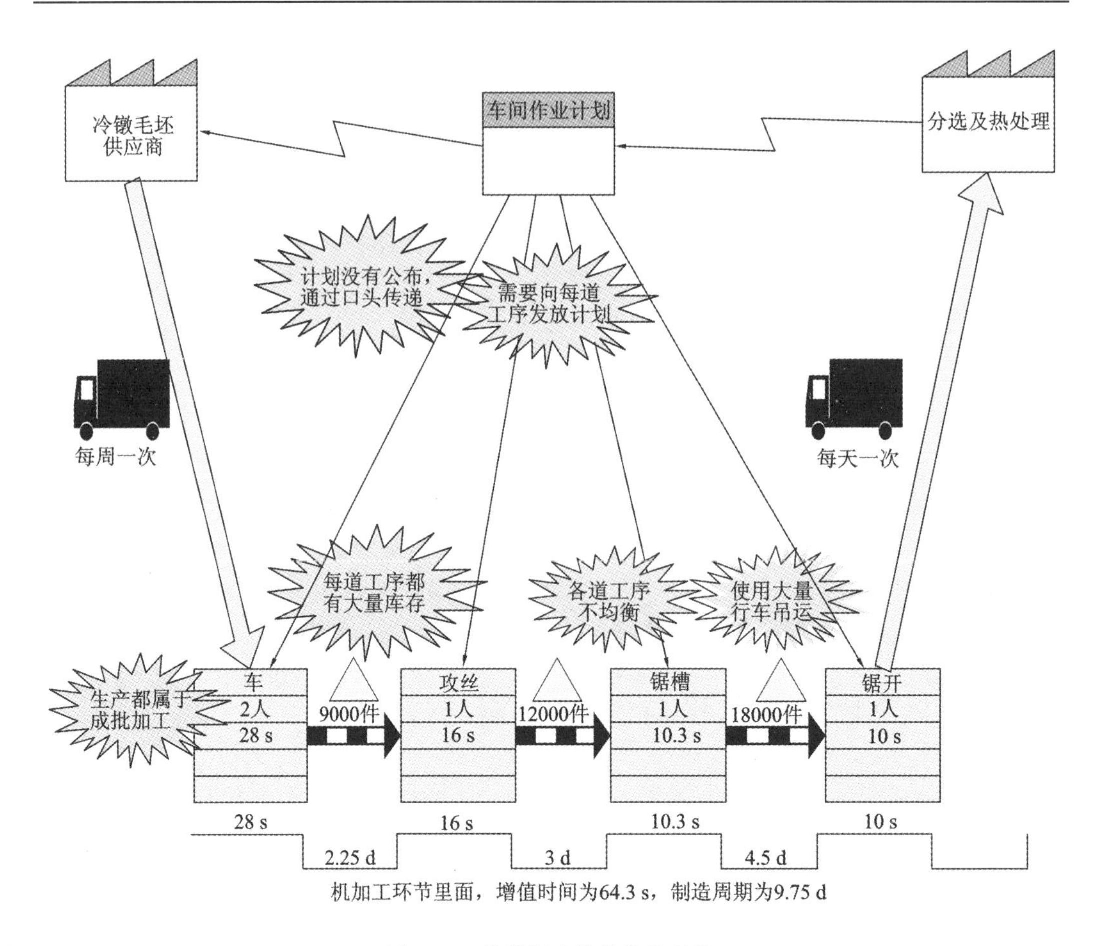

图 10-1　非常规夹片价值流现状

一般地，非常规夹片的基本生产流程依次为车内外锥、攻丝、锯槽、锯开这四个流程。根据当前企业的实际情况，绘制出企业内部的物料流、信息流以及在制品库存，得到企业价值流现状图。解析价值流图(见图 10-1)：①工序间的黑色箭头表示推动生产；②折线表示用电子传达信息，直线表示用纸质传达信息；③工序名称下方分别为各工位的操作工人人数和实际操作时间。

虽然工序间的在制品库存的功能是为保证产品的连续生产而起调节作用的，但是在制品过多时，经常掩盖问题，造成各个信息孤立地存在，致使各种库存起不到协调生产、保证生产连续性的作用。

该工序每次批量加工总数量为 8000 件，每天加工 4 次，从图 10-1 中看出每道工序之间在制品量已经超过加工批量，并且一件产品需要 9.75 d 才能交付到顾客手中，而其中的增值时间只有 64.3s，占全部时间的 0.023%。这个数字说明了当前活动中存在巨大的浪费。

上面已经得到增值时间非常短，效率非常低，造成在制品积压，为了减少在制品数量，进一步通过因果图来分析在制品数量大的原因，如图 10-2 所示。

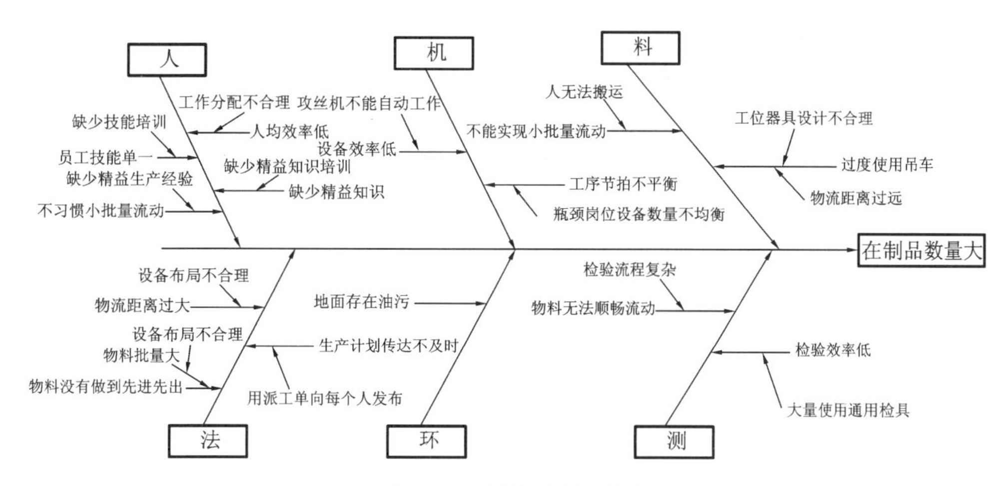

图 10-2 在制品量因果图

从图10-2中可以看出，造成在制品数量大的因素有很多，包括生产计划发布方式、设备布局、工艺设计、物流方式、检验流程、精益知识培训、地面光洁度、工位器具使用不合理等。下面确定主要的因素，并对其提出改善措施。

1. 在制品分析

根据OVM公司综合车间某年非常规夹片在制品数量的情况，工序间非常规夹片在制品每月数量如表10-1、图10-3所示。

表 10-1 在制品每月数量

月份	1月	2月	3月	4月	5月	6月	7月	8月	9月	10月	11月	12月	月平均
数量(件)	9300	9100	10050	8900	9700	8700	8940	9500	8800	9900	9220	8700	9234

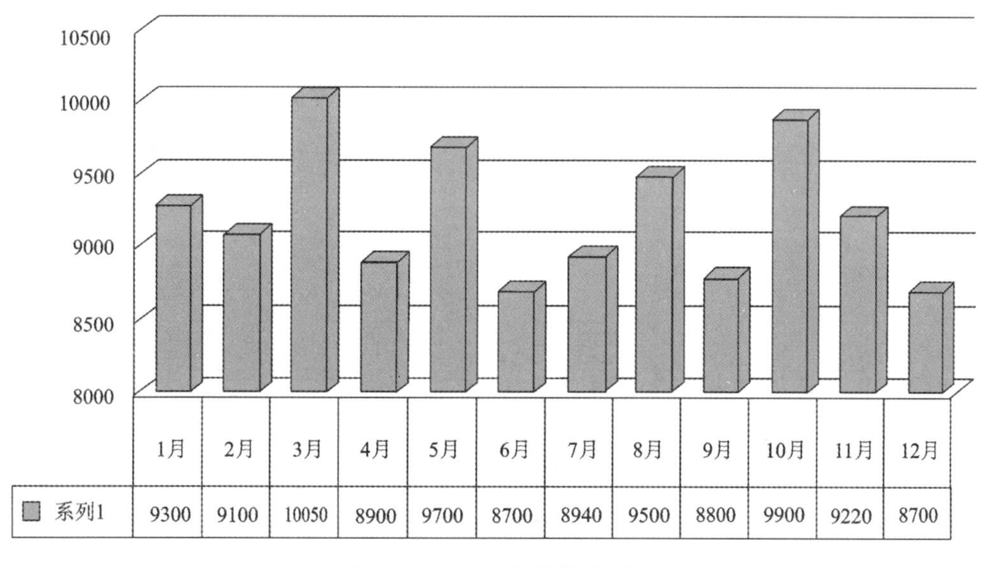

图 10-3 在制品每月数量(件)

由表10-1可知，在制品每月数量平均值约为9234件，而每月加工批量总数量为8000

件，导致在制品数量大，制造周期长，从而影响交货，增加了成本。因此，降低在制品数量至关重要。

针对上面企业现状的分析，以及对企业的深入调查分析，确定了本次的研究对象是降低非常规夹片在制品数量。针对问题，绘制出了 SIPOC 图，如图 10-4 所示。

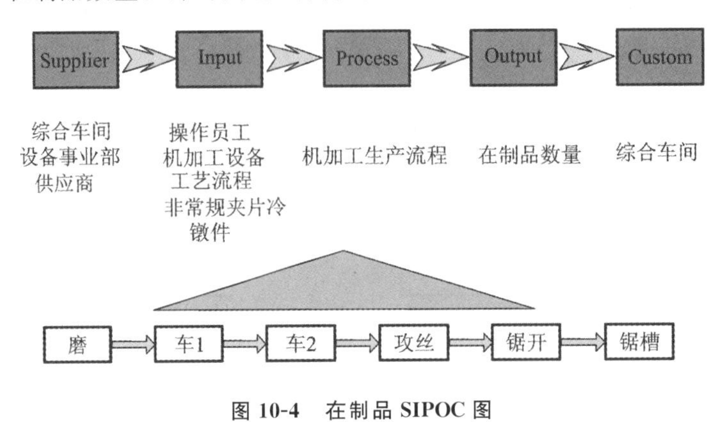

图 10-4　在制品 SIPOC 图

在整个非常规夹片生产过程中在制品成为关键品质特性，所以现在定义 Y= CTQ(关键品质特性)＝非常规夹片在车间内的月度盘点在制品数量(数据由每月车间盘点获得)。

针对上述一系列在制品数量多的问题，确定了预期目标，未来在制品数量从 9000 多件降低到每道工序 2000 件，下降约 78%，制造周期缩短为 2 天。下面用非常规夹片价值流未来图(图 10-5)展示。

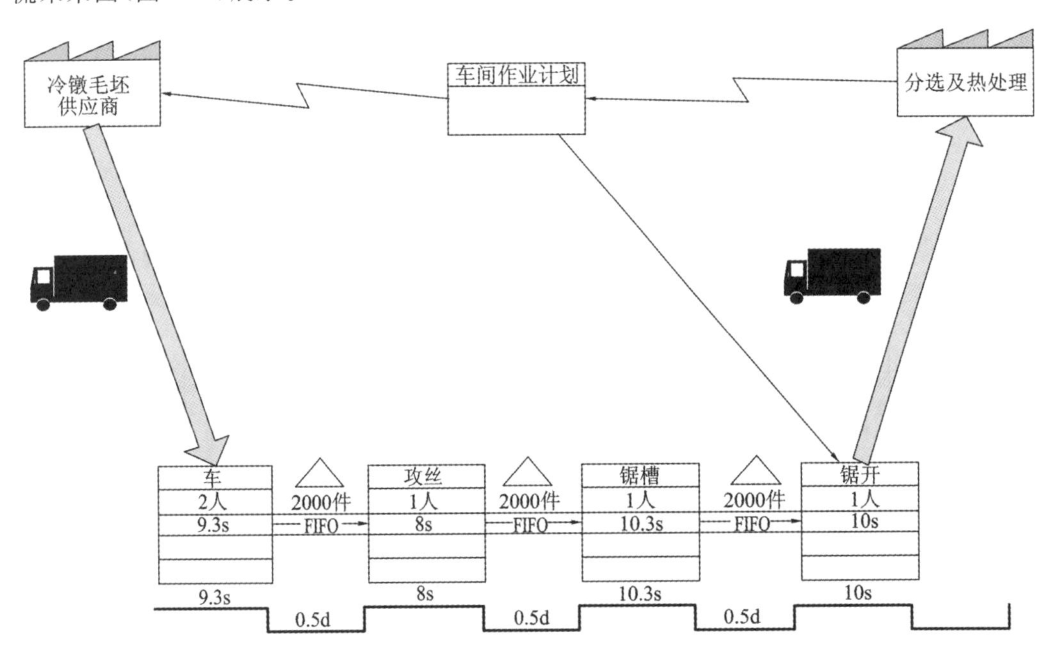

图 10-5　非常规夹片价值流未来图

Y(在制品数量)现在的水平及目标，如图 10-6 所示。

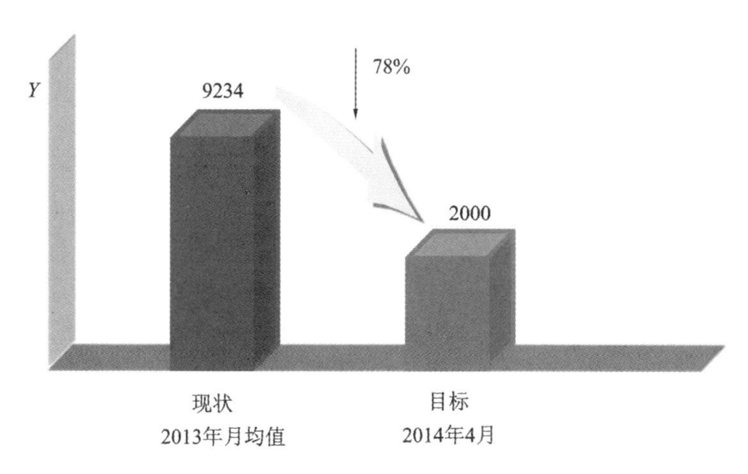

图 10-6 Y 现在的水平及目标

2. C&E 矩阵

为了确定改善的焦点，即确定哪些因子对客户产生主要作用，建立因果矩阵图；来找出影响在制品数量大的原因，如图 10-7 所示。

对客户重要度			10	
	顾客CTQ		分值	T/L
NO.	过程类型	过程内容		
1	计划	生产计划发布方式	9	90
2	工艺	设备布局	9	90
3	工艺	工艺设计	9	90
4	物流	物流方式	9	90
5	检验	检验流程	3	30
6	人员	精益知识培训	1	10
7	人员	精益生产实际操作经验	1	10
8	工艺	自动工装	1	10
9	人员	多能工培训	1	10
10	检验	专用检具使用	1	10
11	计划	销售计划准确性	0	0
12	环境	地面光洁度	0	0

图 10-7 C&E 矩阵

根据图 10-7，将要求的等级分乘以相关分后再求和，例如，生产计划发布方式对在制品数量有极大的影响，所以确定其分值为 9 分，下面的以此类推，最终得出前五个分值最高。因此，可以确定影响在制品数量的重要潜在因子为：①生产计划发布方式；②设备布局；③工艺设计；④物流方式；⑤检验流程。

前面已经确定质量特性为在制品数量，下面主要对影响在制品数量的因素进行分析与改进，可以将其分为两大类：

①生产线平衡分析及改善；

②设施布局分析及改善。

确定分析对象后进行改进，针对关键因素确立最佳改进方案。通过这一阶段的分析，已经明确需要改进的地方。

二、基于精益六西格玛的生产线分析与改善

(一)生产线平衡分析及改善

1.产品产能分析(P-Q 分析)

P-Q 分析的目的是对众多产品的数量进行分类,找出车间主要生产产品,并判断其工艺相似度,来选择设置专业生产线或通用生产线,进而对生产车间布局进行优化。P-Q 分析中的 P(product)表示产品,Q(quantity)表示数量。

由于综合车间生产的大部分是非常规夹片,所以夹片种类繁多,数量不一。表 10-2 所列的八种非常规夹片的产量总和几乎占整个车间非常规夹片产量的 85%,而此八种产品中,M13AV、OVM15V(JY)、OVM250V、G15VA 这四种产品的数量累计百分比占总数量的 77.86%,如表 10-2 和图 10-8 所示。

表 10-2 产品和产量分析表(千件/月)

产品型号	M13AV	OVM15V(JY)	OVM250V	G15VA	M15VTR	M15VT	G15V	OVM250(16)V	合计
数量	25	15	8	6.5	5	4	1	5.5	70
百分比	35.71%	21.43%	11.43%	9.29%	7.14%	5.71%	1.43%	7.86%	100.00%
累计百分比	35.71%	57.14%	68.57%	77.86%	85.00%	90.71%	92.14%	100.00%	

根据表 10-2 产品和产量分析表绘制非常规夹片 P-Q 分析图。

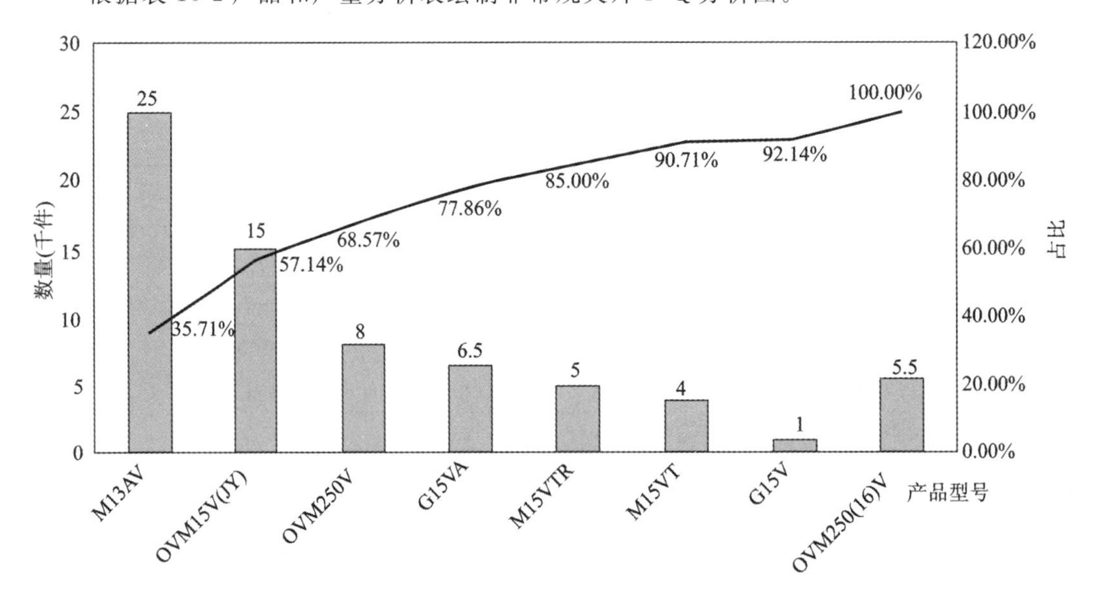

图 10-8 非常规夹片 P-Q 分析图

所以,综合车间的生产线改善,将分析 M13AV、OVM15V(JY)、OVM250V、G15VA 四种产品,图 10-9 是这四种产品的工艺流程图。

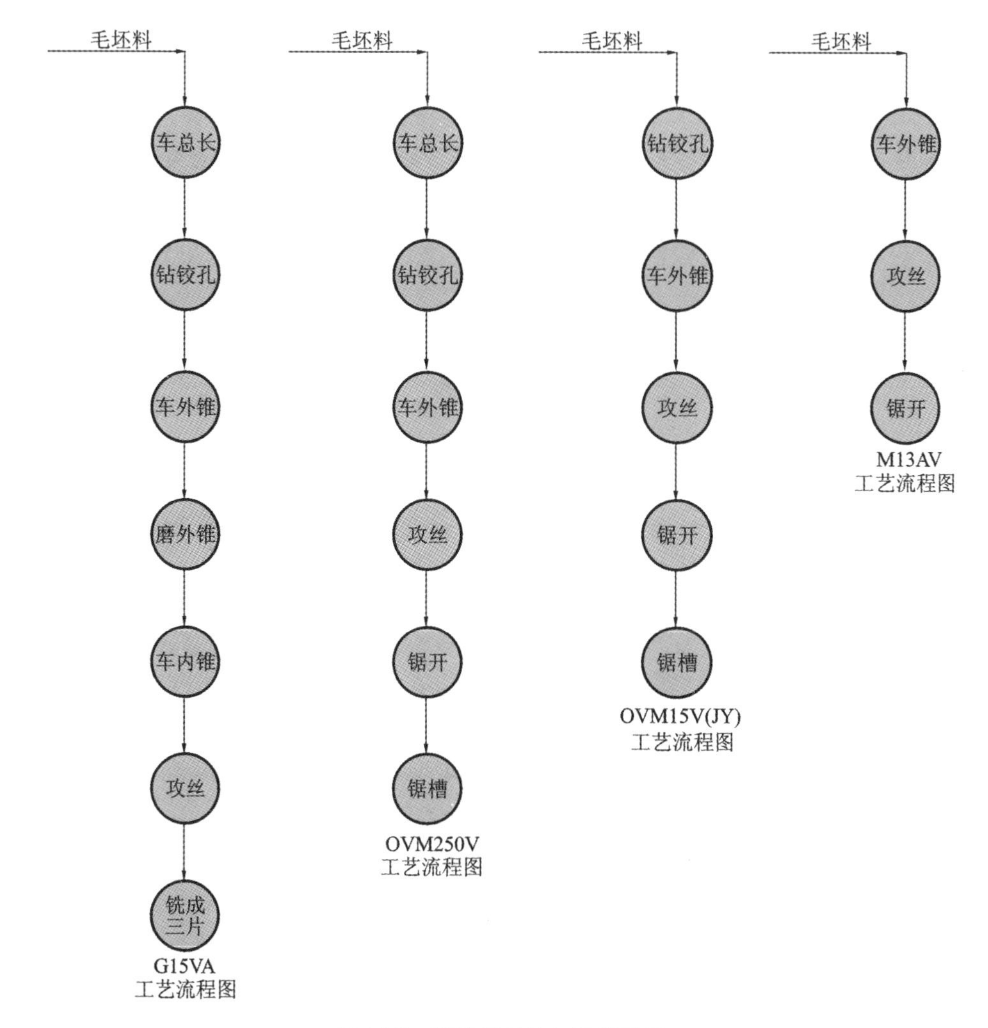

图 10-9　四种产品的工艺流程图

2. 工艺流程分析(P-R 分析)

工艺流程分析的目的是找出各种加工产品的工艺是否类似,选择具有代表性的产品进行分析与改进,为后面的设备的布局选择和规划提供依据。根据 P-Q 分析选择的有代表性的产品进行 P-R 分析,如表 10-3 所示。

表 10-3　综合车间非常规夹片工艺流程分析表

序号		1	2	3	4	5	6	7	8	9	10
工序名称		车总长	钻铰孔	车孔	车外锥	磨外锥	车内锥	攻丝	铣成三片	锯开	锯槽
产品型号	设备	普通车床	六角车床	数控车床	数控车床	磨床	数控车床	攻丝机	铣床	锯床	锯床
G15VA		√	√		√	√	√	√	√		
OVM 250V		√	√		√			√		√	√
OVM15V(JY)			√	√	√			√		√	√
M13AV					√			√		√	

由表 10-3 可知：

①OVM15V(JY)与 OVM250V 工艺路线重合程度高，且 OVM15V(JY)工艺路线包含了 M13AV 工艺路线。G15VA 与 G15V 的工艺路线一样，为同一种类。

②布局时，以 OVM15V(JY)作为目标对象进行研究，同时兼顾其他类夹片加工。

3. 生产线平衡分析及改善

生产节拍是指加工一件产品所需要的时间。表 10-4 所示是 OVM15V(JY)产品的每道工序加工时间。

表 10-4　OVM15V(JY)产品工序加工时间

工序	钻铰孔	车内外锥	攻丝	锯开	锯槽
加工时间(s)	26.5	28	12.5	10.3	10
人员需求(人)	1	1	1	1	1

根据表 10-4 绘制平衡墙图，如图 10-10 所示。

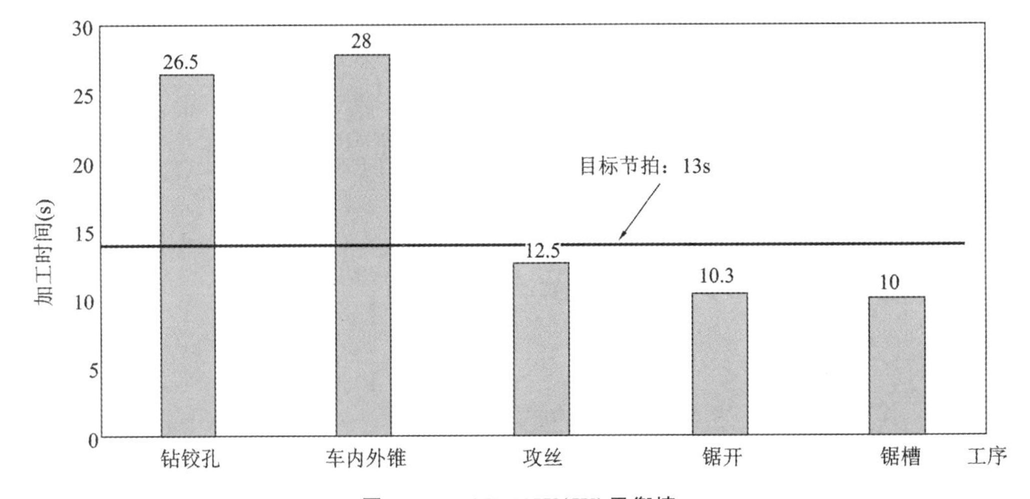

图 10-10　OVM15V(JY)平衡墙

根据生产的需要，设定的目标生产节拍为 13 s，从图 10-10 中可以看出钻铰孔、车内外锥这两道工序是瓶颈工序。现有工序之间严重不平衡，需要提高瓶颈工位的效率。现有车间的设备是能够满足生产能力的，表 10-5 是车间设备的配备表。

表 10-5　车间设备配备表(一)

工序	钻铰孔	车内外锥	攻丝	锯开	锯槽
设备数量(台)	1	1	1	1	1
人员需求(人)	1	1	1	1	1

工人操作六角车床对零件钻铰孔，作业时间测量如下：装夹零件 6 s，铰孔 14 s，卸下零件 4 s，去毛刺并检查尺寸 2.5 s，并且该车床为自动加工，绘制人机作业分析图，并对其改进，如图 10-11 所示。

作业名称：　钻铰孔　　　　日期：　5月10日

开始动作：　装夹零件　　　结束动作：　卸下零件　　　研究者：×××

人	时间(s)	机
装夹零件　6	2	空闲　6
	4	
	6	
空闲　14	8	铰孔　14
	10	
	12	
	14	
	16	
	18	
	20	
卸下零件　4	22	空闲　6.5
	24	
去毛刺并检查尺寸　2.5	26	
	26.5	

统计		周程(s)	工作时间(s)	空闲时间(s)	利用率(%)
	人	26.5	12.5	14	47.17
	机	26.5	14	12.5	52.83

图 10-11　钻铰孔人机作业图

由图 10-11 可知，人的空闲时间太长，利用率为 47.17%。采用“5W1H”提问技术和“ECRS”原则进行分析并改善。

第一次改进，重排，将去毛刺并检查尺寸这个动作排在机床铰孔时间段，不需要增加任何设备和工具，使人机利用率均提高了近 5%，制造周程缩短了 2.5 s。

第二次改进，一人多机操作，虽然对加工过程进行重排，但在机器工作这段时间工人还是有很多的空闲时间，因此可以从这方面着手，看是否能够增加一台机器。在一个周程内，工人有 11.5 s 的空闲时间，足够操作另外一台机器。二次改进后的钻铰孔人机操作分析如图 10-12 所示。

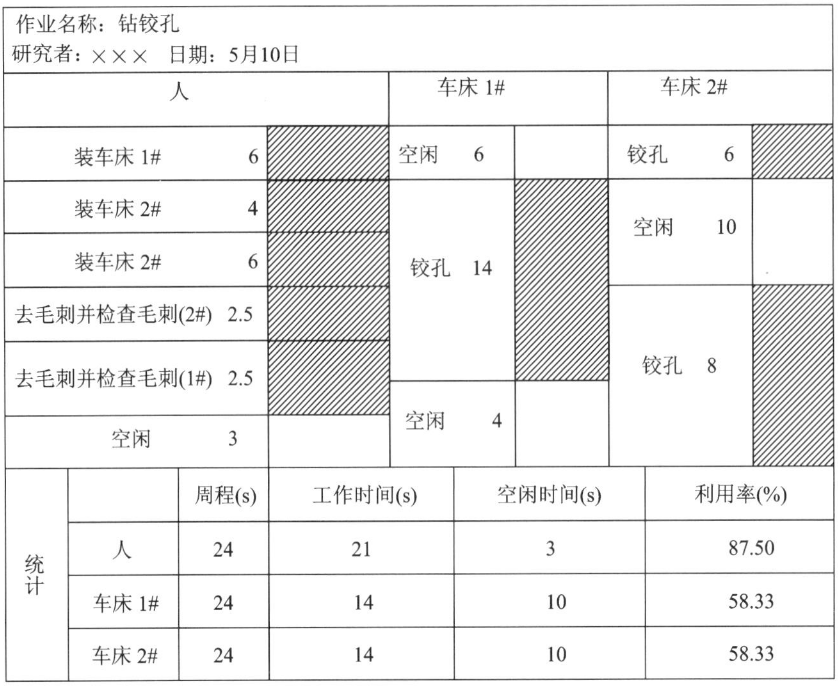

作业名称：钻铰孔
研究者：××× 日期：5月10日

人	车床1#	车床2#
装车床1# 6	空闲 6	铰孔 6
装车床2# 4	铰孔 14	空闲 10
装车床2# 6		
去毛刺并检查毛刺(2#) 2.5		铰孔 8
去毛刺并检查毛刺(1#) 2.5	空闲 4	
空闲 3		

统计		周程(s)	工作时间(s)	空闲时间(s)	利用率(%)
	人	24	21	3	87.50
	车床1#	24	14	10	58.33
	车床2#	24	14	10	58.33

图 10-12　二次改进后的钻铰孔的人机作业图

经过了第一次和第二次改进，虽然工作周程没变，均为 24 s，但一人操作两台机器，产量增加了一倍，加工时间变为 12 s，达到了目标时间 13 s 以内。人的利用率也从 47.17%增加到 87.50%，提高了 40.33%。同理，瓶颈工序车内外锥也可通过人机作业分析来改善，改善结果如表 10-6 所示。

表 10-6　钻铰孔、车内外锥改善措施

工序	目标产能(件)	目标节拍(s)	现状节拍(s)	节拍平衡措施
钻铰孔	2100	13	26.5	通过采用两台六角车床把节拍降到 12 s/件
车内外锥	2100	13	28	通过采用两台数控车床把节拍降到 13 s/件

这样改善的目的是基于精益六西格玛管理的思想，实现单元内的一人操作多台机器和一人操作多道工序，既提高了设备利用率，又减少了人员闲置时间。这些设备原来是按照一人操作一台配备的，改善以后，可以减少 2 个工人，使生产节拍达到平衡的水平，如表 10-7 所示。

表 10-7　车间设备配备表(二)

工序	钻铰孔	车内外锥	攻丝	锯开	锯槽
设备数量(台)	2	2	2	1	1
人员需求(人)	1	1	1	1	1

根据改善后测得的加工时间绘制平衡墙，如图 10-13 所示。

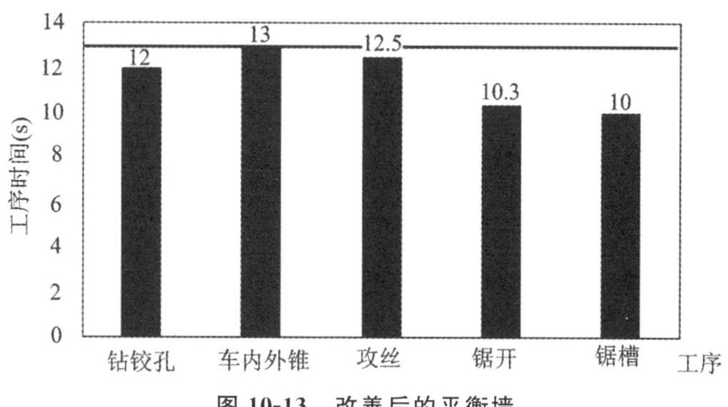

图 10-13　改善后的平衡墙

同理,我们可以把这种生产模式和改善方案应用到其他类似产品,对实现生产线平衡、达到一个流的生产、减少在制品数量都有很好的效果。

(二)设施布局分析及改善

1. 设施布局分析

根据上一节改善后的工艺原则和生产节拍平衡分析,对非常规夹片生产线进行布局,由 P-Q 分析得知 OVM15V 夹片为主要产品,所以针对 OVM15V 夹片生产线进行改善,首先要了解综合车间的整体设施布局,如图 10-14 所示。

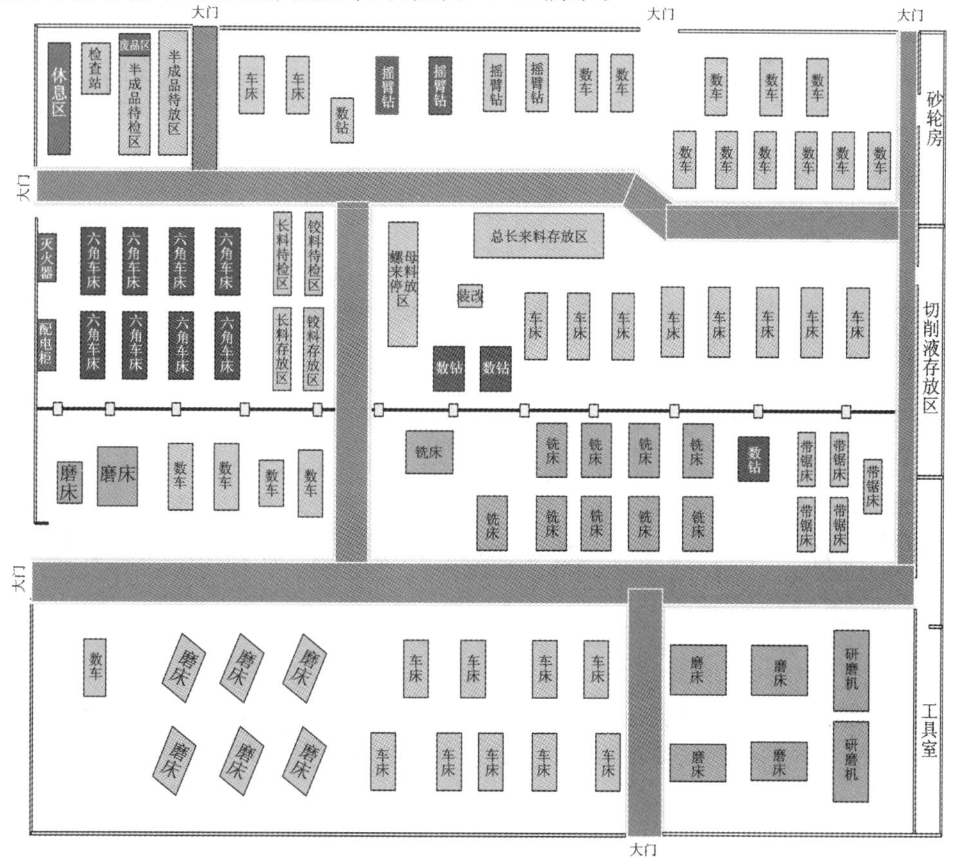

图 10-14　综合车间整体设施布局

影响车间布局的因素主要包括以下几个方面。

1)设备的尺寸大小

所有类型车床长宽为 2.8 m×1.2 m,磨床长宽为 2.0 m×1.6 m,锯床长宽为 1.8 m×1.1 m,型号 CX6140 数车(车外锥)长宽为 2.5 m×1.2 m,型号 CJX6136A 数车长宽为 2.2 m×1.2 m,攻丝机长宽为 1.2 m×1.1 m,六角车床长宽为 1.8 m×1.0 m。

2)物料的搬运方式

根据非常规夹片的特征,外观一般为一端大一端小的圆形,质量较小,所以用专用箱子来装载,可以采用手推车来运送,这样就省去大量时间,下文再详细介绍。

3)车间可以利用的面积

通过测量,发现车间有一块可以利用的区域,长宽为 21 m×16 m,可以用来设计夹片线,但需要重新布置才能达到预期的效果。

已经确定 OVM15V 夹片为主要研究对象,下面研究 OVM15V 夹片的物流路线图,如图 10-15 所示。

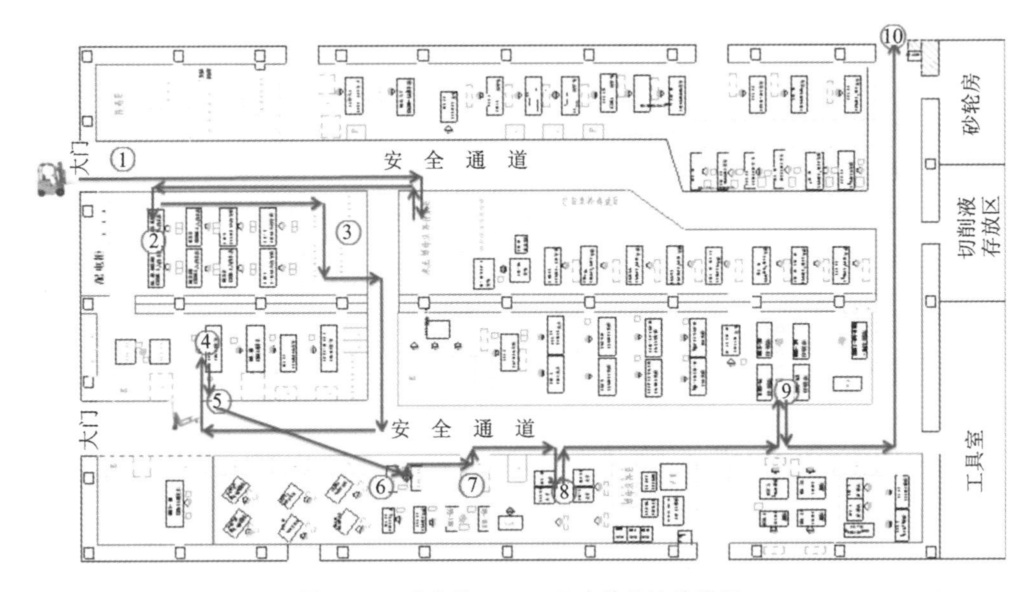

图 10-15　改善前 OVM15V 夹片物流路线图

从图 10-15 中可以看出此生产线存在大量问题,根据企业物流合理化原则,从以下几个方面分析:

(1)近距离原则。生产线上配套的设备放置在各个区域,违背了近距离原则,导致物流距离达到 170 m,增加了系统成本。

(2)避免迂回和倒流原则。生产流程从①至⑩的整个过程中,从③到⑥这个生产过程出现迂回现象,物流运输距离增加,从而严重影响了生产系统的效率和效益。

(3)简化搬运作业、减少搬运环节原则。在整个过程中,搬运存在来回交叉,在机加工完一个夹片需要搬运 13 次,停留 10 次,无增值的搬运作业过多使得整个生产系统存在大量的在制品,导致生产成本居高不下。

(4)合理提高搬运机械化水平。工人采用吊车来吊运零件,导致效率低,存在安全隐患,并且增加吊车成本。

由前述改善后的结果得知，可以采用精益生产布局里的并联式布局，把同一工序的两台设备进行并列式布局放置，即将钻铰孔和车外锥两道工序的车床并列放置，并联式布局如图 10-16 所示。

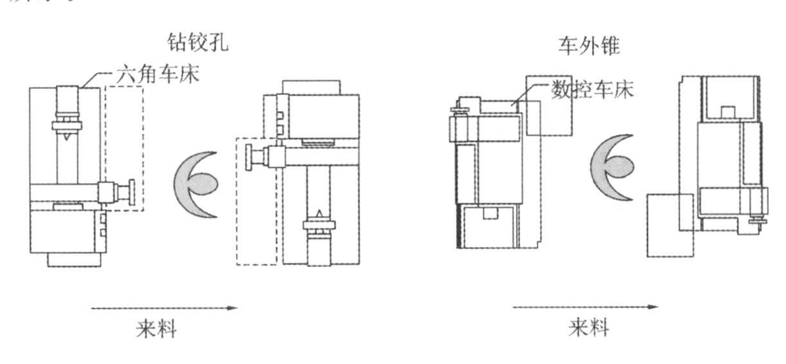

图 10-16　并联式布局

2. 设施布局改善

根据 OVM15V 物流现状，要想提高生产率，减少在制品数量，则要打破目前的车间布局。根据上面分析的综合车间还有空置区域和空闲车床，能够满足布置一条新的生产线，所以重新对设备进行布局。改善后的 OVM15V 夹片物流路线图如图 10-17 所示。

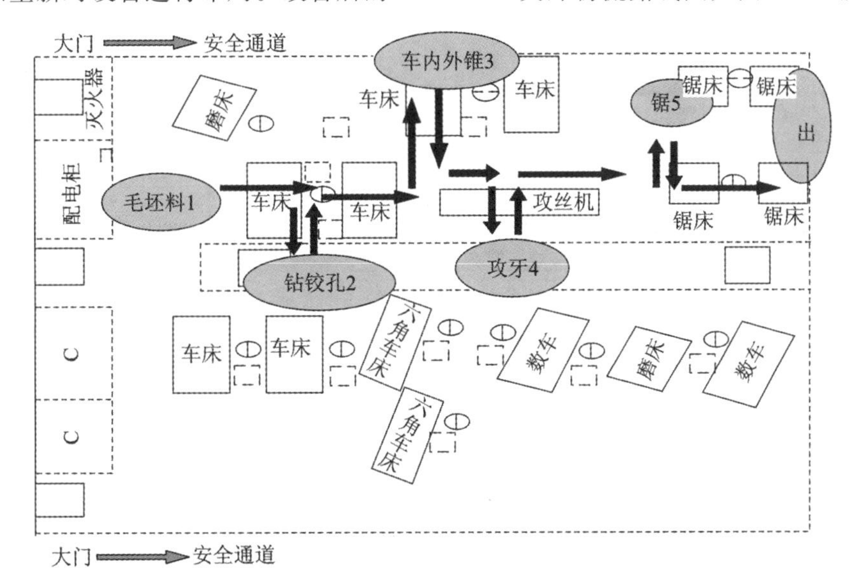

图 10-17　改善后的 OVM15V 夹片物流路线图

改善后，OVM15V 夹片生产线上单元内物流距离为 14 m，减少了 156 m；加工流转过程中的停滞次数由 10 次变成了 4 次；搬运次数变为 5 次，减少了约 5000 件在制品。

3. 区域定置管理

改善前，综合车间各工位都没有进行定置，工人将物料随意摆放，没有责任到人。对其定置：①在第一道工序的机器旁设置空料摆放区域和来料摆放区域，剩下工序的机器旁设置待加工区域和已加工区域；②设置积压物料区域。积压物料＝每天的来料－转出物料－废品数量。

经过对每个岗位的物料定置定量，并且责任到人，物料定置摆放以后，减少了物料数量，缩短了制造周期，保证了物料的完整性。夹片生产线定置如图 10-18 所示。

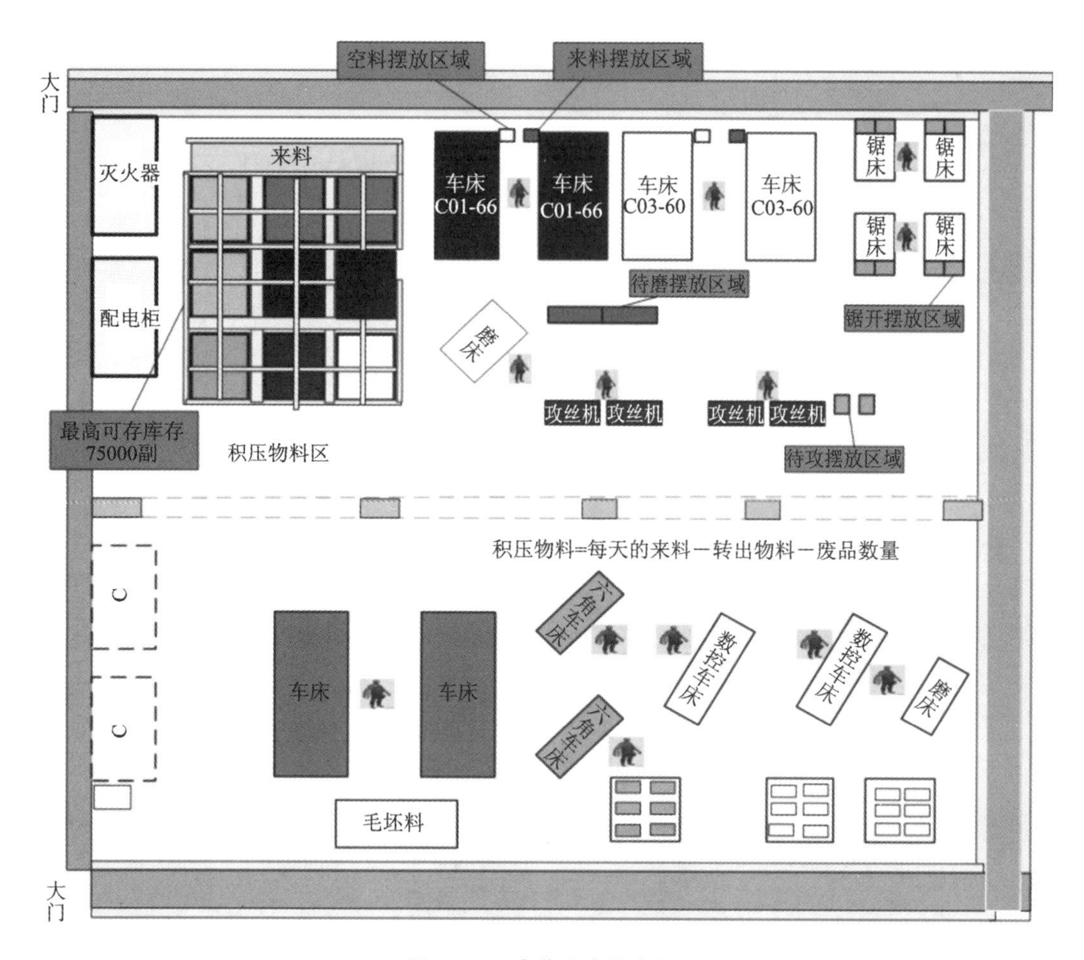

图 10-18　夹片生产线定置

4. 检验流程分析

由于改善前每道工序完成后，都必须送检，从而影响物料流动，这不仅耽误时间，而且使在制品增加，所以把部分内部的检验职责授权给员工和班长，简化送检流程，从而达到简化检验流程、缩短制造周期、减少在制品、减小废品率等目的。改善前后的检验流程对比如图 10-19 所示。

5. 在制品计算

如前所述，改善前在制品每月平均数量为 9234 件，改善后的在制品数量减至 2000 件，制造周期由 9.75 d 缩短为 2 d。改善后每批次加工时间缩短了 20 s，每天加工 4 次。

每天在制品降低量＝(在制品每月数量－改善后的在制品数量)/(制造周期－改善后的周期)＝(9234－2000)/7.75＝933 件，每批次在制品降低量＝每天在制品降低量/4＝233 件。可以看出改善后每批次在制品数量减少了 233 件。

6. 控制措施

经过改善后，需要应用适当的质量原则和技术方法，关注改进对象数据，对关键变量进行控制，制订过程控制计划，保证改善结果。通过修订标准操作程序和作业指导书来保

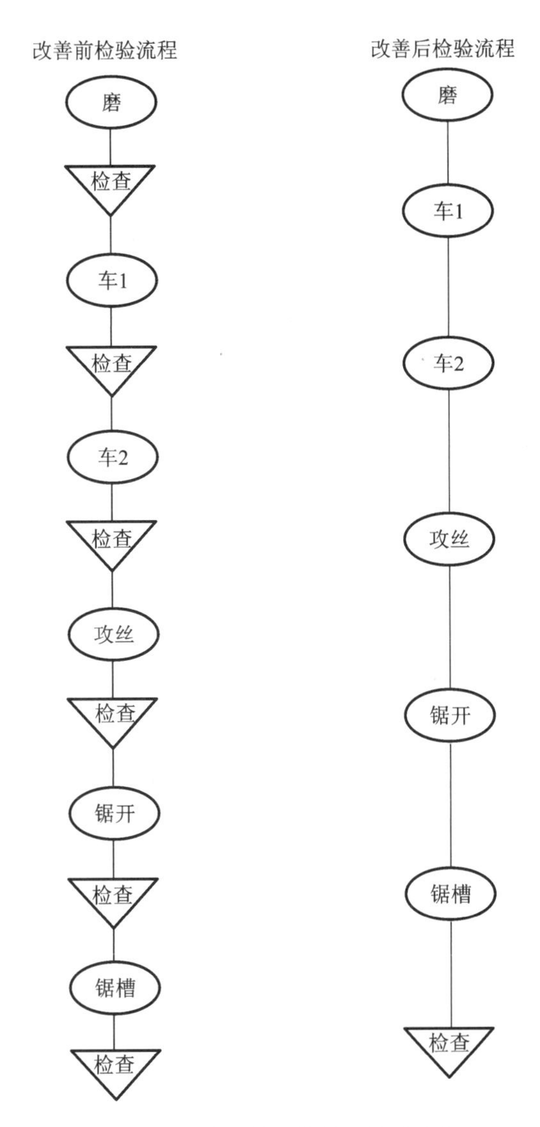

图10-19　改善前后的检验流程对比

证前期成果以及后期操作的标准。

通过确定项目控制内容，制订出控制项目表，如表10-8所示。

表10-8　控制项目表

控制项目	控制方式	计测器	抽样大小	测量频率	责任人	处置方法
设备布局搬迁	现场实盘	箱子数量	100%	1次/天	员工	现场物料记录
区域定置定量	现场实盘	人工计数	100%	1次/月	班长	记录盘点表
检验流程优化	现场检验	通用检具	1	1件/每10件	员工	检验记录表
检验流程优化	现场检验	通用检具	20	4次	班长	早会公布
检验流程优化	现场检验	通用检具	10%	1次/天	检验员	检验记录

制订非常规夹片生产线检验作业指导书，规范质量过程控制标准，如表10-9所示。

表 10-9　非常规夹片生产线检验作业指导书

工序	代表产品	工序关键质量特性	检测手段	完工测量手段		质量重要度分级			
				巡检	抽检	A	B	C	D
棒料车总厂	HVM22V/G15V	夹片长度	卡尺	班长每天巡检 4 次	/				
车孔	OVM250V	夹片孔径、孔壁粗糙度	止通规、粗糙度对比块	班长每天巡检 4 次	质控员到工位抽检 10%				
钻铰孔	OVM15V(JY)	夹片孔径、孔壁粗糙度	止通规、粗糙度对比块	班长每天巡检 4 次	质控员到工位抽检 10%				
车外锥	G15V	外锥角度、大端尺寸	专用车用环规	班长每天巡检 4 次	/				
车内锥	M15VT	内锥角度、内锥深度	专用塞规	班长每天巡检 4 次	质控员到工位抽检 10%				
磨	G15V	外锥角度、大端尺寸	专用磨用环规	班长每天巡检 4 次	质控员到工位抽检 10%		是		
攻丝	M15VT、M13AV	是否烂牙、平牙、无牙，丝锥是否正确	眼检	班长每天巡检 4 次	/		是		
锯开	OVM15(JY)	锯开夹片对称度、锯口粗糙度	卡尺、专用锯开检具	班长每天巡检 4 次	/				
锯槽	M15VT、OVM15V(JY)	槽深，是否锯偏	卡尺	班长每天巡检 4 次	/				
铣开	M15Q(JY)	铣开面粗糙度，是否铣偏	卡尺	班长每天巡检 4 次	/				
选牙	OVM15V	是否烂牙、平牙、无牙，锥面有无碰伤	眼检	班长每天巡检 2 次	分选人员全检				
240Q 类夹片攻牙	YDC240QX-200	是否烂牙、平牙、无牙，锥面有无碰伤	眼检	班长每天巡检 4 次	/		是		

通过制订合理的作业计划和规范合格的标准作业指导书，从而减少在制品数量，减少库存，降低成本；缩短生产准备时间，准确快速理解和响应顾客需求。

（三）改善前后的对比

通过一系列的改善措施，初步达到预期的目标，改善前后效果对比如表 10-10 所示。

表 10-10　改善前后效果对比

序号	改善内容	改善前	改善后
1	设备布局搬迁	物流距离 170 m	物流距离 14 m
		停滞次数 10 次	停滞次数 4 次
2	区域定置定量	无定量定置，在制品箱数达 130 箱	在制品箱数不超过 40 箱
3	检验流程优化	制造周期 9.75 d	制造周期 2 d

1. 厂内生产周期缩短 79.5%

通过价值流图分析，知道非常规夹片中每月批量为 8000 件，车间制造周期是 9.75 d，通过对设施的精益布局和检验流程的优化，将制造周期缩短为 2 d。所以缩短制造周期能够更好地保证产品的交货期，加速流动资金的周转，提高经济效益，同时令用户满意。

2. 物流距离缩短 91.8%

从前面的物流路线分析图中可知，车间的物流距离是 170 m，改善后的距离是 14 m。当物流距离缩短后，制造周期也会相应缩短。

3. 减少停滞次数

之前不能实现小批量流动，人无法实现搬运，通过使用小车代替吊车搬运，提高了运送效率，减少了停滞次数。

4. 夹片在制品数量呈逐月下降趋势

之前在制品数量多，摆放混乱，大大增加了库存成本，延长了制造周期。经过一系列改善，在制品数量明显降低了，如图 10-20 所示。

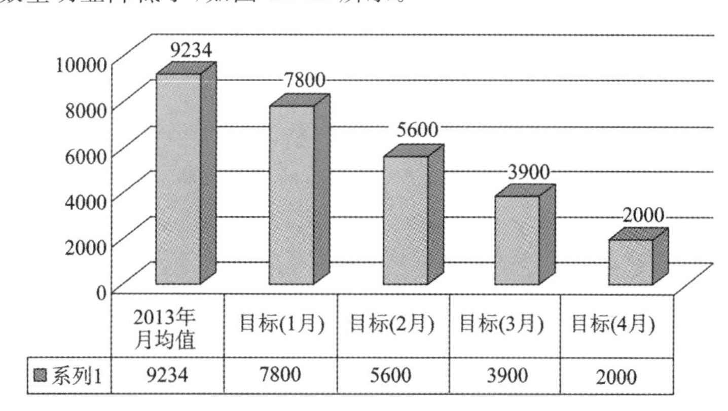

图 10-20　改善后夹片在制品数量(件)

5. 提高生产柔性

改善后实现了一个流的生产模式，避免了零件的等待和积压，缩短了制造周期，可以快速实现客户的需求，更好地适应多品种小批量的生产。

本案例从生产线平衡的角度出发，以降低生产线上的在制品数量为目的。在精益六

西格玛理论支撑下，采用价值流图技术分析了生产系统中的增值和非增值活动，确定企业生产系统效率的关键品质特性为在制品数量的多少，进而以生产线平衡和精益布局为主要手段，实现一人多机，一人多能操作，从而降低在制品数量，缩短制造周期。

本案例通过多层次的方法层层推进，具有很强的理论性和逻辑性，改善对象的确定方法合理，发现问题的方法正确而且有效，问题的解决具有针对性。但是文中提到的改善产品仅为单一对象的流水线（生产线）的在制品数量改善的措施，而对于多对象流水线的混流生产，如何解决在制品数量的问题，尚待进一步分析。

1. 试以您所熟知的企业生产过程作为对象画出价值流图。
2. 在价值流图分析中，需要注意哪些问题？
3. 精益六西格玛理论与精益生产和六西格玛理论的联系是什么？

案例11 基于JIT的后桥总成装配线物料配送的研究

引言

在各种生产系统改善手段和措施中，改善物流系统是一个提高利润的很有效的途径。目前制约着我国大部分汽车企业发展的比较严重的问题是，生产制造系统的高效率与物流系统的低效率越来越不匹配，生产制造过程的高自动化、柔性化、大的生产规模，与物流系统落后之间存在着十分突出的矛盾。近几年来，我国汽车市场中，各种汽车产销量、出口量增速较快，发展势头迅猛，新车型不断上市，生产物流方面的问题也就日益凸显，大多数汽车制造厂商在生产过程中都会遇到以下的问题：

(1)在多车型、大规模的共线生产过程中，物料配送效率低下，现有的物料呼叫与物料拉动模式无法实现对线边物料的准确配送。

(2)无法准确掌握线边物料的实时消耗情况，现场物料管理效率还处于比较低下的状态。

(3)由于无法实时而准确地掌握线边物料的需求情况，导致物料库存积压或物料配送不及时的现象时有发生。所以对于这些中小型汽车企业来说，对其生产物流系统进行研究显得尤为重要。

因此，本案例针对某公司车桥生产物流系统进行研究，找到车间生产物流存在的主要问题，设计出具有针对性、实用性的物料配送方法，以有效提高物料配送的准时化，降低线边库存，提高物料配送的准时性，缩短生产周期，解决企业存在的实际问题。

一、产线物料配送现状分析

(一)企业推行 JIT 的客观要求

汽车行业典型的特点是淡旺季的冲击比较剧烈，现阶段企业旺季时后桥线的平均订单数为 20000 根，下面主要从客户的订单要求和产线的产能对比来揭示其面临的客观问题，产线原单位计算表见表 11-1。

表 11-1　后桥线原单位计算表

月订单:后桥 20000 根								原单位计算表后桥 A 线后桥 B 线					
序号	生产线	月订单	稼动天数	日必要数	班数	班必要数	稼动(分钟/班)	T/T(s/件)	C/T(现)(s/件)	产线负荷(现)	异常时间(分钟)	产线负荷(实际)	计划劳动(小时)
1	后 A 线	10 000	25	400	2	200	450	135	180	133.33%	60	153.85%	12.1
2	后 B 线	10 000	25	400	2	200	450	135	180	133.33%	60	153.85%	12.1
3	后 A 线	10 000	30	334	2	167	450	162	180	111.11%	60	127.66%	10.1
4	后 B 线	10 000	30	334	2	167	450	162	180	111.11%	60	127.66%	10.1
5	后 A 线	10 000	25	400	3	134	450	202	180	89.11%	60	102.86%	8.3
6	后 B 线	10 000	25	400	3	134	450	202	180	89.11%	60	102.86%	8.3

注:*T/T*—计划节拍;*C/T*—实际节拍。

表格说明:

方式一:稼动 25 天 2 班,负荷 133%,加上平均异常时间,需要出勤 12.1 h/班。

方式二:稼动 30 天 2 班,负荷 111%,加上平均异常时间,需要出勤 10.1 h/班。

方式三:稼动 25 天 3 班,负荷 89%,加上平均异常时间,需要出勤 8.3 h/班。

按方式三,将面临人员的增加,而且不能快速处理,显然不是改善的方向;按方式一和方式二,正常生产情况下产线均需要超负荷运转,并且还产生很多的等待浪费,改善的需求明显。显然旺季时订单的交付压力巨大。

应该从减少异常停线时间和提升产线效率方面着眼分析解决满足交付;而消除异常停线时间(时级)的效果比改善产线节拍(秒级)的效果显著,下面重点对等待时间进行分析。图 11-1 所示为停线占比分析。

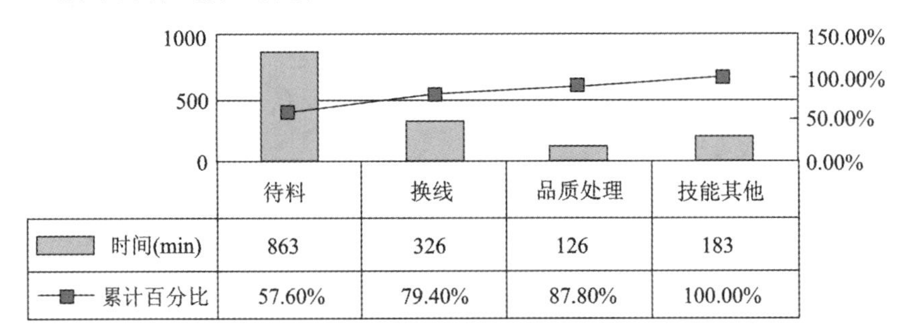

图 11-1　停线占比分析

(1)桥壳、主减、轮边件、外购件等按前置时间为 $N+1$ 方式生产,经常由于生产异常、批量生产等原因未按顺序产出和备料,生产和备料的能力“挪用”,导致总装物料成型比例低,频繁换线。物料成型分析表见表 11-2。

表 11-2　物料成型分析表

时段	计划项次	桥壳	主减	轮边件	外购件	是否成型
上午	1	√	√	√	√	√
上午	2	√	√	√	×	×
上午/下午			⋮			
下午	20	×	×	×	√	×
下午	21	√	√	√	×	×
下午	22	×	×	×	√	×
下午	23	×	×	×	√	×

表 11-2 表明，如外购件第 1 项和第 20 项配置不到，即使其他自制件按顺序产出，也使总装的物料成型比例很低。

(2)备料信息传递不规范，上线才发现缺料。

(3)工位器具未按台份比例配套，物流作业不稳定，换线切换不及时。

(4)由于成型比例低，生产延误，滚动计划导致线边在库多于理论设定，占用一定的面积，使品质异常。浪费分析表见表 11-3。

表 11-3　浪费分析表

停线影响				
月均停线时间	正常出勤时间	产线人数	人均成本	人力投入浪费
约 1500min	8h	26×2	150 元/天	24375 元
线边在库影响				
理论提前期	异常面积宽放	线边在库		
1 日	12%	1.12 日		

分析表 11-3 发现有两大浪费类型：停线时间和线边在库浪费。物料的成型比例对总装的平准化尤为重要，充分说明推进 JIT 体系的急迫性，下面将对后桥线的待料情况架构生产线顺序拉动系统的“同期化生产”，并对物料成型部件影响的分布进行分析。

(二)企业物料配送存在的问题

对仓库往产线配送物料存在的问题进行说明，待料类别占比分析见图 11-2。

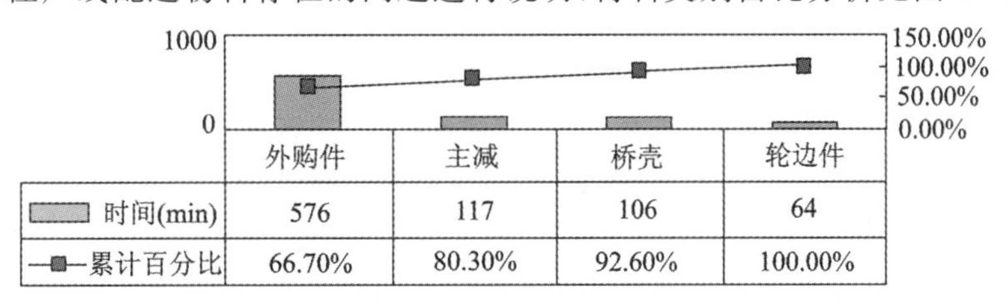

	外购件	主减	桥壳	轮边件
时间(min)	576	117	106	64
累计百分比	66.70%	80.30%	92.60%	100.00%

图 11-2　待料类别占比分析

为提升成型比例，架构顺序拉动“同期化”生产体系，按影响的权重比例，开展针对外购件备料、自制件(主减、桥壳、轮边件)生产的顺序拉动改善活动；自制件将结合产线效率提升方面开展，此处重点分析说明外购件备料的“同期化”架构。

1. 欠料停线时间问题

图 11-3 所示为外购件待料情况推移，记录了从某年 9 月至 11 月仓库欠料的时间。

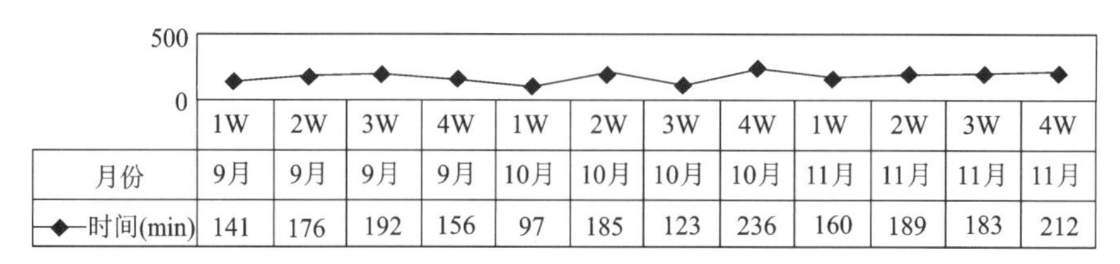

	1W	2W	3W	4W	1W	2W	3W	4W	1W	2W	3W	4W
月份	9月	9月	9月	9月	10月	10月	10月	10月	11月	11月	11月	11月
—◆—时间(min)	141	176	192	156	97	185	123	236	160	189	183	212

图 11-3　外购件待料情况推移

平均每周的停线时间超过 100 min，而且过程管理需要大量人为干预，生产的班长、主管疲于确认物料和寻找物料，对班组的管理存在很大的问题。为满足订单生产线疲于加班生产，形成周末赶产、周一周五又欠产的恶性循环，员工抱怨多。为解析配送问题，从价值流程上梳理各环节的问题点。

2. 配送价值流程及影响原因分析

后桥线物料配送物与情报流程见图 11-4。

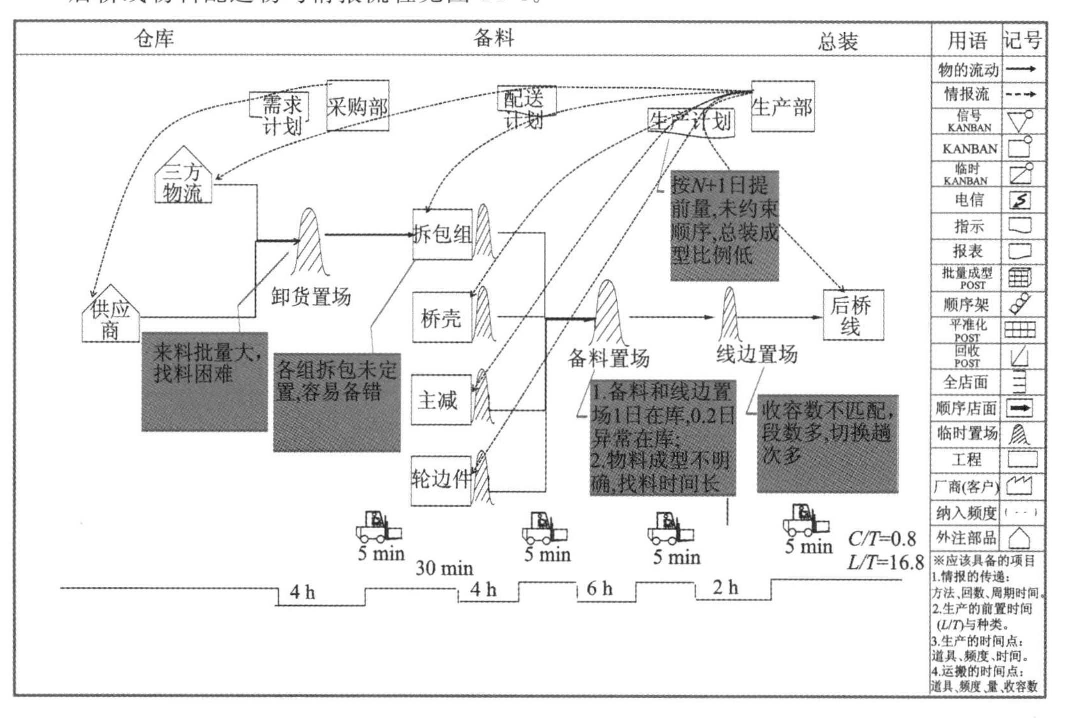

图 11-4　后桥线物料配送物与情报流程

注：C/T—实际节拍；L/T—生产周期；下同。

分析图 11-4 可知，存在以下几个主要问题。

(1)计划上，各单位按提前一天生产，习惯性按同类批量生产，理论上只要不欠产，应该可以满足总装的成型需求。但各个工段的管理点众多，只要有一个出现计划异常，同类批量生产占用了正常顺序的优先级别，四个单位协作时就会出现很多不能及时成型的计划(因为总装即使缺一个螺栓也不能正常生产)，所以必须重视顺序。

(2)线边置场。虽然班长、主管提前准备上线物料，但是料框台份比例不匹配，端数料框需要来回切换，而这些切换因为没有规律性，依靠操作工呼叫物流人员，临时性很大，物流人员作业不规律，容易造成有料也切换不及时；同时依靠叉车配送，出现需求集中的时候，很难满足。

(3)备料在库。备料在库大，直接反映的就是生产周期长，备料柔性不足，反应慢；并且出现物料多、找料难的问题，引发报缺重复调料，在库大隐藏了异常。

(4)备料组。备料组的作业区分布不合理，造成不必要的找料，引发多次转料和备料错误等情况。

(5)卸货区。卸货区配送批量大，置场紧张，每次转料困难，直接导致转运一框就要捡完一框的习惯，不愿处理端数的来回运搬。

结合价值流程上的各环节问题，进行细分讨论，围绕为什么不能及时配送开展特性要因的归类，如图11-5所示。

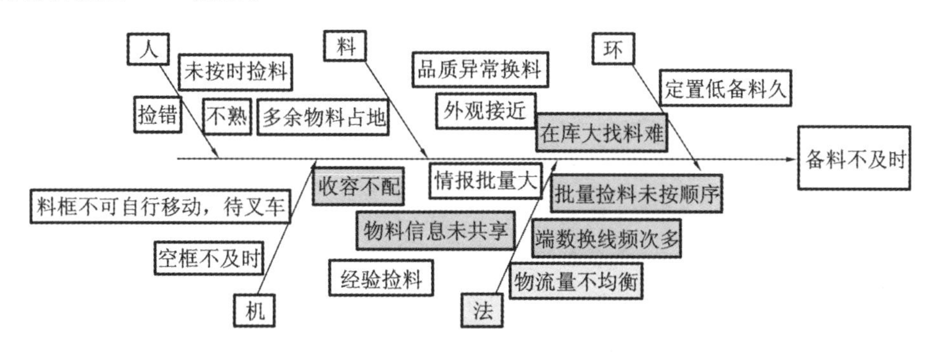

图11-5　不及时配送要因分析

组织头脑风暴讨论会，进行要因分析，从以下四大方面采取措施。

①为了减少总装配件库存，对前工程的加工线进行工程平衡分析改善，减少不平衡产能浪费，提升产能，进而减少配送提前量。

②为了提高总装配件配套合件比例，在规定的提前期内，模块换模改善，各支线并行按顺序产出。

③为了减少总装换线端数，根据项次根数平均数，进行符合每项根数或倍数备料，减少端数占框。

④为了减少物料寻找确认，推进支线交付和外购来料的情况目视共享，便于总装确认配套情况上线排产。

针对企业的客观要求和物料配送发生的种种问题，提出了基于JIT理念的后桥总成装配线的物料配送方案——降低生产批量，减少线边库存，各工段按总装顺序先后生产，各工段交付信息串联等。下面分析配送方案的制订与实施步骤。

二、基于JIT的物料配送方案的设计

(一)配送方案的设定

1. 设定概述

顺序拉动系统强调围绕总装的顺序需求执行，部装和机加工同期化并行产出协作，以

总装的节拍需求为目标，来开展支线及物料配送的效率提升。

追求支线、部装线节拍小于或等于总装的节拍进行改善，应用线平衡分析、动作经济性、快速换模改善等，按单位批量（最优一个流）生产、配送以满足总装需求的目标，消除生产过程的在制品和工序间生产节拍不均衡引起的库存过大。

产线改善作为其他研究，本次重点说明物料配送的改善。结合上述分析，针对物流配送进行三阶段推进。

①阶段一：同期化配送——提升成型比例。

②阶段二：SET 方式配送——降低批量提升柔性。

③阶段三：信息化推进——情报传递的效率化。

2."同期化配送"设计

根据桥壳、主减、轮边线的能力计算和总装能力对比，充分考虑换线、品质、设备等异常，按 20%的宽放比例，将同期化的时段设定为 4 h；桥壳、主减、轮边线、外购物料统一按 4 h 生产、备料，原则上按计划项顺序生产，只允许在 4 h 时段内的计划跳单生产，不缺件的情况下只能完成前 4 h 后再进行后 4 h 的生产，将以总装 4 h 的成型比例作为考评上工程的欠产指标。

1）物与情报流程架构（一）

同期化配送物与情报流程架构如图 11-6 所示。

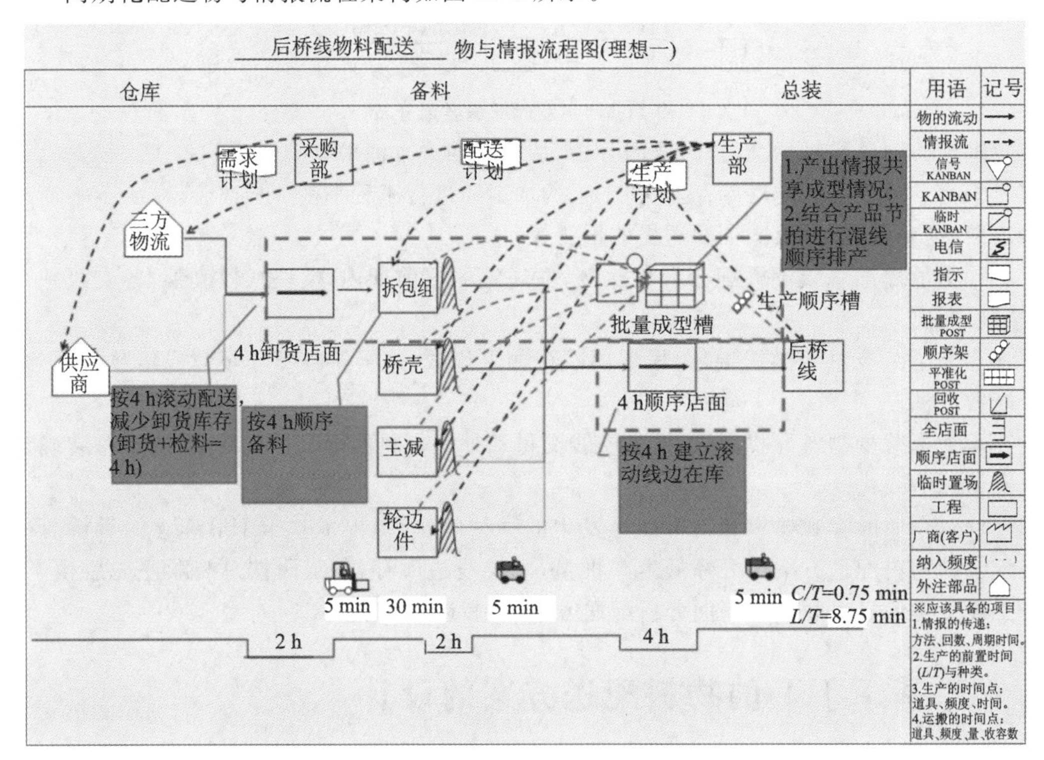

图 11-6 同期化配送物与情报流程架构（一）

流程调整优化说明：①卸货店面和线边顺序店面规划成 4 h 在库，降低过程库存量；②4 h时段内原则上按计划项顺序生产；③拆包理货到店面由叉车转换成拖车；④在线边店面建立情报共享站，目视物料成型信息和排定上线顺序。

2)物流器具和运力计算

为方便说明,按一条线平均班必要数为 160 件,稼动 26 天,计划加班 2 h 作为示例计算;根据每项计划需求根数均值,结合物料外观大小,测算出台车收容数按 4 的倍数设计,见式(11-1)~式(11-4)。物流需求原单位计算见表 11-4、表 11-5。

搬运次数=容器数量=班必要数÷收容数　　(11-1)

负荷率=总搬运 C/T÷班稼动时间÷车辆数　　(11-2)

搬运频次=搬运次数÷班稼动时间　　(11-3)

台车数量=容器数量÷(稼动时间÷同期化时段)　　(11-4)

表 11-4　物流需求原单位计算(一)

稼动天数	26	稼动班数	1	月订单数	8320	班稼动时间	574

序号	零件名称	稼动类型	班必要数	台份用量	容器	收容数	班用量	容器数量	车辆数量	转运 C/T (min)	装载量	搬运次数	转运总 C/T (min)	转运负荷率(%)	宽放率(%)	实际负荷率(%)	转运频次(次/小时)	台车数量(4 小时)
1	桥壳	26 天 1 班	160	1	专用台车	8	160	20	1	5	1	20	100	97.56	20	117.07	12	10
2	主减	26 天 1 班	160	1	专用台车	4	160	40	1	5	2	20	100	97.56	20	117.07	12	20
3	制动器	26 天 1 班	160	2	专用台车	8	320	40	1	5	2	20	100	97.56	20	117.07	12	20
4	凸轮轴、调整臂、支架	26 天 1 班	160	2	三件架	40	320	8	1	5	2	4	20	97.56	20	117.07	12	4
5	轴承座圈	26 天 1 班	160	2	专用台车	80	320	4	1	5	2	2	10	97.56	20	117.07	12	2
6	内轴承	26 天 1 班	160	2	专用台车	40	320	8	1	5	2	4	20	97.56	20	117.07	12	4
7	轮毂总成	26 天 1 班	160	2	专用台车	8	320	40	1	5	2	20	100	97.56	20	117.07	12	20
8	外轴承	26 天 1 班	160	2	专用台车	40	320	8	1	5	2	4	20	97.56	20	117.07	12	4
9	半轴	26 天 1 班	160	2	专用台车	24	320	14	1	5	2	7	35	97.56	20	117.07	12	7
10	气室	26 天 1 班	160	2	气室架	40	320	8	1	5	2	4	20	97.56	20	117.07	12	4
11	贯通轴	26 天 1 班	160	1	专用台车	60	160	3	1	5	2	2	10	97.56	20	117.07	12	2
12	轴承盖、差速锁、凸缘	26 天 1 班	160	1	专用台车	40	160	4	1	5	2	2	10	97.56	20	117.07	12	2
13	标准件	26 天 1 班	160	20	通用台车	720	3200	5	1	5	2	3	15	97.56	20	117.07	12	3

顺序店面→后桥装配线↑

表 11-5　物流需求原单位计算(二)

分装区→顺序店面↓

序号	零件名称	稼动类型	班必要数	台份用量	容器	收容数	班用量	容器数量	车辆数量	物流转运 C/T (min)	装载量	搬运次数	转运总 C/T (min)	转运负荷率(%)	宽放率(%)	实际负荷率(%)	转运频次(次/小时)	台车数量(4小时)
1	桥壳	26天1班	160	1	专用台车	8	160	20	1	10	2	10	100	99.30	20	119.16	6	5
2	主减	26天1班	160	1	专用台车	4	160	40	1	10	4	10	100	99.30	20	119.16	6	10
3	制动器	26天1班	160	2	专用台车	8	320	40	1	10	4	10	100	99.30	20	119.16	6	10
4	凸轮轴、调整臂、支架	26天1班	160	2	三件架	40	320	8	1	10	4	2	20	99.30	20	119.16	6	2
5	轴承座圈	26天1班	160	2	专用台车	80	320	4	1	10	4	1	10	99.30	20	119.16	6	1
6	内轴承	26天1班	160	2	专用台车	40	320	8	1	10	4	2	20	99.30	20	119.16	6	2
7	轮毂总成	26天1班	160	2	专用台车	8	320	40	1	10	4	10	100	99.30	20	119.16	6	10
8	外轴承	26天1班	160	2	专用台车	40	320	8	1	10	4	2	20	99.30	20	119.16	6	2
9	半轴	26天1班	160	2	专用台车	24	320	14	1	10	4	4	40	99.30	20	119.16	6	4
10	气室	26天1班	160	2	气室架	40	320	8	1	10	4	2	20	99.30	20	119.16	6	2
11	贯通轴	26天1班	160	1	专用台车	60	160	3	1	10	4	1	10	99.30	20	119.16	6	1
12	轴承盖、差速锁、凸缘	26天1班	160	1	专用台车	40	160	4	1	10	4	1	10	99.30	20	119.16	6	1
13	标准件	26天1班	160	20	通用台车	720	3200	5	1	10	4	2	20	99.30	20	119.16	6	2

通过测算,物流器具需要 154 辆,物流运力需要 1130 min,2 辆物流车基本满足配送需求,过渡时用改善后腾出的叉车和可移动台车分担小部分运力。

3)物流店面测算

结合物料大小,按规划配对的收容数设计台车,根据台车大小以及规划在库数量,测算店面面积,如表 11-6 所示。

表 11-6　店面测算原单位计算

稼动天数　26　稼动班数　1　月订单数　8320　班稼动时间　574

序号	零件名称	稼动类型	班必要数	台份用量	容器	收容数	班用量	容器数量	台车数量(4小时)	容器面积(m^2)	店面面积(m^2)
1	桥壳	26天1班	160	1	专用台车	8	160	20	10	3.15	31.5
2	主减	26天1班	160	1	专用台车	4	160	40	20	2.25	45

续表

序号	零件名称	稼动类型	班必要数	台份用量	容器	收容数	班用量	容器数量	台车数量(4 小时)	容器面积(m^2)	店面面积(m^2)
3	制动器	26 天 1 班	160	2	专用台车	8	320	40	20	2.25	45
4	凸轮轴、调整臂、支架	26 天 1 班	160	2	三件架	40	320	8	4	1.08	4.32
5	轴承座圈	26 天 1 班	160	2	专用台车	80	320	4	2	1.08	2.16
6	内轴承	26 天 1 班	160	2	专用台车	40	320	8	4	0.64	2.56
7	轮毂总成	26 天 1 班	160	2	专用台车	8	320	40	20	2.25	45
8	外轴承	26 天 1 班	160	2	专用台车	40	320	8	4	0.64	2.56
9	半轴	26 天 1 班	160	2	专用台车	24	320	14	7	1.2	8.4
10	气室	26 天 1 班	160	2	气室架	40	320	8	4	1.08	4.32
11	贯通轴	26 天 1 班	160	1	专用台车	60	160	3	2	1.08	2.16
12	轴承盖、差速锁、凸缘	26 天 1 班	160	1	专用台车	40	160	4	2	1.08	2.16
13	标准件	26 天 1 班	160	20	通用台车	720	3200	5	3	2.25	6.75

通过测算，交接店面理论面积需求为 201.89 m^2，为了便于物料的进入和拿取，按 30%的通道宽放，场地面积需求为 260 m^2。

4）配送流程说明

图 11-7 所示为同期化时段配送示意图。

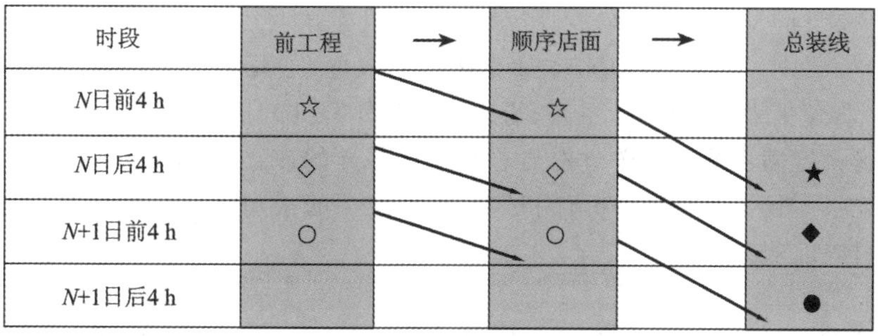

时段	前工程	→	顺序店面	→	总装线
N日前4 h	☆		☆		
N日后4 h	◇		◇		★
N+1日前4 h	○		○		◆
N+1日后4 h					●

图 11-7 同期化时段配送示意

各支线按 4 h 时段的先后顺序生产、备料，按配送的装载标准转运到顺序店面，并到批量成型看板站确认物料备齐情况，总装线的班长根据物料齐全情况，按节拍均衡配对及

4 h内可跳单原则排定好 2 h 的上线顺序，物流人员根据排定的上线项次顺序进行备料。

3. "SET 方式配送"设计

实现"同期化配送"后，优化了线边库存，同时也提高了物料顺序成型比例，对总装的待料和备料的柔性有了一定提升；但还是存在换线浪费、线边在库浪费的情况，新员工对物料识别的操作还是存在质量隐患。在"同期化"生产一定时间后，支线生产能力提升，产线间安定化程度相对提高，架构向"SET 同步化"配送优化，将线边库存继续递减，最大限度地降低换线影响，提前确认物料，尽量避免相近物料的错装。

SET 配送就是按总装单台的单位需求，进行配套备料，以总装节拍为导向，通过物流频次配合，让配送节拍与总装节拍一致，按"海盗船方式"随线配送。

1)物与情报流程架构(二)

同步化配送物与情报流程架构如图 11-8 所示。

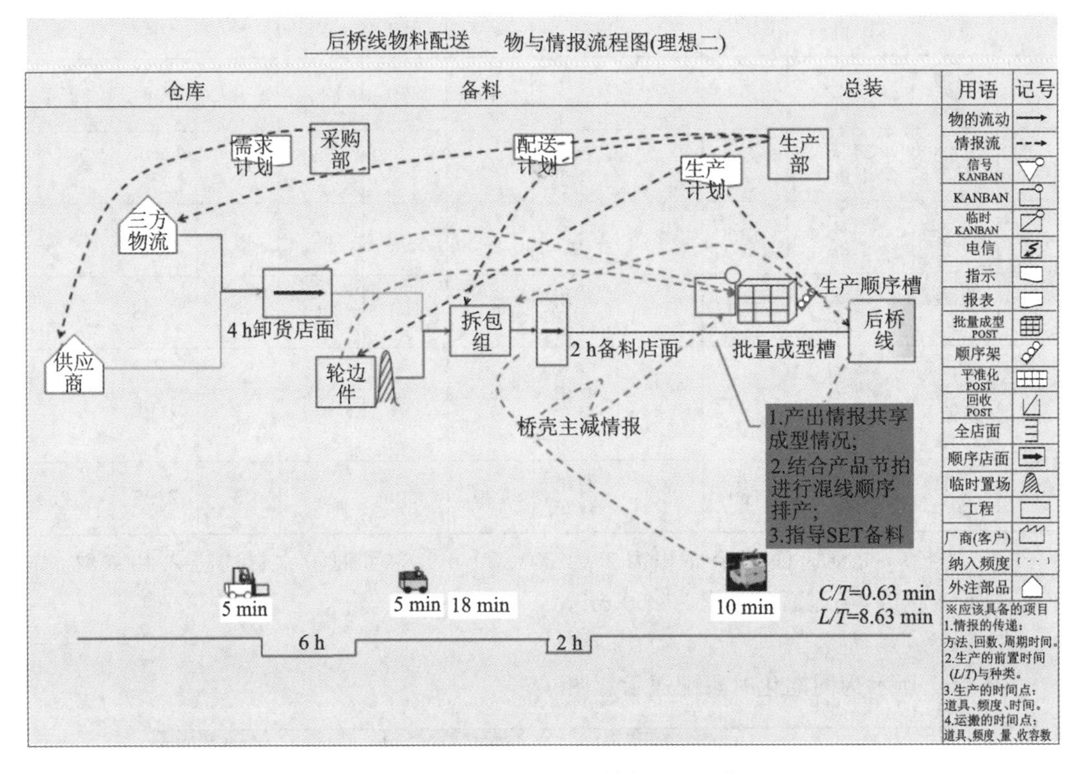

图 11-8 同步化配送物与情报流程架构

SET 备料情报来源于桥壳、主减、轮边件以及外购件的成型情况，由总装提供备料信息，在备料区设定满足捡料配送节拍与总装节拍差异的库存，取消原 4 h 顺序店面，将线边库存前移至卸料区，利用物料拆包和未拆包可堆摞的区别，减少占地面积，提升备料的灵活性和快捷性。

2)物流器具和运力计算

AGV 核载批量是 6 台，单趟配送时间为 27 min，单批备料时间为 18 min，拆包区切换物料一次时间约 20 min，总装情报传递约 10 min，为平衡异常进行宽放，按 2 h 提前期备料，相当于 1/4 的班必要数，则知：

SET 台车需求=160÷4=40(台)。

AGV 需求数量=单台配送 C/T÷产线 C/T=(27×60÷6)÷180=1.5 辆(取 2 辆)。

3)流程说明

①桥壳、主减、轮边线根据时段产出情况到物料成型看板确认情报,外购件按时段到货后也到成型看板确认。

②总装班长根据成型情况,排定 2 h 的上线顺序。

③备料组根据上线顺序备料。

④总装在 AGV 空车上投掷下趟拖挂物料情报,备料组根据情报挂料。

4."信息化推进"设计

1)物与情报流程架构(三)

情报信息化传递物与情报流程架构如图 11-9 所示。

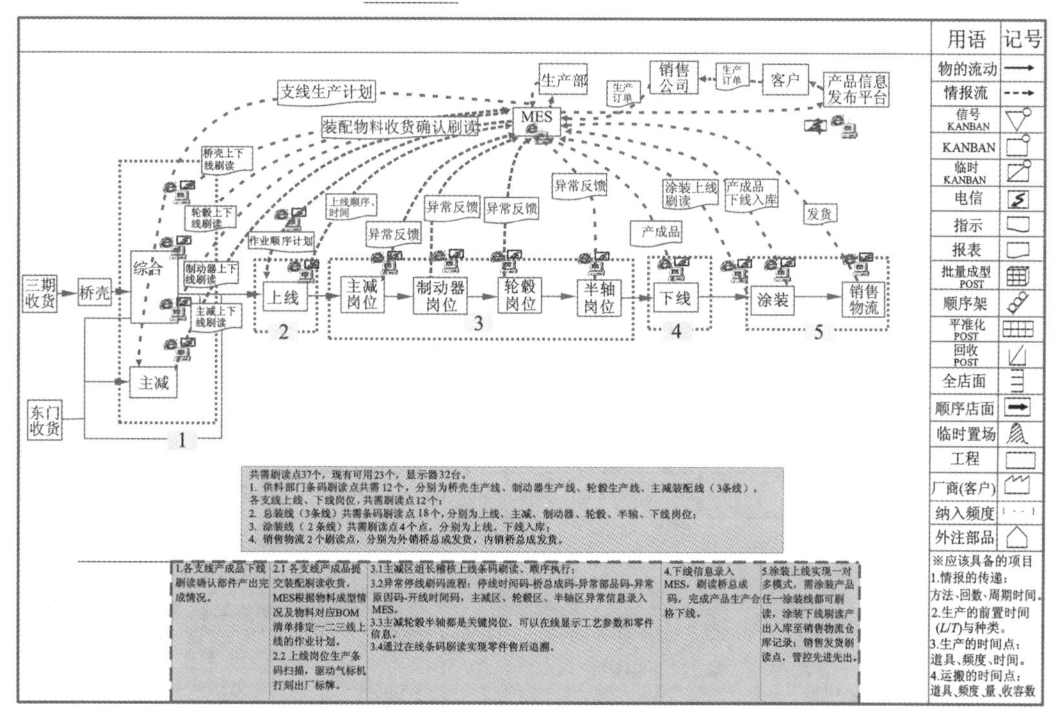

图 11-9　情报信息化传递物与情报流程架构

信息化的架构,重点建立情报传递和处理系统,提升情报传递的快捷性和准确性。当支线和卸货区收料时,根据手持式刷读器快速刷读,将物料信息录入系统,系统根据 BOM 的配置确认物料成型情况,快速给予总装和 SET 备料单位指示,围绕顺序生产的原则,可以快速接受备料和生产指示信息。相对于人工确认,减小了延误确认、错漏确认的影响,可围绕制造大数据管理的搭建推进。

2)信息采集点布局

图 11-10 所示为信息化采集点示意。

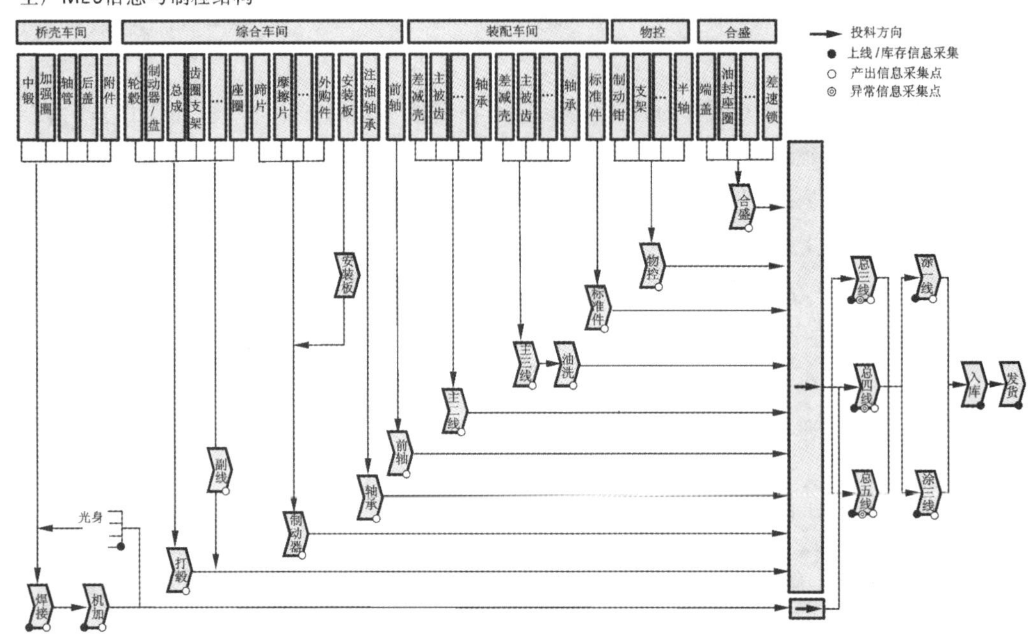

图 11-10　信息化采集点示意

梳理各制造、涂装、销售信息采集点，由物料信息采集作为导入点，逐步往在线生产数据收集横向展开，搭建仓库、附线、总装、涂装、销售的数据串联，实现整个采购、生产、销售的情报串联系统。

5. 方案实施的步骤

方案实施项目如表 11-7 所示。

表 11-7　方案实施项目

项目	规划目的	节点内容
同期化配送	提升物料成型比例，降低缺件停线	台车制作
		店面规划和布局实施
		4 h 时段备料区域规划
		运行规则制订
		店面交接规则
		按配件种类逐项试运行
		每周改善会的组织
同步化配送	备料情报先行，换线提前准备，物料识别准备，提升换线速度	SET 台车设计制作
		SET 备料需求清单(BOM)
		备料布局规划实施
		小批量试运行
信息化架构	提升情报传递效率和准确性	系统开发需求梳理
		采集点试点布局
		试运行采集

根据方案设计，制订推进的项目内容，下面说明项目实施情况。

（二）基于“同期化”“同步化”物流的方案实施

1. 工位器具试制生产

工位器具制作表见表 11-8。

表 11-8　工位器具制作表

物料	台车数量（4h）	式样
桥壳	15	
主减	30	
制动器	30	
凸轮轴、调整臂、支架	6	
轴承座圈	3	
内轴承	6	
轮毂总成	30	
外轴承	6	
半轴	11	
气室	6	
贯通轴	3	
轴承盖、差速锁、凸缘	3	
标准件	5	

根据物料外观特点，按规定的收容数，遵守易放易取原则进行制作。通过产线人员自制，以充分利用资源，降低自制、外购成本。

2. 装配线 4 h 顺序店面布局

根据原单位计算表得出的数据，4 h 的物料存量共需占地 260 m^2。根据各种物料的需要占地面积的比例，进行物料区域的划分，对 4 h 备料店面进行画线定置，图 11-11 所示是外购件的顺序店面布局。

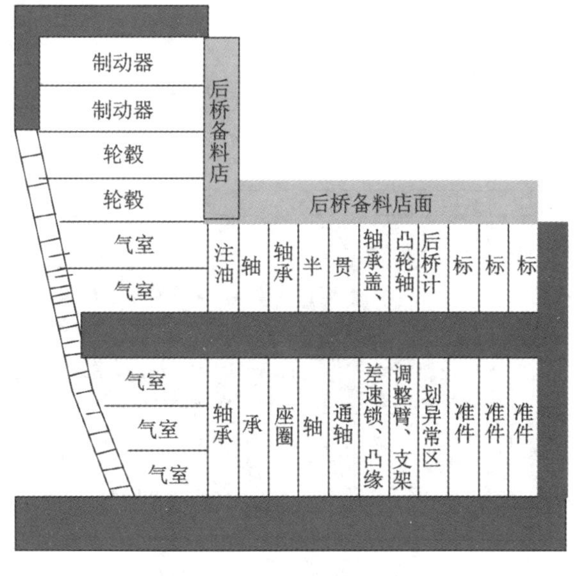

图 11-11　4 h 店面布局

3. 理货区布局

理货作业布局如图 11-12 所示。

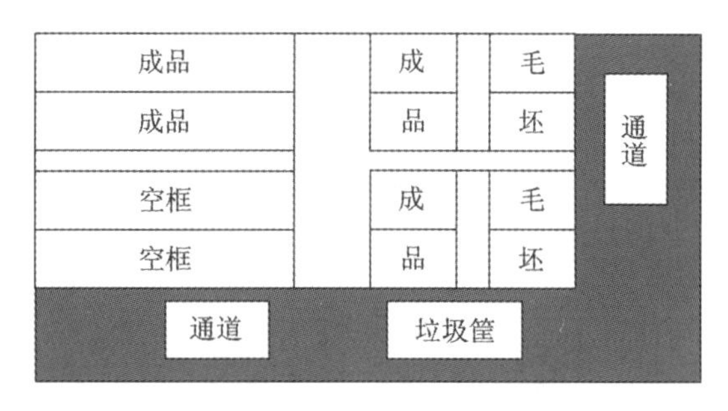

图 11-12　理货作业布局

将理货组分为几种物料理货小组，每组有两列成品储位和两列空框储位，作业区分为毛坯区和成品区，如此布局的目的是实现现场的 2S3D（整理整顿、定容定量定置）管理水平的提升，便于管理。每个时间段是 4 h，每个装载的料框只能混放 4 h 装配的物料。仓库物流员运送毛坯到作业区的毛坯区，理货员拣好物料并点数，确认无误后挂上“仓库确认”的黄色牌，然后推到暂存区，由仓库配送员将物料运送到备料置场。

4. 物料成型情报架构规则

使用物料成型看板的目的是发布各方的备料信息，将成型信息共享，指导总装的上线和物料转运。

物料成型看板的运行规则如图 11-13 所示。

图 11-13　物料成型看板运行规则

5. 物料交接运作与店面目视管理

应用目视管理看板，对 4 h 的顺序店面进行目视管理，既能方便物料周转，又能方便物料管理。通过交接确认，储位目视化，提升物料信息的一致性，减少找料时间和上线异常，下面说明看板运行规则和交接方法。图 11-14 所示为 4 h 店面目视化运行规则。

图 11-14　4 h 店面目视化运行规则

推进“同期化”生产和备料，提升总装的物料成型比例，减少待料停线时间，使生产顺利进行，缩短生产周期。为使整个生产备料过程更加柔性和快捷，应推进 SET 同步备料；同理，支线和部装的生产也应开展换线能力的提升和改善，实现一个节拍内完成换线，提高整个制造系统的相应速度。

6. SET 小车设计和备料要求

为实现“海盗船配送”，减小换线损失，缩短产线取料时间，应设计随线流转的物流小车。SET 设计的原则是尽量小巧，能装载装配所需的配件，而且能区分左右两边物料，便于装配先用先拿。设计制作样件后随线试运行，根据运行问题点优化结构，确认后实施量产。为固化备料标准，须对备料标准做出规范。根据原单位计算，需要投入 40 辆物流小车。SET 备料基准图示见图 11-15。

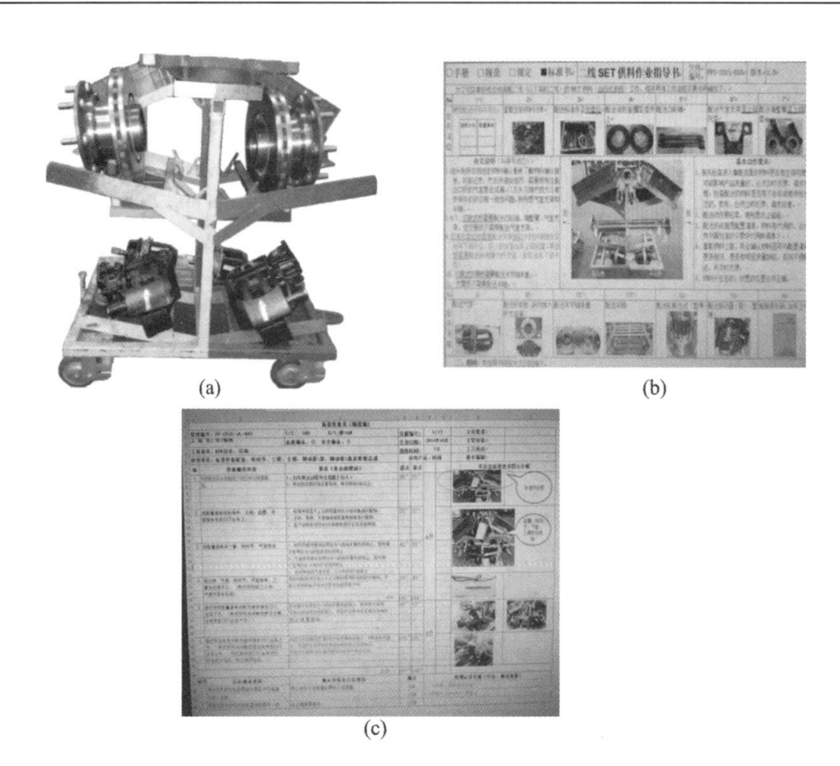

图 11-15　SET 备料基准图示

7. 台份备料布局

台份备料区别于按物资类别备料，由于一辆台车上需要备多种物料，集中捡料很难实现操作，物料摆放互相干涉，此种情况按流水线的布局方式较为适合，故需要对 SET 备料区域进行流水线布局，按台车先用先拿的原则，采取两侧进料台车中间流动的流水线布局。SET 备料区布局如图 11-16 所示。

图 11-16　SET 备料区布局

8. 运作稽核

项目推进需要制订日程计划，前期推进重点物流、情报相关人的流程培训和规则培训，通过每周问题收集，每周半小时会议检讨，制订奖惩制度，激励项目开展。

（三）效果对比

1. 同期化推进投资效益分析

（1）硬件投入：

①物流台车 154 辆，每台自制费用约 800 元，合计 123200 元；

②电瓶拖车 2 辆，每台约 50000 元，合计 100000 元。

（2）达成效益：

待料时间统计如图 11-17 所示。

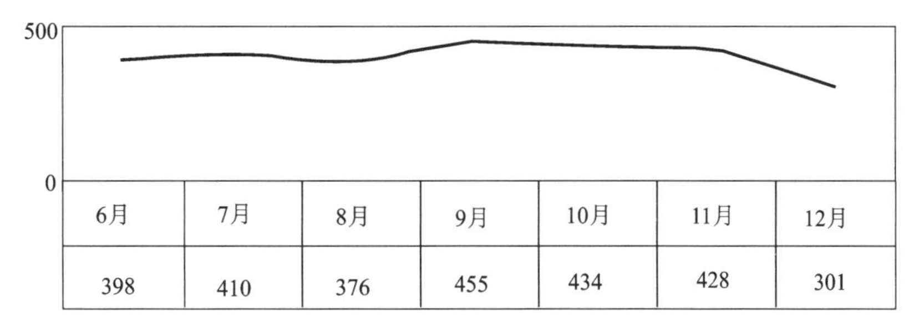

图 11-17　待料时间统计(min)

待料时间平均约 400 min，相对改善前每月减少了约 450 min，相当于 1 天的出勤，按每天 150 元/人，年效益为 150×26×12＝46800 元，不含消耗的能源费用。

配送 L/T 由原来的 16.8 h 减至 8.7 h，相当于缩短一个班的时间，则配送反应时间快了一个班的时间；直接减少线边在库面积约 400 m^2，按仓库租金每月 15 元/m^2，则年租金约减少 400×15×12＝72000 元。

按收益和投入对比计算，预计两年收回投入成本。

2. 同步化投入效益对比

同步化在物流上将线边库存往前转移，追求按总装节拍同步生产，情报架构也相应往前推移，整体在库未有太大优化，但能够杜绝线边供料点，提升配送效率，减少产线取料时间，特别是小批量生产，提升产线换线效率，提升产线物料错装、漏装的防呆水平。

（1）主要的投入：

①2 辆 AGV，按每辆 60000 元，约 120000 元；

②40 辆台车，按每辆 800 元，约 32000 元。

（2）主要效益：

物流人员减少 2 人，按每人每年 52000 元，合计 104000 元。

按收益和投入对比计算，预计一年半收回投入成本。

案例小结

本案例主要介绍了从同期化向同步化物流的架构，分析过程应用了二八定律、物与情报流程图、原单位计算、特性要因分析等精益手法，它们是物流课题常用的手法。筛选主要问题上应用了二八定律，根据影响的子项统计各自的比重，得出影响80%结果的20%管理项目，具有改善价值高、效果明显的特点。在识别流程问题上，使用了物与情报流程图，将流程上的物流、情报流分支合流点绘出，通过梳理管理的问题就能找到改善的方向，属于正向梳理逻辑的方法。在规划投入上，利用原单位计算，原则在于围绕终端工程（合并工程）的节拍来计算前工程的生产、供货需求，根据单位需求测算需要投入的运力和生产效率，明确需求后展开对应的改善，是梳理工程供需关系的有效工具。而特性要因分析是找出过程要因的工具，文中直接体现了主要原因，但未能一一罗列分析过程，分析结论显得有些突然。应从头脑风暴开始罗列全部影响因素，再按5M1E关联性分类，讨论分层级，通过5W1H寻根究底，找出末端因素，如此更具说服力。

本案例主要应用的精益手法有：物与情报流程分析（价值流工程）、五五法、特性要因分析、原单位计算、二八定律、目视化等。

当然本案例还有未能完善的地方，如情报周期的核算、外部物流的配送、物流识别防呆化、快速换模、设备改良等，这需要在应用中不断总结归纳再应用。

随着信息化、智能化的不断发展，精益改善的分析数据来源将会越来越完善，对问题的解析更具客观性，相信不久的将来大数据的应用会越来越普遍。IE技术也将在与信息化和智能化持续融合的过程中发挥更大的作用，总结出更多的管理工具和方法。

1. 物与情报流程图里的堆积时间如何计算？
2. 配送提前期如何计算？
3. 实现同步化的前提是什么？

参考文献

[1] 杨得润.2016 年工业机器人的博弈之路[J].电气时代,2016(4):38-41.
[2] 董鹏.工业机器人已迎面扑来[J].电器工业,2015(11):56-57.
[3] 李易.SH 公司“机器换人”项目的评价研究[D].杭州:浙江理工大学,2015.
[4] 王海霞,李志宏,吴清锋.工业机器人在制造业中的应用和发展[J].机电工程技术,2015(10):112-114.
[5] 易树平,郭伏.基础工业工程[M].2 版.北京:机械工业出版社,2014.
[6] 姚平海.聚焦工厂生产作业模式在成本竞争战略中的应用[D].上海:上海交通大学,2007.
[7] 秦现生.工业工程导论[M].北京:科学出版社,2013.
[8] 韩鑫鑫.IE 技术在提高 B 企业组装线生产效率方面的应用[D].苏州:苏州大学,2014.
[9] 王丽莉.生产计划与控制[M].2 版.北京:机械工业出版社,2011.
[10] 罗杨.电视机装配线的仿真与工作研究[D].成都:西华大学,2010.
[11] 张勇亭.基于工作研究与人因工程的钢筋检验改进研究[D].济南:山东大学,2013.
[12] 刘德,蒲布,郭炳麟.双手作业分析在包装作业改善中的应用[J].价值工程,2013(25):38-40.
[13] 贺超.工作研究在制造企业效率改善中的应用[D].成都:成都理工大学,2014.
[14] 金骏,吴雄.工作研究在按摩椅组件装配方法改善中的应用[J].价值工程,2013(2):296-298.
[15] 张宁,程馨.工作研究在国内外的发展与应用状况[J].聊城大学学报(自然科学版),2005(3):90-92.
[16] 高彩芝.基于 Flexsim 的生产物流系统仿真优化设计[D].天津:天津大学,2010.
[17] 秦天保,周向阳.实用系统仿真建模与分析——使用 Flexsim[M].2 版.北京:清华大学出版社,2016.
[18] 师玮谦.基于 Flexsim 的 J 公司生产物流仿真研究[D].厦门:厦门大学,2014.
[19] 彭建强.基于 CAS 理论的企业系统建模与仿真研究[D].天津:河北工业大学,2007.
[20] 赵国浩,方伟.ProModel 仿真模拟在项目管理中的应用[J].山西财经大学学报,2004,26(6):58-61.
[21] 苏强,姚晓耘,施京华.基于 MedModel 的医院挂号流程仿真与优化[J].工业工程与管理,2006(6):59-63.

[22] 张凯，伍瑞昌，陶学强. 基于 Simio 的排队系统仿真分析[J]. 兵工自动化，2011(2)：94-96.

[23] 李虹. 基于 Simio 仿真的医院输液系统流程重组[J]. 时代经贸，2013(4)：185-186.

[24] 朱术名，张志英. 汽车发动机预装线装配平衡改进研究[J]. 物流科技，2011(10)：136-140.

[25] 宋小双. 基于 IE 理论的 LY 公司生产线平衡改善研究[D]. 成都：西南交通大学，2012.

[26] 曹振新，朱云龙，李富明. 混流轿车总装线的动态规划与仿真优化研究[J]. 计算机集成制造系统，2006(4)：526-532.

[27]齐二石. 物流工程[M]. 北京：高等教育出版社，2006.

[28] 肖智军，党新民，刘胜军. 精益生产方式 JIT[M]. 深圳：海天出版社，2005.

[29] 高本河，张晓萍. 现代生产物流[M]. 北京：清华大学出版社，2009.

[30] 张承谦. SLP 及其在调整生产布局中的应用[J]. 运筹与管理，1995(4)：45-50.

[31] 田青，周刚，齐二石. 丰田生产方式的物流系统研究[J]. 工业工程，2000(4)：20-23.